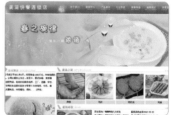

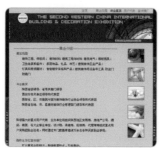

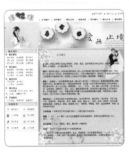

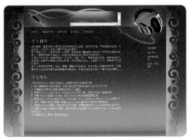

腾飞科技 孙良营 编著

巧学巧用
Dreamweaver CS6
Flash CS6
Fireworks CS6
网站制作

人民邮电出版社

北京

图书在版编目（CIP）数据

巧学巧用Dreamweaver CS6、Flash CS6、Fireworks
CS6网站制作 / 孙良营编著. -- 8版. -- 北京：人民邮
电出版社，2013.1（2016.8 重印）
　　ISBN 978-7-115-29678-8

　　Ⅰ. ①巧… Ⅱ. ①孙… Ⅲ. ①网页制作工具 Ⅳ.
①TP393.092

中国版本图书馆CIP数据核字(2012)第249954号

内 容 提 要

　　本书从零开始，逐步深入地讲解了用 Dreamweaver CS6、Flash CS6 和 Fireworks CS6 制作网页和建设网站的方法与技巧。

　　全书分为 5 篇，共 20 章。"Dreamweaver CS6 网页制作篇"、"Flash 动画设计篇"、"Fireworks CS6 图像处理篇"、"网站建设综合案例篇"和"附录篇"，由浅入深、循序渐进地讲解了 3 个软件的操作方法与技巧。书中不但介绍了每一种软件的使用方法，还介绍了如何将这 3 种软件配合使用，充分发挥各自的特点，制作出精美的网页。

　　书中对于每一个知识点都给出了针对性很强的实例，各章节注重实例间的联系和各功能间的难易层次，还在关键技术章节前归纳了相关的"知识要点"，并通过实例来辅助讲解。

　　随书光盘中赠送多媒体视频教学录像，并提供本书中案例的素材文件、源代码和结果文件。另外赠送 5 个附录，包含 Dreamweaver 网页制作常见问题、Flash 动画制作常见问题、Fireworks 图像设计常见问题、HTML 常用标签、JavaScript 语法手册、CSS 属性一览和常见网页配色词典等内容。

　　本书不仅适合作为网站设计与网页制作初学者的入门教材，还可作为相关电脑培训班的培训教材。

　　　巧学巧用 Dreamweaver CS6、
　　　Flash CS6、Fireworks CS6 网站制作

◆ 编　　著　腾飞科技　孙良营
　　责任编辑　杨　璐

◆ 人民邮电出版社出版发行　　北京市丰台区成寿寺路 11 号
　　邮编　100164　电子邮件　315@ptpress.com.cn
　　网址　http://www.ptpress.com.cn
　　北京京华虎彩印刷有限公司印刷

◆ 开本：787×1092　　1/16
　　印张：25　　　　　　　　　　彩插：2
　　字数：524 千字　　　　　　　2013 年 1 月第 8 版
　　印数：163 701 – 164 000 册　　2016 年 8 月北京第 7 次印刷

ISBN 978-7-115-29678-8

定价：49.00 元（附光盘）

读者服务热线：(010)81055410　印装质量热线：(010)81055316
反盗版热线：(010)81055315

Preface

制作一个网站需要用到很多技术，包括图像设计和处理、网页动画的制作和网页版面的布局设计等。随着网页制作技术的不断发展和完善，产生了众多网页制作与网站建设软件。目前使用最多的软件是 Dreamweaver、Flash 和 Fireworks，这 3 个软件的组合提供了实现网页的各种强大功能，所以称这 3 个软件的组合为"网页三剑客"。它们已经成为网页制作的梦幻工具组合，以其强大的功能和易学易用的特性，赢得了广大网页制作与网站建设人员的青睐。

在所有网页设计师的期盼中，Adobe 已经正式发布了最新设计套装——Creative Suite 6 的简体中文版。新版网页三剑客无论从外观还是功能上都表现得很出色，并且与 Adobe 其他软件的配合上更加融洽和高效。这些无论是对设计师还是初学者，都能更加容易地让每个人完成各自的目标，真切地体验到 Adobe CS6 中文版为创意工作流程带来的全新变革。

本书主要内容

本书不是纯粹的软件教程，书中除了介绍软件的使用外，更多地介绍了创意设计与软件功能的结合。本书以目前最受大众欢迎的 Dreamweaver、Flash 和 Fireworks 软件的最新版本 CS6 为工具，详细介绍了网页设计与网站建设的原理、常用方法和技巧。全书共分 20 章，主要包括以下部分。

第 1～8 章为 Dreamweaver CS6 网页制作部分，主要内容包括：使用 Dreamweaver CS6 创建基本文本网页，使用图像和多媒体创建丰富多彩的网页，使用表格布局排版网页，使用布局对象和框架，使用模板和库提高网页制作效率，使用 CSS 样式表美化和布局网页，使用行为创建特效网页及设计开发动态数据库网页。

第 9～14 章为 Flash CS6 动画制作部分，主要内容包括：Flash 基础知识，绘制图形和编辑对象，使用元件、实例和库，使用时间轴和帧创建基本 Flash 动画，使用层制作高级动画及使用 ActionScript 创建交互动画。

第 15～17 章为 Fireworks CS6 图像处理部分，主要内容包括：Fireworks CS6 快速入门、编辑与处理文本及设计处理网页图像。

第 18～20 章为综合实例部分，从综合运用方面讲述了网站策划和基本流程，以及建设企业网站和购物网站的全过程。

本书主要特点

传统的案例教程类图书能够系统地按照基础知识提供实例，但只是编写了软件的功能及使用方法，读者难以获取面向应用的知识。本书从一个全新的角度介绍软件知识，在学习基础知识的同时，了解网页在实际工作中的应用，具有鲜明的特色。本书具有以下特点。

● 实例丰富

用大量范例引导读者学习，全书提供不同行业中的实用实例，各实例均经过精心设计，操作步骤清晰简明，技术分析深入浅出，实例实用效果精美。

● 双栏排版，提示标注

采用双栏图解排版，一步一图，图文对应，并在图中添加了操作提示标注，以便读者快速学习。

● 结构完整，系统全面

作者尽量结合网站建设的实际应用，力求对最常见的软件技巧和行业流程全面细致地进行介绍，引领读者从学习网页设计的基本知识入手；结合大量实例学习 3 个软件和动态网页技术；最后讲述网站的策划，并通过综合实例讲述网站建设的全过程。

● 技巧多，经验多

结合作者多年的教学经验，面向初学者的需求，精心安排内容架构，使学习更加有效。提供解决相关实际操作问题的高级技巧，让读者迅速跻身于高手行列，提高设计效率。

● 配多媒体视频教学光盘，把"老师"请回家

光盘内容覆盖全书知识点和实例，收录了书中实例的素材文件、源代码和结果文件及多媒体教学视频，特别适合初学者入门学习。

本书读者对象

本书浅显易懂，指导性强，可以适用于以下读者对象。

● 网页设计与制作人员

● 网站建设与开发人员

● 大中专院校相关专业师生

● 网页制作培训班学员

● 个人网站爱好者与自学读者

这本书能够在这么短的时间内得以出版，和很多人的努力是分不开的。参加本书编写的人员均为从事网页设计教学工作的资深教师和具有多年大型网站建设经验的资深设计师，有着丰富的教学经验和网页设计经验。由于作者水平有限，加之创作仓促，疏漏和不足之处在所难免，欢迎广大读者批评指正。

编者

第 7 章　使用行为创建特效网页　135

■ ■ ■ ■ ■ ■ **第三部分 Fireworks CS6 图像处理篇**

15

第 15 章 Fireworks CS6 快速入门 290

16

第 16 章 编辑与处理文本 300

17

第 17 章　设计处理网页图像　312

第四部分　网站建设综合案例篇

18

第 18 章　网站策划和基本流程　328

20

第 20 章　网店设计和制作　375

以下内容在随书光盘中

■ ■ ■ ■ ■ ■ **第五部分 附录篇**

B

附录 B　HTML 常用标签　　　　　　　　　　　　　　430

第 0 章
准备好了吗

上网已成为人们一种新的生活习惯，通过互联网人们足不出户就可以浏览全世界的信息，网站也成为了每个公司必不可少的宣传媒介。本章主要讲述网站的类型、制作网页的常用软件和制作网页的基础知识。

学习目标
- ☑ 熟悉常见网站的类型
- ☑ 熟悉静态网页与动态网页
- ☑ 熟悉制作网页的常用软件
- ☑ 熟悉制作网页的基础知识

0.1 网站有哪些类型

网站就是把一个个网页系统地链接起来的集合，如新浪、搜狐和网易等。网站按其内容可分为企业类网站、电子商务网站、个人网站、机构类网站、娱乐游戏网站、门户网站和行业信息类网站等，下面分别进行介绍。

0.1.1 企业网站

企业宣传性网站主要围绕企业、产品及服务信息进行网络宣传，通过网站树立企业的网络形象。企业都可根据自身需求，发布各种企业和业务信息（如公司信息、产品和服务信息及供求信息等）。随着信息时代的到来，企业网站作为企业的名片越来越被重视，成为企业宣传品牌、展示服务与产品乃至进

图 0-1 企业网站

行所有经营活动的平台和窗口。通过网站可以展示企业的形象，扩大社会影响，提高企业的知名度。图 0-1 所示的是企业网站。

0.1.2 电子商务网站

电子商务网站为浏览者搭建起一个网络平台，浏览者和潜在客户在这个平台上可以进行整个交易过程。与营销应用型网站相比，电子商务型网站业务更依赖于互联网，此时，网站将承担起整个营销角色。

随着网络的普及、人们生活水平的提高，网上购物已成为一种时尚。丰富多彩的网上资源、价格实惠的打折商品、服务优良送货上门的购物方式，已成为人们休闲、购物两不误的首选方式。网上购物也为商家有效利用资金提供了帮助，而且通过互联网来宣传产品的方式，使产品的市场

覆盖面更广，因此现实生活中涌现出了越来越多的购物网站。图 0-2 所示是电子商务网站。

图 0-2　电子商务网站

0.1.3　个人网站

个人网站是以个人名义开发创建的具有较强个性化的网站。一般是个人为了兴趣爱好或为了展示个人等目的而创建的，具有较强的个性化特色，带有很明显的个人色彩，无论从内容、风格上，还是从样式上，都各具特色。

这类网站一般不具有商业性质，通常规模不大，在互联网上随处可见，其中也有不少优秀的站点。图 0-3 所示是个人网站。

图 0-3　个人网站

0.1.4　机构网站

机构网站通常指政府机关、相关社团组织或事业单位建立的网站，网站的内容多以机构或社团的形象宣传和政府服务为主，网站的设计通常风格一致，功能明确，受众面也较为明确，内容上相对较为专一。图 0-4 所示是机构类网站。

图 0-4　机构类网站

0.1.5　娱乐游戏网站

娱乐游戏网站大都是以提供娱乐信息和流行音乐为主的网站。例如，在线游戏网站、电影网站和音乐网站等，它们可以提供丰富多彩的娱乐内容。这类网站的特点也非常显著，通常色彩鲜艳明快、内容综合，多配以大量图片，设计风格或轻松活泼，或时尚另类。图 0-5 所示是娱乐游戏类网站。

图 0-5　娱乐游戏类网站

0.1.6　门户网站

门户网站将无数信息整合、分类，为上网者打开方便之门，绝大多数网民通过门户网站来寻找感兴趣的信息资源。门户网站涉及的领域非常广泛，是一种综合性网站。此外这类网站还具有非常强大的服务功能，如搜索、论坛、聊天室、电子邮箱、虚拟社区和短信等。门户网站的外观通常整洁大方，用户所需的信息在上面基本都能找到。目前国内较有影响力的门户网站有很多，如新浪、搜狐和网易等。图 0-6 所示的是门户网站——新浪首页。

图 0-6　门户网站新浪首页

0.1.7　行业信息网站

随着 Internet 的发展、网民人数的增多以及网上不同兴趣群体的形成，门户网站已经明显不能满足不同上网群体的需要。一批能够满足某一特定领域上网人群及其特定需要的网站应运而生。由于这些网站的内容服务更为专一和深入，因此人们将之称为行业网站，也称垂直网站。行业网站只专注于某一特定领域，并通过提供特定的服务内容，有效地把对某一特定领域感兴趣的用户与其他网民区分开来，并长期持久地吸引住这些用户，从而为其发展提供理想的平台。图 0-7 所示的是房地产行业网站。

图 0-7　房地产行业网站

0.2　最应该先了解的几点

在具体学习网页设计与制作前，了解什么是静态网页和动态网页，动态网页是怎么交互的，为以后的学习打好基础。

0.2.1　静态网页最常见

在网站设计中，HTML 格式的网页通常称为"静态网页"，早期的网站一般都是由静态网页制作的，静态网页以.htm、.html、.shtml 和.xml 等为后缀。在 HTML 格式的网页上，也可以出现各种动态的效果，如 GIF 格式的动画和 Flash 滚动字幕等，这些"动态效果"只是视觉上的，与下面将要介绍的动态网页是不同的概念。

静态网页的特点简要归纳如下。

● 静态网页每个网页都有一个固定的URL，且网页URL以.htm、.html和.shtml等常见形式为后缀，而不含有"？"。

● 网页内容一经发布到网站服务器上，无论是否有用户访问，每个静态网页的内容都是保存在网站服务器上的。也就是说，静态网页是实实在在保存在服务器上的文件，每个网页都是一个独立的文件。

● 静态网页的内容相对稳定，因此容易被搜索引擎检索。

● 静态网页没有数据库的支持，在网站制作和维护方面的工作量较大，因此当网站信息量很大时，完全依靠静态网页制作方式比较困难。

● 静态网页的交互性较差，在功能方面有较大限制。图0-8所示的是一个宣传介绍性的静态网页。

图0-8　静态网页

0.2.2　动态网页靠什么动起来

静态网页网站通常需要手工制作网页，对于网站维护人员有一定的专业要求，并且，当网站内容更新较多时，手工制作静态网页会显得相当繁琐，于是通过后台信息发布方式的动态网站技术很快在网站中得到普及应用。

动态网页就是该网页文件不仅含有HTML标记，而且含有程序代码，这种网页的后缀一般根据不同的程序设计语言来定，如ASP文件的后缀为.asp。动态网页能够根据不同的时间、不同的来访者而显示不同的内容，还可以根据用户的即时操作和即时请求，使动态网页的内容发生相应地变化。例如，常见的BBS、留言板、

搜索系统和聊天室等就是用动态网页来实现的。图0-9所示的是交友网站中的会员搜索系统。

如果在下拉列表中选择不同的查询条件，单击"查询"按钮后会显示不同的网页内容，这就是动态网页所具有的典型特征。这种交互式的行为利用单纯的HTML是无法实现的，它需要将内容存储在数据库中，在服务器端利用动态编程语言来实现，如ASP、PHP和JSP等。这样的程序不仅能处理从浏览器端表单提交的数据，而且可以根据这些数据动态地反馈给用户。

图0-9　会员搜索系统

0.2.3　网站怎么交互

网络技术日新月异，许多网页文件扩展名不再只是.htm，还有.php、.asp等，这些都是采用动态网页技术制作出来的。动态网页其实就是建立在B/S（浏览器/服务器）架构上的服务器端脚本程序。在浏览器端显示的网页是服务器端程序运行的结果。

动态网页的交互过程如下。

使用不同技术编写的动态页面保存在Web服务器内，当客户端用户向Web服务器发出访问动态页面的请求时，Web服务器将根据用户所访问页面的后缀名确定该页面所使用的网络编程技术，然后把该页面提交给相应的解释引擎。

解释引擎扫描整个页面找到特定的定界符，并执行位于定界符内的脚本代码以实现不同的功能，如访问数据库、发送电子邮件、执行算术或逻辑运算等，最后把执行结果返回Web服务器。

最终，Web服务器把解释引擎的执行结果连同页面上的HTML内容以及各种客户端脚本

一同传送到客户端。虽然，客户端用户所接收到的页面与传统页面并没有任何区别，但是，实际上页面内容已经经过了服务器端处理，完成了动态的个性化设置。

图 0-10 所示是动态网页的交互过程。

图 0-10　动态网页的交互过程

0.3　制作网页的软件

不论是制作大型网站还是一般的企业网站，无非都是做出一个又一个的网页，再把它们链接起来。制作网页可以直接使用 HTML，也可以使用工具软件。由于使用语言编制工作量很大，制作一个页面往往要写成百上千行代码，非常麻烦，而且出错率高，错误也不易检测和排除，因此，对于大多数人来说，使用工具软件是最方便安全的。

用于设计网页的工具软件很多，最著名的、使用人数最多的就是 Adobe 公司的网页三剑客 Dreamweaver、Flash 和 Fireworks，网页三剑客的三者结合是当今网站开发的必备工具。

0.3.1　网页编辑软件 Dreamweaver CS6

Dreamweaver CS6 是 Adobe 公司推出的一款网页设计的专业软件，其强大功能和易操作性令它成为同类开发软件中的佼佼者。Dreamweaver 是集创建网站和管理网站于一身的专业性网页编辑工具，因其界面更为友好、人性化和易于操作，可快速生成跨平台及跨浏览器的网页和网站，并且能进行可视化的操作，拥有强大的管理功能，所以受到了广大网页设计师们的青睐，一经推出就好评如潮。它不仅是专业人员制作网站的首选工具，而且被普及到广大网页制作爱好者中。Dreamweaver CS6 是 Adobe 公司推出的最新版本，图 0-11 所示是使用 Dreamweaver CS6 制作和排版网页。

0.3.2　网页动画制作软件 Flash CS6

在浏览网页的时候，浏览者的视线总会不由自主地被那些精彩的动画所吸引，同时，会忍不住好奇地想知道这些动画是用什么软件制作出来的，这就是 Flash 软件。Flash 是 Adobe 公司推出的一款功能强大的动画制作软件，是

动画设计界应用较广泛的一款软件，它将动画的设计与处理推向了一个更高、更灵活的艺术水准。

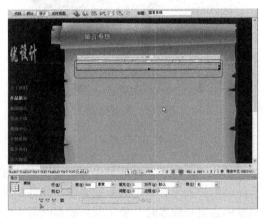

图 0-11　使用 Dreamweaver CS6 制作和排版网页

Flash 是一种交互式动画设计工具，用它可以将音乐、声效、动画，以及富有新意的界面融合在一起，以制作出高品质的 Flash 动画。Flash 动画文件较小，能提高网络传送的速度，大大增强了网站的视觉冲击力，吸引了越来越多的浏览者访问网站。目前 Flash 最新的版本是 Flash CS6。图 0-12 所示是用 Flash CS6 设计网页动画。

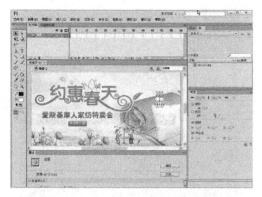

图 0-12　使用 Flash CS6 设计网页动画

0.3.3　网页图像制作软件 Fireworks CS6

Adobe Fireworks CS6 是 Adobe 推出的一款网页作图软件，该软件可以加速网页设计与开发，是一款创建与优化网页图像和快速构建网站界面的理想工具。Fireworks CS6 不仅具备编辑矢量图形与位图图像的灵活性，还提供了

一个预先构建资源的公用库，并可与 Adobe Photoshop CS6、Adobe Illustrator CS6、Adobe Dreamweaver CS6 和 Adobe Flash CS6 软件集成。在 Fireworks 中可以设计网页中的图像，如设计网页标志、网页按钮、网络广告、网站的整体页面效果和处理产品图像等。图 0-13 所示是用 Fireworks CS6 设计网页图像。

图 0-13　使用 Fireworks CS6 设计网页图像

0.4　制作网页的基础知识

目前大部分制作网页的方式都是运用可视化的网页编辑软件，这些软件的功能相当强大，使用非常方便。但是一个专业网页设计者仍需了解 HTML、CSS 和 JavaScript 等网页设计语言和技术的使用，这样才能充分发挥自己丰富的想象力，更加高效地设计符合标准的网页，以实现网页设计软件不能实现的许多重要功能。

0.4.1　HTML

HTML（Hyper Text Markup Language），它是网页超文本标记语言，是全球互联网上描述网页内容和外观的标准。

HTML 不是一种编程语言，而是一种描述性的标记语言，它用于描述超文本中内容的显示方式。如文字以什么颜色、大小来显示等，这些都是利用 HTML 标记完成的。其最基本的语法就是<标记符>内容</标记符>。标记符通常都是成对使用，有一个开头标记和一个结束标记。结束标记只是在开头标记的前面加一个斜杠"/"。当浏览器收到 HTML 文件后，就会解

释里面的标记符，然后把标记符相对应的功能表达出来。

下面是一个最简单网页的 HTML 结构。

```
<html>
<head>
网页头部信息
</head>
<body>
网页主体正文部分
</body>
</html>
```

HTML 定义了以下 3 种标记用于描述页面的整体结构。

● <html>标记：它放在 HTML 的开头，

表示网页文档的开始；其结束标记</html>指明网页文档的结束。

● <head>标记：出现在文档的起始部分，标明文档的头部信息，一般包括标题和主题信息；其结束标记</head>指明文档标题部分的结束。

● <body>标记：用来指明文档的主体区域，网页所要显示的内容都放在这个标记内，其结束标记</body>指明主体区域的结束。

0.4.2 CSS

当读者熟练掌握了 Dreamweaver 的基本功能后，可能会发现制作的网页有些问题，例如，文字不能添加在图片上，段落之间不能设置行距。有时即使懂得一些 HTML 标签，也还不能随意改变网页元素的外观，无法随心所欲地编排网页。因此 W3C 协会颁布了一套 CSS 语法，用来扩展 HTML 语法的功能。CSS 是网页设计的一个突破，它解决了网页界面排版的难题。可以这么说，HTML 的标签主要是定义网页的内容，而 CSS 决定这些网页内容如何显示。

网页设计中我们通常需要统一网页的整体风格，统一的风格大部分涉及网页中文字属性、网页背景色及链接文字属性等，如果应用 CSS 来控制这些属性，会大大提高网页设计速度，更加统一网页总体效果。图 0-14 所示是用 CSS 美化布局的网页。

CSS（Cascading Style Sheet，层叠样式表）是一种制作网页的新技术，现在已经为大多数浏览器所支持，成为网页设计必不可少的工具之一。

CSS 有以下优点。

● 利用 CSS 制作和管理网页都非常方便。

● CSS 可以更加精细地控制网页的内容形式。例如，<font>标记中的 size 属性，它用来控制文字的大小，但它控制的字体大小只有 7 级，要是出现需要使用 10 像素或 100 像素大的字体的情况，HTML 标记就无能为力了。但 CSS 可以办到，它可以随意设置字体的大小。

图 0-14　使用 CSS 美化布局的网页

● CSS 样式是丰富多彩的，比 HTML 更加丰富，如滚动条的样式定义及鼠标指针光标的样式定义等。

● CSS 的定义样式灵活多样，可以根据不同的情况，选用不同的定义方法。例如可以在 HTML 文件内部定义，可以分标记定义、分段定义，也可以在 HTML 文件外部定义，基本上能满足使用。

0.4.3 JavaScript

使用 HTML 只能制作出静态的网页，无法独立地完成与客户端动态交互的网页任务，虽然也有其他的语言（如 CGI、ASP 和 Java 等）能制作出交互的网页，但是因为其编程方法较为复杂，所以 Netscape 公司开发出了 JavaScript 语言，它引进了 Java 语言的概念，是内嵌于 HTML 中的脚本语言。Java 和 JavaScript 语言虽然在语法上很相似，但它们仍然是两种不同的语言。JavaScript 仅仅是一种嵌入 HTML 文件中的描述性语言，它并不编译产生机器代码，只是由浏览器的解释器将其动态地处理成可执行的代码。而 Java 语言则是一种比较复杂的编译性语言。

JavaScript 使网页增加互动性。JavaScript 使

有规律地重复的 HTML 代码段简化，减少下载时间。JavaScript 能及时响应用户的操作，对提交表单做即时的检查，无需浪费时间交由 CGI 验证。JavaScript 脚本是满足互动需求而产生的语言，深受广大用户的喜爱和欢迎，是众多脚本语言中较为优秀的一种。图 0-15 所示是用 JavaScript 制作的动态特效网页。

图 0-15　使用 JavaScript 制作的动态特效网页

0.5　课后练习

1．填空题

（1）网站按其内容可分为_____、_____、_____、_____、_____、_____和_____。

（2）用于设计网页的工具软件很多，最著名的、使用人数最多的就是 Adobe 公司的网页三剑客_____、_____和_____，网页三剑客的三者结合是当今网站开发的必备工具。

参考答案：

（1）企业类网站、电子商务网站、个人网站、机构类网站、娱乐游戏网站、门户网站、行业信息类网站

（2）Dreamweaver、Flash、Fireworks

2．简答题

（1）什么是静态网页，有哪些特点？

（2）什么是动态网页，动态网页怎么运行的？

0.6　本章总结

随着网络的发展，网站竞争也越来越激烈，这使得网页制作者及运营者不断地进行思考，制作出优秀的网页并不断更新以适应社会的发展，在网络中占据一席之地。要制作优秀的网页，就需要了解相关的网络知识，掌握各种制作软件来制作有特色的网站。

第一部分

Dreamweaver CS6

网页制作篇

1

第1章
Dreamweaver CS6 创建
基本文本网页

Dreamweaver CS6 是业界领先的 **Web** 开发工具，使用该工具可以高效地设计、开发和维护网站。利用 **Dreamweaver CS6** 中的可视化编辑功能，可以快速地创建网页而不需要编写任何代码，这对于网页制作者来说，使工作变得很轻松。文本是网页中最基本和最常用的元素，是网页信息传播的重要载体。学会在网页中使用文本和设置文本格式对于网页设计人员来说是至关重要的。

学习目标

- ☐ 熟悉 Dreamweaver CS6 的操作界面
- ☐ 掌握 Dreamweaver CS6 的新功能
- ☐ 掌握创建本地站点的方法
- ☐ 掌握添加文本记录的方法
- ☐ 掌握创建网页链接的方法

1.1 Dreamweaver CS6 的操作界面

Dreamweaver 是 Adobe 公司开发的集网页制作和管理网站于一身的所见即所得的网页编辑器，它是第一套针对专业网页设计师的视觉化网页开发工具。

Dreamweaver CS6 是最新版的网页制作软件，它提供了方便快捷的工具，不仅使得网页制作过程更加直观，同时也大大简化了网页制作步骤，以快速制作网站雏形、设计、更新和重组网页。Dreamweaver CS6 的工作界面是由菜单栏、插入栏、文档窗口、属性面板以及浮动面板组组成，整体布局显得紧凑、合理、高效，如图 1-1 所示。

图 1-1　Dreamweaver CS6 的工作界面

1.1.1 菜单栏

菜单栏包括【文件】、【编辑】、【查看】、【插入】、【修改】、【格式】、【命令】、【站点】、【窗口】和【帮助】10 个菜单，如图 1-2 所示。

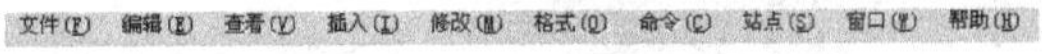

文件(F)　编辑(E)　查看(V)　插入(I)　修改(M)　格式(O)　命令(C)　站点(S)　窗口(W)　帮助(H)

图 1-2　菜单栏

● 【文件】菜单：用来管理文件，包括创建和保存文件、导入与导出文件，以及浏览和打印文件等。

● 【编辑】菜单：用来编辑文本，包括撤销与恢复、复制与粘贴、查找与替换、参数设置和快捷键设置等。

● 【查看】菜单：用来查看对象，包括代码的查看、网格线与标尺的显示、面板的隐藏和工具栏的显示等。

● 【插入】菜单：用来插入网页元素，包括插入图像、多媒体、表格、布局对象、表单、电子邮件链接、日期和 HTML 等。

● 【修改】菜单：用来实现对页面元素修改的功能，包括页面属性、CSS 样式、快速标签编辑器、链接、表格、框架、AP 元素与表格的转换、库和模板等。

● 【格式】菜单：用来对文本进行操作，包括字体、字形、字号、字体颜色，HTML/CSS 样式，段落格式化、扩展、缩进、列表、文本的对齐方式等。

● 【命令】菜单：收集了所有的附加命令项，包括应用记录、编辑命令清单、获得更多命令、扩展管理、清除 HTML/Word HTML、检查拼写和排序表格等。

● 【站点】菜单：用来创建与管理站点，包括新建站点、管理站点、上传与存回和查看链接等。

● 【窗口】菜单：用来打开与切换所有的面板和窗口，包括插入栏、【属性】面板、站点窗口和【CSS】面板等。

● 【帮助】菜单：内含 Dreamweaver 帮助、Spry 框架帮助、Dreamweaver 支持中心、产品注册和更新等。

1.1.2　【属性】面板

【属性】面板主要用于查看和更改所选对象的各种属性，每种对象都具有不同的属性。【属性】面板包括两种选项，一种是"HTML"选项，如图 1-3 所示，将默认显示文本的格式、样式和对齐方式等属性。另一种是"CSS"选项，单击【属性】面板中的"CSS"选项，可以在"CSS"选项中设置各种属性。

图 1-3　【属性】面板

1.1.3　文档窗口

文档窗口主要用于文档的编辑，可同时打开多个文档进行编辑，可以在【代码】视图、【拆分】视图和【设计】视图中分别查看文档，如图 1-4 所示。

图 1-4　文档窗口

1.1.4　插入栏

插入栏中放置的是在编写网页过程中经常用到的对象和工具。通过该面板可以很方便地使用网页中所需的对象以及对对象进行编辑所要用到的工具，如图 1-5 所示。

图 1-5　插入栏

1.1.5 浮动面板

在 Dreamweaver 工作界面的右侧排列着一些浮动面板，这些面板集中了网页编辑和站点管理过程中最常用的一些工具按钮。这些面板被集合到面板组中，每个面板组都可以展开或折叠，并且可以和其他面板停靠在一起。面板组还可以停靠到集成的应用程序窗口中。这样就能够很容易地访问所需的面板，而不会使工作区变得混乱。面板组如图 1-6 所示。

图 1-6　面板组

1.2 Dreamweaver CS6 的新功能

Adobe Dreamweaver CS6 软件使设计人员和开发人员能充满自信地构建基于标准的网站。利用 Adobe Dreamweaver CS6 软件中改善的 FTP 性能，更高效地传输大型文件。更新的"实时视图"和"多屏幕预览"面板可呈现 HTML5 代码，帮助用户实时检查自己的工作。下面介绍 Adobe Dreamweaver CS6 软件的新特性和功能。

1.2.1 可响应的自适应网格版面

使用响应迅速的 CSS3 自适应网格版面，来创建跨平台和跨浏览器的兼容网页设计。利用简洁、业界标准的代码为各种不同设备和计算机开发项目，提高工作效率。协助你设计能在台式机和各种设备不同大小屏幕中显示的项目，直观地创建复杂网页设计和页面版面，无需忙于编写代码，如图 1-7 所示。

图 1-7　自适应网格版面

1.2.2 FTP 快速上传

图 1-8 所示为利用重新改良的多线程 FTP 传

输工具节省上传大型文件的时间。Dreamweaver CS6 可以更快速高效地上传网站文件，缩短制作时间。

图 1-8　FTP 快速上传

1.2.3 Adobe Business Catalyst 集成

使用 Dreamweaver 中集成的 Business Catalyst 面板连接并编辑你的网站，利用托管解决方案建立电子商务网站。图 1-9 所示为选择 Business Catalyst 集成菜单命令。

图 1-9　选择【Business Catalyst 集成】命令

1.2.4　增强型 jQuery 移动支持

使用更新的 jQuery 移动框架支持为 iOS 和 Android 平台建立本地应用程序。建立触及移动受众的应用程序，同时简化移动开发工作流程，如图 1-10 所示。

图 1-10　增强型 jQuery 移动支持

jQuery Mobile 是 jQuery 在手机上和平板设备上的版本。jQuery Mobile 不仅会给主流移动平台带来 jQuery 核心库，而且会发布一个完整统一的 jQuery 移动 UI 框架。另外，还支持全球主流的移动平台。

1.2.5　更新的 PhoneGap

更新的 Adobe PhoneGap™可轻松为 Android 和 iOS 建立和封装本地应用程序。通过改编现有的 HTML 代码来创建移动应用程序。使用 PhoneGap 模拟器检查你的设计。

1.2.6　CSS3 过渡

将 CSS 属性变化制成动画过渡效果，使网页设计栩栩如生。在处理网页元素和创建优美效果时保持对网页设计的精准控制，如图 1-11 所示。

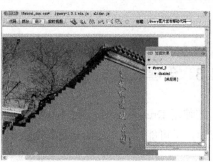

图 1-11　CSS3 过渡

1.2.7　更新的实时视图

使用更新的"实时视图"功能在发布前测试页面。"实时视图"现已使用最新版的 WebKit 转换引擎，能够提供绝佳的 HTML 5 支持，如图 1-12 所示。

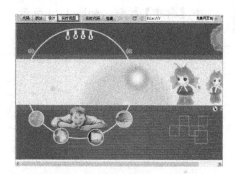

图 1-12　更新的实时视图

1.2.8　更新的多屏幕预览面板

利用更新的"多屏幕预览"面板检查智能手机、平板电脑和台式机所建立项目的显示画面。该增强型面板现在能够让用户检查 HTML 5 内容呈现，如图 1-13 所示。

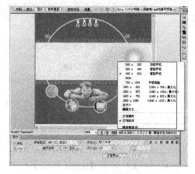

图 1-13　更新的多屏幕预览面板

1.3 创建本地站点

在使用 Dreamweaver 制作网页前，最好先定义一个站点，这是为了更好地利用站点对文件进行管理，尽可能地减少错误，如路径出错、链接出错等。

1.3.1 使用向导建立站点

Dreamweaver 是最佳的站点创建和管理工具，使用它不仅可以创建单独的文档，还可以创建完整的站点。创建本地站点的具体操作步骤如下。

❶ 选择【站点】|【管理站点】命令，弹出【管理站点】对话框，在对话框中单击【新建】按钮，如图 1-14 所示。

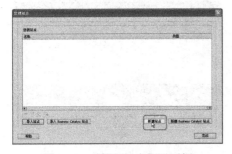

图 1-14 【管理站点】对话框

❷ 弹出【站点设置对象】对话框，在对话框中选择【站点】选项卡，在【站点名称】文本框中输入名称，可以根据网站的需要任意起一个名字，如图 1-15 所示。

图 1-15 设置【站点名称】

❸ 单击【本地站点文件夹】文本框右边的浏览文件夹按钮，弹出【选择根文件夹】对话框，选择站点文件，如图 1-16 所示。

图 1-16 【选择根文件夹】对话框

❹ 单击【选择】按钮，选择站点文件，如图 1-17 所示。

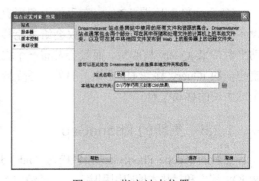

图 1-17 指定站点位置

❺ 单击【保存】按钮，更新站点缓存，出现【管理站点】对话框，其中显示了新建的站点，如图 1-18 所示。

❻ 单击【完成】按钮，此时在【文件】面板中可以看到创建的站点文件，如图 1-19 所示。

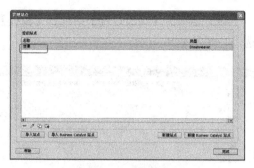

图 1-18　显示新建站点

图 1-19　【文件】面板

1.3.2　使用高级设置建立站点

在【站点设置对象】对话框中选择【高级设置】选项卡，快速设置【本地信息】、【遮盖】、【设计备注】、【文件视图列】、【Contribute】、【模板】、【Spry】和【Web 字体】中的参数来创建本地站点。

打开【站点设置对象 效果】对话框，在对话框中的【高级设置】中选择【本地信息】，如图 1-20 所示。

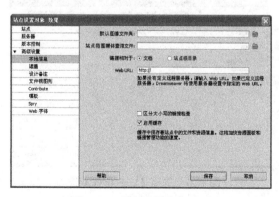

图 1-20　【本地信息】选项

在【本地信息】选项中可以设置以下参数。

● 在【默认图像文件夹】文本框中，输入此站点的默认图像文件夹的路径，或者单击文件夹按钮浏览到该文件夹。此文件夹是 Dreamweaver 上传到站点上的图像的位置。

● 在【Web URL】文本框中，输入已完成的站点将使用的 URL。

● 【启用缓存】复选框表示指定是否创建本地缓存以提高链接和站点管理任务的速度。

在对话框的【高级设置】中选择【遮盖】选项，如图 1-21 所示。

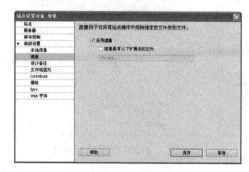

图 1-21　【遮盖】选项

在【遮盖】选项中可以设置以下参数。

● 启用遮盖：选中后激活文件遮盖。

● 遮盖具有以下扩展名的文件：勾选此复选框，可以对特定文件名结尾的文件使用遮盖。

在对话框中的【高级设置】中选择【设计备注】选项，在最初开发站点，需要记录一些开发过程中的信息，备忘。如果在团队中开发站点，需要记录一些与别人共享的信息，然后上传到服务器，供别人访问，如图 1-22 所示。

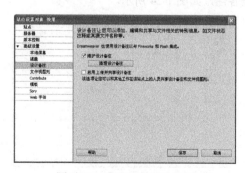

图 1-22　【设计备注】选项

在【设计备注】选项中可以进行如下设置。

● 维护设计备注：保存设计备注。

● 清理设计备注：单击此按钮，删除过去保存的设计备注。

● 启用上传并共享设计备注：在上传或取出文件的时候，可以将设计备注上传到"远程信息"中设置的远端服务器上。

在对话框的【高级设置】中选择【文件视图列】选项，用来设置站点管理器中的文件浏览器窗口所显示的内容，如图1-23所示。

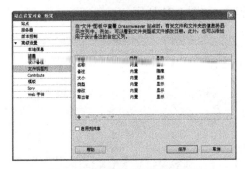

图1-23　【文件视图列】选项

在【文件视图列】选项中可以进行如下设置。

● 名称：显示文件名。

● 备注：显示设计备注。

● 大小：显示文件大小。

● 类型：显示文件类型。

● 修改：显示修改内容。

● 取出者：正在被谁打开和修改。

在对话框的【高级设置】中选择【Contribute】选项，勾选【启用 Contribute 兼容性】复选框，则可以提高与 Contribute 用户的兼容性，如图1-24所示。

图1-24　【Contribute】选项

在对话框的【高级设置】中选择【模板】选项，如图1-25所示。

图1-25　【模板】选项

在对话框的【高级设置】中选择【Spry】选项，如图1-26所示。

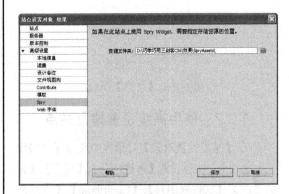

图1-26　【Spry】选项

在对话框的【高级设置】中选择【Web 字体】选项，如图1-27所示。

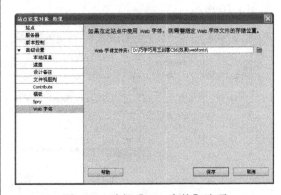

图1-27　选择【Web 字体】选项

1.4　添加文本元素

文本是传递信息的基础，浏览网页内容时，大部分时间是浏览网页中的文本，所以学会在网页中创建文本至关重要。在 Dreamweaver CS6 中可以很方便地创建出所需的文本，还可以对创建的文本进行段落格式的排版。

1.4.1　在网页中添加文本

文本是基本的信息载体，是网页中最基本的元素，在浏览网页时，获取信息最直接、最直观的方法就是通过文本。下面通过实例讲述如何在网页中添加文本，如图 1-28 所示。

原始文件	CH01/1.4.1/index.htm
最终文件	CH01/1.4.1/index1.htm

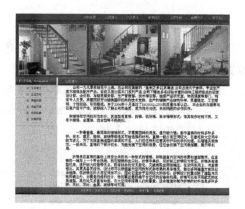

图 1-28　添加文本效果

❶ 打开网页文档原始文件 index.htm，如图 1-29 所示。

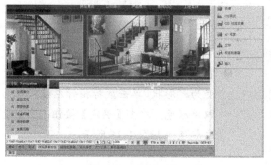

图 1-29　原始文档

❷ 将鼠标指针放置在要输入文本的位置，输入文本，如图 1-30 所示。

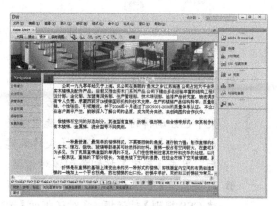

图 1-30　输入文本

1.4.2　设置文本字体类型

输入文本后，可以在【属性】面板中对文本的大小、字体和颜色等进行设置。设置文本属性的具体操作步骤如下。

❶ 在【属性】面板中的【字体】下拉列表中选择"编辑字体列表"选项，如图 1-31 所示。

图 1-31　选择【编辑字体列表】选项

❷ 在对话框中的【可用字体】列表框中选

择要添加的字体，单击按钮 添加到左侧的【选择的字体】列表框中，在【字体】列表框中也会显示新添加的字体，如图 1-32 所示。重复以上操作即可添加多种字体。若要取消已添加的字体，可以选中该字体单击按钮 。

图 1-32 【编辑字体列表】对话框

❸ 完成一个字体样式的编辑后，单击按钮 可进行下一个样式的编辑。若要删除某个已经编辑的字体样式，可选中该样式单击按钮 。完成字体样式的编辑后，单击【确定】按钮关闭该对话框。

❹ 这里选择【字体】为"宋体"，弹出【新建 CSS 规则】对话框，在对话框的【选择器类型】中选择"类"，在【选择器名称】中输入名称，在【规则定义】中选择"仅限该文档"，如图 1-33 所示。

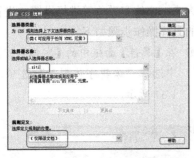

图 1-33 【新建 CSS 规则】对话框

提示 选择【格式】|【字体】|【编辑字体列表】命令，在弹出的【编辑字体列表】对话框中添加新字体。

1.4.3 设置文本大小

选择一种合适的字体，是决定网页美观、布局合理的关键，在设置网页时，应对文本设置相应的字体字号。

选中要设置字号的文本，在【属性】面板中的【大小】下拉列表中选择字号的大小，或者直接在文本框中输入相应大小的字号，如图 1-34 所示。

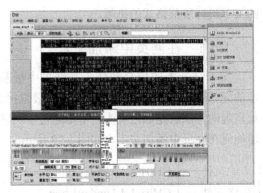

图 1-34 设置文本的字号

1.4.4 设置文本颜色

在设置时，还可以改变网页文本的颜色。设置文本颜色的具体操作步骤如下。

❶ 选中设置颜色的文本，在【属性】面板中单击【文本颜色】按钮，打开如图 1-35 所示的调色板。

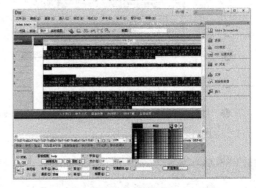

图 1-35 调色板

❷ 在调色板中选中所需的颜色，鼠标指针变为 形状，单击鼠标指针左键即可选取该颜色。单击【确定】按钮，设置文本颜色，如图 1-36 所示。

图 1-36　设置文本颜色

提示　如果调色板中的颜色不能满足需要时，单击按钮◎，弹出【颜色】对话框，在对话框中选择需要的颜色即可。

1.5　添加其他文本元素

在网页中除了插入文字和图像外，还可以插入日期、水平线或特殊符号等。

1.5.1　插入日期

在 Dreamweaver 中插入日期非常方便，它提供了一个插入日期的快捷方式，用任意格式即可在文档中插入当前时间，同时它还提供了日期更新选项，当保存文件时，日期也随着更新。插入日期具体操作步骤如下。插入日期如图 1-37 所示。

原始文件	CH01/1.5.1/index.htm
最终文件	CH01/1.5.1/index1.htm

图 1-37　插入日期效果

❶ 打开网页文档，如图 1-38 所示。

图 1-38　打开网页文档

❷ 将鼠标指针置于要插入日期的位置，选择【插入】|【日期】命令，弹出【插入日期】对话框，如图 1-39 所示。

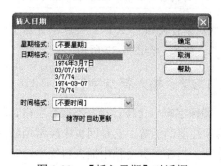

图 1-39　【插入日期】对话框

❸ 在【插入日期】对话框中，在【星期格

式】、【日期格式】和【时间格式】列表中分别选择一种合适的格式。若勾选【储存时自动更新】复选框，每一次存储文档都会自动更新文档中插入的日期，如图 1-40 所示。

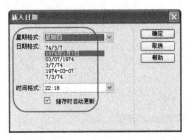

图 1-40　【插入日期】对话框

❹ 单击【确定】按钮，即可插入日期，如图 1-41 所示。

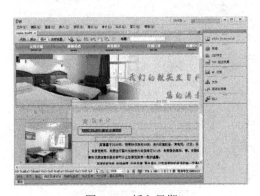

图 1-41　插入日期

 提示

　　显示在【插入日期】对话框中的时间和日期不是当前的日期，它们也不会反映访问者查看用户网站的日期/时间。

❺ 保存文档。按 F12 键在浏览器中浏览效果，如图 1-37 所示。

1.5.2　插入特殊字符

　　特殊字符包含换行符、不换行空格、版权信息和注册商标等，它是网页中经常用到的元素之一。当在网页文档中插入特殊字符时，在代码视图中显示的是特殊字符的源代码，在设计视图中显示的是一个标志，只有在浏览器窗口

中才能显示真正面目，如图 1-42 所示。下面通过实例讲述版权字符的插入，具体操作步骤如下。

图 1-42　插入版权符号

原始文件	CH01/1.5.2/index.htm
最终文件	CH01/1.5.2/index1.htm

❶ 打开网页文档，如图 1-43 所示。

图 1-43　打开网页文档

❷ 将鼠标指针置于要插入特殊字符的位置，选择【插入】|【HTML】|【特殊字符】|【版权】命令，弹出如图 1-44 所示的提示对话框。

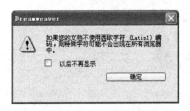

图 1-44　提示对话框

❸ 单击【确定】按钮，即可插入版权，如图 1-45 所示。

图 1-45　插入版权

❹ 保存文档。按 F12 键在浏览器中浏览
效果，如图 1-42 所示。

> **提示**　选择【插入】|【HTML】|【特殊字
> 符】|【其他字符】命令，弹出【插入其
> 他字符】对话框，在对话框中可以选择更
> 多的特殊字符。

1.5.3　插入水平线

水平线在网页文档中经常用到，它主要用
于分隔文档内容，使文档结构清晰明了，合理
使用水平线可以获得非常好的效果。一篇内容
繁杂的文档，如果合理放置水平线，会变得层
次分明、易于阅读。

下面通过实例讲述在网页中插入水平线
的效果，如图 1-46 所示。具体操作步骤如下。

原始文件	CH01/1.5.3/index.htm
最终文件	CH01/1.5.3/index1.htm

图 1-46　插入水平线效果

❶ 打开原始文件，如图 1-47 所示。

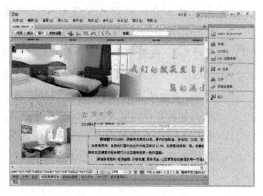

图 1-47　打开原始文件

❷ 将鼠标指针置于要插入水平线的位置，
选择【插入】|【HTML】|【水平线】
命令，插入水平线，如图 1-48 所示。

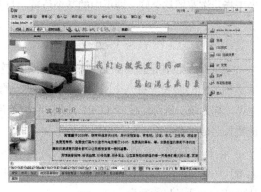

图 1-48　插入水平线

> **提示**　将鼠标指针放置在插入水平线的位
> 置，单击【常用】插入栏中的【水平线】
> 按钮，也可插入水平线。在【窗口】下拉
> 列表中选择"插入"即可把【常用】插入
> 栏调出。

❸ 选中水平线，打开【属性】面板，可以
在【属性】面板中设置水平线的高、宽、
对齐方式和阴影，如图 1-49 所示。

图 1-49　设置水平线属性

在水平线【属性】面板中可以设置以下参数。

- ● 【宽】和【高】：以像素为单位或以页面尺寸百分比的形式设置水平线的宽度和高度。
- ● 【对齐】：设置水平线的对齐方式，包括"默认"、"左对齐"、"居中对齐"和"右对齐"4个选项。只有当水平线的宽度小于浏览器窗口的宽度时，该设置才适应。
- ● 【阴影】：设置绘制的水平线是否带阴影。取消选择该项将使用纯色绘制水平线。

 提示　设置水平线颜色：在【属性】面板中并没有提供关于水平线颜色的设置选项，如果需要改变水平线的颜色，只需要直接进入源代码更改〈hr color="对应颜色的代码"〉即可。

❹ 保存文档。按 F12 键在浏览器中浏览效果，如图 1-46 所示。

1.6　创建网页链接

超链接是一种网页上常见的对象，它以特殊编码的文本或图形来实现链接。如果单击该链接，则相当于指示浏览器移至同一网页中的某个位置、打开一个新的网页或打开某一个新的网站中的网页。

1.6.1　网页链接概念

要正确地创建链接，就必须了解链接与被链接文档之间的路径，每一个网页都有一个唯一的地址，称为统一资源定位符（URL）。网页中的超链接按照链接路径的不同，可以分为 3 种。

第 1 种是绝对 URL 的超链接。就是网络上的一个站点或网页的完整路径，如"http://www.baidu.com"。

第 2 种是相对 URL 的超链接。例如将自己网页上的某一段文字或某标题链接到同一网站的其他网页上面去。

第 3 种是同一网页的超链接。这就是要使用到书签的超链接，一般用"#"号加上名称链接到同一页面的指定地方。

1.6.2　图像热点链接

同一个图像的不同部分可以链接到不同的文档，这就是热点链接。要使图像特定部分成为超级链接，就要在图像中设置热点，然后再创建链接。这样当鼠标指针移动到图像热点的时候就会变成手的形状，当按下鼠标指针的时候，页面就会跳转到或者打开链接的页面。

下面创建图像热区链接，效果如图 1-50 所示。具体操作步骤如下。

图 1-50　图像热区链接效果

原始文件	CH01/1.6.2/index.htm
最终文件	CH01/1.6.2/index1.htm

❶ 打开原始文件，如图 1-51 所示。

图 1-51　打开文件

❷ 选中图像，在【属性】面板中选择【矩形热点】工具，如图 1-52 所示。

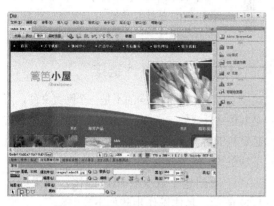

图 1-52　选择【矩形热点】工具

> **提示**　在【属性】面板中有 3 种热点工具，分别是【矩形热点】工具、【椭圆形热点】工具和【多边形热点】工具，可以根据图像的形状来选择热点工具。

❸ 将鼠标指针置于图像上要创建热点的部分，按住鼠标指针左键拖动，绘制一个矩形热点，在【属性】面板中的【链接】文本框中输入链接的地址或名称，如图 1-53 所示。

❹ 按照步骤❷～❸的方法绘制其他的热点并创建链接，如图 1-54 所示。

图 1-53　绘制矩形热点

图 1-54　绘制其他的热点

在热点的【属性】面板中的各参数设置如下。

● 链接：输入相应的链接地址。

● 替换：输入说明文字，浏览网页时，当鼠标指针移动到图像热点上就会显示输入的说明文字。

● 目标：选择打开浏览器窗口的方式，不做选择则默认在浏览器窗口打开。

❺ 保存文档。按 F12 键在浏览器中浏览效果，如图 1-49 所示。

1.6.3　E-mail 链接

在网页上单击电子邮件链接时，将使计算机上的邮件程序打开一个新的空白邮件窗口，并在电子邮件消息窗口中的【收件人】一栏自动显示电子邮件链接中指定的地址。

创建电子邮件超级链接的效果如图 1-55 所示。具体操作步骤如下。

图 1-55　电子邮件超级链接效果

原始文件	CH01/1.6.3/index.htm
最终文件	CH01/1.6.3/index1.htm

❶ 打开原始文件，如图 1-56 所示。

图 1-56　打开原始文件

❷ 将鼠标指针置于要创建电子邮件链接的位置，选择【插入】|【电子邮件链接】命令，弹出【电子邮件链接】对话框，在对话框中的【文本】文本框中输入"联系我们"，【电子邮件】文本框中输入"gq1009@hot.com"，如图 1-57 所示。

图 1-57　【电子邮件链接】对话框

❸ 单击【确定】按钮，创建电子邮件链接，如图 1-58 所示。

图 1-58　创建电子邮件链接

❹ 保存文档，按 F12 键在浏览器中浏览效果，如图 1-55 所示。

提示

创建电子邮件链接时，也可以在【属性】面板中的【链接】文本框中输入"mailto：邮件的名称"，应注意的是输入邮件地址时一定不要省略"mailto:"。

1.6.4　下载文件链接

如果超级链接指向的不是一个网页文件，而是其他文件（如 zip、mp3 或 exe 文件等），单击超链接的时候就会下载文件。如果在网站中提供下载资料，就需要为文件提供下载链接。

下面创建下载文件超级链接，效果如图 1-59 所示，具体操作步骤如下。

图 1-59　下载文件超级链接效果

原始文件	CH01/1.6.4/index.htm
最终文件	CH01/1.6.4/index1.htm

❶ 打开原始文件，选中文字"点击下载"，如图 1-60 所示。

图 1-60　打开原始文件

❷ 在【属性】面板中单击【链接】文本框
右边的【浏览文件】按钮，弹出【选择
文件】对话框，在对话框中选择要下载
的文件，如图 1-61 所示。

图 1-61　【选择文件】对话框

❸ 单击【确定】按钮，创建下载文件超级
链接，如图 1-62 所示。

图 1-62　创建下载文件超级链接

❹ 保存文档，按 F12 键在浏览器中浏览
效果，如图 1-59 所示。

1.6.5　锚点链接

有时候网页很长，为了找到其中的目标，
不得不上下拖动滚动条将整个文档的内容浏览
一遍，这样就浪费了很多时间，利用锚点链接
能够更精确地使访问者快速浏览到选定的位
置，加快信息检索速度。

下面创建锚点链接，效果如图 1-63 所示。
具体操作步骤如下。

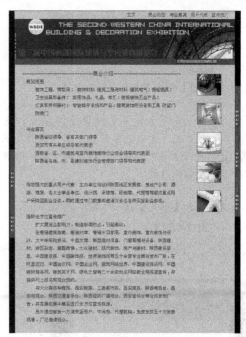

图 1-63　锚点链接效果

原始文件	CH01/1.6.5/index.htm
最终文件	CH01/1.6.5/index1.htm

❶ 打开原始文件，如图 1-64 所示。

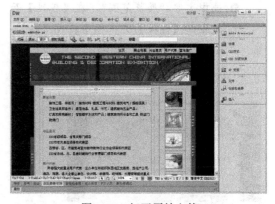

图 1-64　打开原始文件

❷ 将鼠标指针置于要插入锚点的位置，选择
【插入】|【命名锚记】命令，弹出【命名
锚记】对话框，在对话框中的【锚记名称】
文本框中输入 "a"，如图 1-65 所示。

图 1-65 【命名锚记】对话框

> **提示**　锚记名称只能包含小写字母和数字，且不能以数字开头。同一个网页中可以有无数个锚记，但不能有相同的两个锚记名称。

❸ 单击【确定】按钮，插入命名锚记，如图 1-66 所示。

图 1-66 插入命名锚记

❹ 选中文字"展览范围"，在【属性】面板中的【链接】文本框中输入"#a"，如图 1-67 所示。

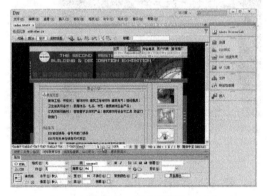

图 1-67 输入链接

❺ 按照步骤❷~❹的方法插入锚记，在【锚记名称】文本框中分别输入"b"、"c"、"d"，并创建链接，如图 1-68 所示。

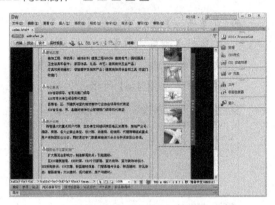

图 1-68 设置锚点链接

> **提示**　如果看不到插入的锚记，可以选择【查看】|【可视化助理】|【不可见元素】命令，即可看到插入的锚记。

❻ 保存文档，按 F12 键在浏览器中浏览效果，如图 1-63 所示。

1.6.6 脚本链接

脚本超链接执行 JavaScript 代码或调用 JavaScript 函数，它非常有用，能够在不离开当前网页文档的情况下为访问者提供有关某项的附加信息。脚本超链接还可以用于在访问者单击特定项时执行计算、表单验证和其他处理任务。下面利用脚本超链接创建关闭网页效果，如图 1-69 所示。具体操作步骤如下。

图 1-69 关闭网页效果

原始文件	CH01/1.6.6/index.htm
最终文件	CH01/1.6.6/index1.htm

❶ 打开网页文档，选中文本"关闭网页"，如图 1-70 所示。

图 1-70　打开网页文档

❷ 在【属性】面板中的【链接】文本框中输入："javascript:window.close()"，如图 1-71 所示。

图 1-71　输入链接

❸ 保存文档，按 F12 键在浏览器中浏览，单击"关闭网页"超文本链接，会自动弹出一个提示对话框，提示是否关闭窗口，单击【是】按钮，即可关闭窗口，如图 1-69 所示。

1.6.7　空链接

空链接用于向页面上的对象或文本附加行为，创建空链接的效果如图 1-72 所示。具体操作步骤如下。

图 1-72　空链接效果

原始文件	CH01/1.6.7/index.htm
最终文件	CH01/1.6.7/index1.htm

❶ 打开要创建空链接的网页文档，选中文字，如图 1-73 所示。

图 1-73　打开文件

❷ 选择【窗口】|【属性】命令，打开【属性】面板，在【链接】文本框中输入"#"即可，如图 1-74 所示。

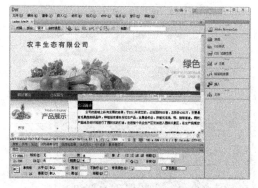

图 1-74　输入链接

❸ 保存文档，按 F12 键在浏览器中浏览效果，如图 1-72 所示。

1.7 综合案例——创建基本文本网页

本章主要讲述了 Dreamweaver CS6 的操作界面、在网页中插入文本和在网页中创建超链接等，下面通过以上所学的知识讲述如何创建基本文本网页，效果如图 1-75 所示。具体操作步骤如下。

图 1-75 基本文本网页

原始文件	CH01/1.7/index.htm
最终文件	CH01/1.7/index1.htm

❶ 打开网页文档，把鼠标指针放入要输入文字的位置，如图 1-76 所示。

图 1-76 打开网页文档

❷ 在表格中输入文字内容，如图 1-77 所示。

图 1-77 输入文字

❸ 选择文字，在【属性】面板里设置字体"大小"，弹出【新建 CSS 规则】对话框，在对话框中的【选择器类型】中选择"类"，在【选择器名称】中输入名称，在【规则定义】中选择仅限该文档，如图 1-78 所示。

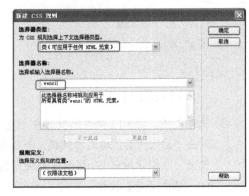

图 1-78 新建 CSS 规则

❹ 在【属性】面板里设置【大小】为"12px"，字体颜色为"#bc9a6a"，如图 1-79 所示。

❺ 在【属性】面板中，【目标规则】选择".wenzi"，单击【编辑规则】按钮，如图 1-80 所示。

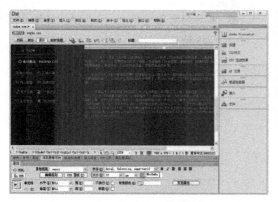

图 1-79　设置字体大小颜色

图 1-80　选择【编辑规则】

❻ 弹出【.wenzi 的 CSS 规则定义】对话框，设置行高为 22 px，如图 1-81 所示。

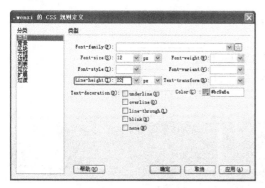

图 1-81　设置行高

❼ 设置完成后，单击确定，返回文档页面，图 1-82 所示为设置行高后的文档。

❽ 将鼠标指针置入文字上方的表格内，选择【插入】|【HTML】|【水平线】命令，插入水平线。并设置水平线高为 1，如图 1-83 所示。

图 1-82　设置行高后的文档

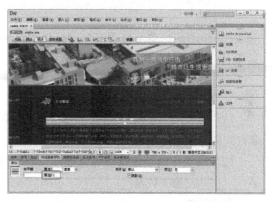

图 1-83　设置水平线属性

❾ 选择文字"公司概况"。在【属性】面板中，单击【链接】文本域后面的【浏览文件】图标，如图 1-84 所示。

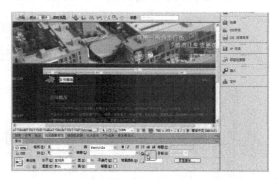

图 1-84　设置链接

❿ 弹出【选择文件】对话框，选择要链接到的网页，如图 1-85 所示。

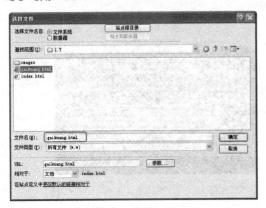

图 1-85　选择链接网页

⓫ 单击确定即可完成，保存预览效果如图
1-75 所示。

1.8　课后练习

1．填空题

（1）_____是基本的信息载体，是网页中最基本的元素，在浏览网页时，获取信息最直接、最直观的方法就是通过_____。

（2）网页中的超链接按照链接路径的不同，可以分为 3 种。第 1 种是_____，第 2 种是_____，第 3 种是_____。

参考答案：

（1）文本、文本

（2）绝对 URL 的超链接、相对 URL 的超链接、书签的超链接

2．操作题

（1）在网页中添加文本，如图 1-86 和图 1-87 所示。

原始文件	CH01/操作题 1/index.htm
最终文件	CH01/操作题 1/index1.htm

图 1-86　原始文件

图 1-87　添加文本效果

（2）创建图像的热点链接，如图 1-88 和图 1-89 所示。

原始文件	CH01/操作题 2/index.htm
最终文件	CH01/操作题 2/index1.htm

图 1-88　原始文件

图 1-89　图像的热点链接效果

1.9　本章总结

学习完本章，相信读者对文本对象的基本操作应该没有任何问题了。在这里，作者还要向读者明确一点，就是文本内容在一个网站中占有很重要的地位，有些读者可能会问为什么？其实这个重要并不是指它在制作上有什么难度，而是指文本内容相对于网站本身一定要丰富、充实，丰富的文字内容才是浏览者光临该网站的主要原因。因此读者在实际制作自己的网站前一定要规划好文本方面的内容，同时再力求制作一个拥有华丽视觉效果的页面，两者搭配，才是制作一个成功网站的正确方向。

对一个网站而言，能让浏览者很轻松地观看是很重要的，这其中最关键的因素就看设计者制作的"链接"了。如果整个网页中的链接很系统、很有条理，那么浏览者浏览起来将会十分轻松，查找任何资料也将会十分方便。相反，如果整个网页中的链接很杂乱，没有条理，那么浏览者在浏览时将会遇到很多困难。总之，读者一定要很好地掌握"链接"这块内容，这将对于网站的形成大有益处。

美化网页最简单、最直接的方法就是在网页上添加图像，图像不但使网页更加美观、形象和生动，而且使网页中的内容更加丰富多彩。除此之外还有各种各样的其他元素，如动画和声音等。图像或多媒体是文本的解释和说明，在文档的适当位置上放置一些图像或多媒体，不仅可以使文本更加容易阅读，而且使得文档更加具有吸引力。本章主要讲述图像的基本使用、如何添加 Flash 影片和插入其他媒体对象等。

学习目标
■ 掌握在网页文档中使用图像的常识和方法
■ 掌握在网页中插入 Flash 影片的方法
■ 掌握给网页添加背景音乐的方法
■ 掌握网页中插入其他媒体的方法

2.1 网页中使用图像的常识

网页中图像的格式通常有 3 种，即 GIF、JPEG 和 PNG。目前对 GIF 和 JPEG 文件格式的支持情况最好，大多数浏览器都可以查看它们。由于 PNG 文件具有较大的灵活性并且文件较小，所以它对于几乎任何类型的网页图形都是适合的。但是 Microsoft Internet Explorer 和 Netscape Navigator 只能部分支持 PNG 图像的显示。建议使用 GIF 或 JPEG 格式以满足更多用户的需求。

GIF 是英文单词 "Graphic Interchange Format" 的缩写，即图像交换格式，文件最多使用 256 种颜色，最适合显示色调不连续或具有大面积单一颜色的图像，例如，导航条、按钮、图标、徽标或其他具有统一色彩和色调的图像。GIF 格式最大的优点就是制作动态图像，可以将数张静态文件作为动画帧串联起来，转换成一张动画文件。

GIF 格式的另一个优点就是可以将图像以交错的方式在网页中呈现。交错显示，就是当图像尚未下载完成时，浏览器会先以马赛克的形式将图像慢慢显示，让浏览者可以大略猜出下载图像的雏形。

JPEG 是英文单词 "Joint Photographic Experts Group" 的缩写，该文件格式是一种图像压缩格式，是用于摄影或连续色调图像的高级格式，这是因为 JPEG 文件可以包含数百万种颜色。随着 JPEG 文件品质的提高，文件的大小和下载时间也会随之增加。使用 JPEG 文件格式通常可以通过压缩，在图像品质和文件大小之间达到良好的平衡。

JPEG 格式是一种压缩得非常紧凑的格式，专门用于不含大色块的图像。JPEG 的图像有一定的失真度，但是在正常的损失下肉眼分辨不出 JPEG 和 GIF 图像的区别，而 JPEG 文件大小只有 GIF 文件大小的 1/4。JPEG 对图标之类的含大色块的图像不很有效，它不支持透明图和动态图，但它能够保留全真的调色板格式。如果图像需要全彩模式才能表现效果的话，JPEG 格式就是最佳的选择。

　　PNG 是英文单词"Portable Network Graphic"的缩写，即便携网络图像，该文件格式是一种替代 GIF 格式的无专利权限制的格式，它包括对索引色、灰度、真彩色图像以及 Alpha 通道透明的支持。PNG 是 Macromedia Fireworks 固有的文件格式。PNG 文件可保留所有原始层、矢量、颜色和效果信息，并且在任何时候所有元素都是可以完全编辑的。文件必须具有".png"文件扩展名才能被 Dreamweaver 识别为 PNG 文件。

2.2　在网页中使用图像

　　前面介绍了网页中常见的 3 种图像格式，下面就来学习如何在网页中使用图像。在使用图像前，一定要有目的地选择图像，最好运用图像处理软件美化一下图像，否则插入的图像可能不美观且非常死板。

2.2.1　插入图像

　　图像是网页中最主要的元素之一，一幅幅图像和一个个漂亮的按钮可以使网页更加美观、形象和生动，而且与文本相比能够更直观地说明问题，使表达的意思一目了然，这样图像就会为网站增添生命力，同时也加深用户对网站良好的印象。

　　在网页中插入图像的方法非常简单，下面通过如图 2-1 所示实例讲述使用图像的方法。

图 2-1　网页中的图像

原始文件	CH02/2.2.1/index.htm
最终文件	CH02/2.2.1/index1.htm

❶ 打开原始文件，将鼠标指针置于要插入图像的位置，选择菜单中的【插入】|【图像】命令，弹出【选择图像源文件】

对话框，在对话框中选择图像 cf2.jpg，如图 2-2 所示。

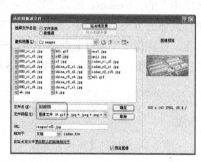

图 2-2　【选择图像源文件】对话框

❷ 单击【确定】按钮，插入图像，如图 2-3 所示。

图 2-3　插入图像

❸ 选中插入的图像，单击鼠标右键在弹出的菜单中选择【对齐】|【右对齐】选项，如图 2-4 所示。

图 2-4 设置图像对齐

❹ 保存文档，按 F12 键在浏览器中浏览
效果，如图 2-1 所示。

2.2.2 设置图像属性

在文档中插入图像后，Dreamweaver CS6 会
自动按照图像的大小显示，所以还需要对图像的
属性进行具体的调整，如大小、位置和对齐等。
选中图像，在图像的【属性】面板中可以自定义
图像的属性。图像的【属性】面板如图 2-5 所示。

图 2-5 图像的【属性】面板

图像的【属性】面板中的各参数如下。

● 【宽】和【高】：图像的宽度和高度，
其默认单位是像素，也可以用点、英寸或毫米
作为单位。当在文本框中输入其他单位数值时，
Dreamweaver 自动将其转换为像素。

● 【源文件】：图像的具体路径，通常单
击 按钮，在弹出的【选择图像源文件】对话
框中选择图像文件。

● 【链接】：设置图像链接的目标页面。

● 【替换】：图像的替换文字。当用户的
浏览器不能正常显示图像时，在图像的位置会
用这个替换文字代替图像。

● 【编辑】：启动【外部编辑器】首选参
数中指定的图像编辑器并使用该图像编辑器打
开选定的图像。

编辑 ✏：启动 Photoshop CS6 并打开该

图像。

编辑图像设置 ❧：单击此按钮打开【图像预
览】对话框，在对话框中进行相应的设置。

从源文件中更新 ❧：单击此按钮更新图像
文件。

● 【地图】：用于制作图像映射。

● 【目标】：链接时的目标窗口或框架，
在其下拉列表中包括 "_blank"、"_parent"、
"_self" 和 "_top" 4 个选项。

_blank：将链接文件载入一个未命名的新
浏览器窗口中。

_parent：将链接文件载入含有该链接的框
架的父框架集或父窗口中。

_self：将链接的文件载入该链接所在的同
一框架或窗口中。

_top：在整个浏览器窗口中载入所链接的
文件，因而会删除所有框架。

● 【原始】：当前图像的低分辨率副本的
路径。

裁剪 ▯：修剪图像的大小，从所选图像中
删除不需要的区域。

重新取样 ❧：将【宽】和【高】的值重新设
置为图像的原始大小。调整所选图像大小后，此
按钮显示在【宽】和【高】文本框的右侧。如果
没有调整过图像的大小，该按钮不会显示出来。

亮度和对比度 ◑：调整图像的亮度和对
比度。

锐化 ◭：调整图像的清晰度。

● 【类】：对图像进行定义。

2.2.3 裁剪图像

Dreamweaver CS6 提供了直接在文档中裁
剪图像的功能，不需要在其他图像编辑软件中
进行操作。裁剪图像具体操作步骤如下。

❶ 选中要裁剪的图像，单击【属性】面板
中的【裁剪】按钮 ▯，弹出提示对话
框，如图 2-6 所示。

❷ 单击【确定】按钮，此时在图像的周围
会出现调整图像大小的控制手柄，如图

2-7 所示。

图 2-6　提示对话框

图 2-7　出现控制手柄

❸ 拖动该图像区域四周的角点至合适位置来调整裁剪的区域，调整好裁剪区域后，按 Enter 键即可裁剪图像。

提示　使用 Dreamweaver 裁剪图像时，会更改磁盘上的原图像文件，因此用户可能需要事先备份图像文件，以便在需要恢复到原始图像时使用。

2.2.4　调整图像的亮度和对比度

完成图像编辑功能可以不用离开 Dreamweaver，编辑工具是内嵌的 Fireworks 技术。这样在编辑网页图像时就轻松多了，不需要打开其他的图像处理工具进行处理，从而大大提高了工作效率。在 Dreamweaver CS6 中还可以直接调整图像的亮度/对比度。这将影响图像的高亮显示、阴影和中间色调。修正过暗或过亮的图像时通常使用亮度/对比度。

❶ 选中要调整亮度和对比度的图像，单击【属性】面板中的【亮度和对比度】按钮 ，如图 2-8 所示。弹出如图 2-9 所示的提示对话框。

❷ 单击【确定】按钮，弹出【亮度/对比度】对话框，在对话框中将【亮度】设

置为 "–15"，【对比度】设置为 "10"，如图 2-10 所示。

图 2-8　单击【亮度和对比度】

图 2-9　提示对话框

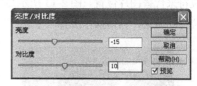

图 2-10　【亮度/对比度】对话框

❸ 单击【确定】按钮，保存文档即可。

2.2.5　锐化图像

锐化将增加对象边缘像素的对比度，从而增加图像的清晰度或锐度。

❶ 选中要锐化的图像，单击【属性】面板中的【锐化】按钮 ，弹出如图 2-11 所示的提示对话框。

图 2-11　提示对话框

❷ 单击【确定】按钮，弹出【锐化】对话框，在对话框中将【锐化】设置为 "5"，如图 2-12 所示。

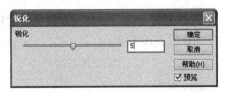

图 2-12 【锐化】对话框

❸ 单击【确定】按钮，保存文档即可。

提示　　Dreamweaver 的编辑功能仅适用于 JPEG 和 GIF 图像文件格式，其他位图图像文件格式不能使用这些图像编辑功能。

2.3 插入其他网页图像

Dreamweaver CS6 提供了多种精彩的网页图像设计，如插入图像占位符、插入鼠标指针经过图像等，下面分别进行讲述。

2.3.1 插入图像占位符

有时候根据页面布局的需要，要在网页中插入一幅图片。这个时候可以不制作图片，而是使用占位符来代替图片位置。图 2-13 所示是插入图像占位符的效果，具体操作步骤如下。

图 2-13 插入图像占位符效果

原始文件	CH02/2.3.1/index.htm
最终文件	CH02/2.3.1/index1.htm

❶ 打开原始文件，如图 2-14 所示。

图 2-14 打开原始文件

❷ 将鼠标指针放置在要插入图像占位符的位置，选择【插入】|【图像对象】|【图像占位符】命令，弹出【图像占位符】对话框，在对话框进行相应的设置，如图 2-15 所示。

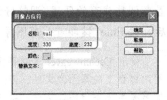

图 2-15 【图像占位符】对话框

提示　　在【常用】插入栏中单击图标，在弹出的菜单中选择【图像占位符】图标，也可以弹出【图像占位符】对话框。

❸ 单击【确定】按钮，插入图像占位符，并设置图像【右对齐】，如图 2-16 所示。

图 2-16 插入图像占位符

❹ 保存文档，按 F12 键在浏览器中浏览
效果，如图 2-13 所示。

2.3.2　创建鼠标指针经过图像

鼠标指针经过图像就是当鼠标指针经过
图像时，原图像会变成另外一幅图像。鼠标指
针经过图像其实是由两张图像（即原始图像和
鼠标指针经过图像）组成的。【插入鼠标指针经
过图像】对话框如图 2-17 所示。

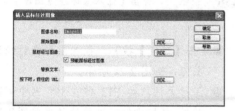

图 2-17　【插入鼠标指针经过图像】对话框

【插入鼠标指针经过图像】对话框中的各
参数设置如下。

● 【图像名称】：图像的名称，这是必须
输入的选项。因为【插入鼠标指针经过图像】
的方法，实际是采用了 Dreamweaver CS6 自带
的【行为】功能。该行为一般多采用脚本编写，
当脚本执行需要指定某张图像时，就需要使用
【图像名称】。

● 【原始图像】：在页面中显示原始图像
的路径。

● 【鼠标指针经过图像】：当鼠标指针经
过原始图像时所需切换显示的图像。

● 【替换文本】：当图像不能显示，或鼠
标指针停留在该图像位置上时，显示【替换文
本】中的内容。

● 【按下时，前往的 URL】：对【鼠标指
针经过图像】做超级链接。

插入鼠标指针经过图像在鼠标指针经过
前的效果如图 2-18 所示，鼠标指针经过后的效
果如图 2-19 所示。具体操作步骤如下。

原始文件	CH02/2.3.2/index.htm
最终文件	CH02/2.3.2/index1.htm

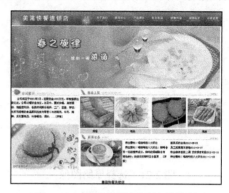

图 2-18　鼠标指针经过前的效果

❶ 打开原始文件，将鼠标指针置于插入鼠
标指针经过图像的位置，如图 2-20 所示。

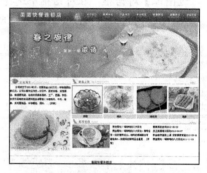

图 2-19　鼠标指针经过后的效果

图 2-20　打开原始文件

❷ 选择菜单中的【插入】|【图像对象】|【鼠
标指针经过图像】命令，弹出【插入鼠标
指针经过图像】对话框，在对话框中单击
【原始图像】文本框右边的【浏览】按钮，
弹出【原始图像：】对话框，在对话框中
选择图像 20110701031733502.jpg，如图
2-21 所示。

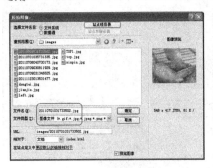

图 2-21 选择原始图像

❸ 单击【确定】按钮，将图像路径添加到
文本框中。单击【鼠标经过图像】文本
框右边的【浏览】按钮，弹出【鼠标经
讨图像】对话框，在对话框中选择图像
20110701035731335.jpg，如图 2-22 所示。

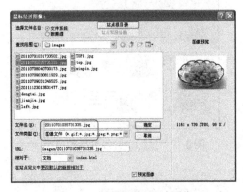

图 2-22 选择鼠标经过图像

❹ 单击【确定】按钮，将图像路径添加到
文本框中，如图 2-23 所示。

图 2-23 【插入鼠标经过图像】对话框

提示 单击【常用】插入栏中的按钮，
在弹出的菜单中选择【鼠标经过图像】
按钮，弹出【插入鼠标经过图像】对
话框，也可以插入鼠标经过图像。

❺ 单击【确定】按钮，插入鼠标指针经过
图像，如图 2-24 所示。

❻ 保存文档，按 F12 键在浏览器中浏览
效果，鼠标指针经过前的效果如图 2-18
所示，鼠标指针经过后的效果如图 2-19
所示。

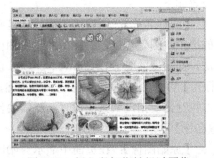

图 2-24 插入鼠标指针经过图像

2.4 添加 Flash 影片

SWF 动画是在专门的 Flash 软件中完成
的，在 Dreamweaver 中能将现有的 SWF 动画
插入到文档中。插入 SWF 动画的效果如图 2-25
所示，具体操作步骤如下。

原始文件	CH02/2.4/index.htm
最终文件	CH02/2.4/index1.htm

❶ 打开原始文件，如图 2-26 所示。

❷ 将鼠标指针置于要插入 SWF 动画的位
置，选择菜单中的【插入】|【媒体】|
【SWF】命令，弹出【选择 SWF】对话
框，在对话框中选择 top.swf，如图 2-27
所示。

❸ 单击【确定】按钮，插入 SWF 动画，
如图 2-28 所示。

图 2-25　插入 SWF 动画效果

图 2-26　打开原始文件

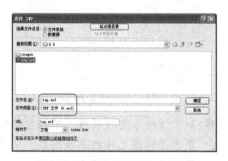

图 2-27　【选择 SWF】对话框

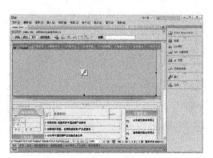

图 2-28　插入 SWF 动画

SWF 动画的【属性】面板如图 2-29 所示，面板中的各参数如下。

图 2-29　SWF 动画的【属性】面板

● 【名称】：用于设置 SWF 动画的名称。

● 【宽】和【高】：以像素为单位设置 SWF 动画区域的宽度和高度。

● 【文件】：指定 SWF 动画文件的路径以及文件名，可以直接输入该动画文件的路径和文件名，也可以单击文本框右边的 按钮，在弹出的对话框中选择 SWF 动画文件。

● 【源文件】：指向 SWF 源文档的路径。

● 【背景颜色】：指定影片区域的背景颜色。在不播放影片时（在加载时和在播放后）显示此颜色。

● 【类】：定义对象的外观样式。

● 【循环】：勾选此复选框，动画将在浏览器端循环播放。

● 【自动播放】：勾选此复选框，则文档被浏览器载入时，自动播放 SWF 动画。

● 【垂直边距】和【水平边距】：指定影片上、下、左、右空白的像素数。

● 【品质】：在影片播放期间控制失真。设置越高，影片的观看效果就越好，但要求更快的处理器以保证影片在屏幕上正确显示。

● 【比例】：用来设定显示比例，包括"默认（全部显示）"、"无边框"和"严格匹配" 3 个选项。

● 【对齐】：设置 SWF 动画文件在网页中的对齐方式。

● 【Wmode】：为 SWF 文件设置 Wmode 参数以避免与 DHTML 元素（例如 Spry 构件）相冲突。默认值是不透明，这样在浏览器中，DHTML 元素就可以显示在 SWF 文件的上面。如果 SWF 文件包括透明度，并且希望 DHTML 元素显示在其后面，选择"透明"选项。选择

"窗口"选项可从代码中删除 Wmode 参数并允许 SWF 文件显示在其他 DHTML 元素的上面。

● ▣ 编辑(E) ：调用预设的外部编辑器编辑 SWF 源文件。

● ▶ 播放 ：在"文档"窗口中播放影片。

● 参数... ：单击此按钮，在弹出的对话框中输入能使该 SWF 顺利运行的附加参数。

提示   单击【常用】插入栏中的按钮 ，弹出【选择文件】对话框，也可以插入 SWF 动画。

❹ 保存文档，按 F12 键在浏览器中浏览效果，如图 2-25 所示。

2.5　添加背景音乐

通过代码提示，可以在代码视图中插入代码。在输入某些字符时，将显示一个列表，列出完成条目所需要的选项。下面通过代码提示讲述如何添加背景音乐，效果如图 2-30 所示。具体操作步骤如下。

图 2-30　添加背景音乐

原始文件	CH02/2.5/index.htm
最终文件	CH02/2.5/index1.htm

❶ 在使用代码之前，首先选择【编辑】|【首选参数】命令，打开【首选参数】对话框，在【分类】列表框中选择【代码提示】选项，如图 2-31 所示。

图 2-31　【首选参数】对话框

❷ 将【首选参数】对话框中的所有复选框选中，并将【延迟】选项右侧的滑块移动至最左端，设置为"0"秒。

❸ 打开原始文件，切换到代码视图，在代码视图中找到标签<BODY>，并在其后面输入"<"，这时会自动弹出一个列表框，在列表中双击标签 bgsound 以插入该标签，如图 2-32 所示。

图 2-32　双击标签 bgsound

❹ 如果该标签支持属性，则按空格键以显示该标签允许的属性列表，从中选择属性 src，如图 2-33 所示。

图 2-33　在代码视图中选择属性 src

❺ 按 Enter 键后，出现【浏览】字样，单
击以打开【选择文件】对话框，从对话
框中选择音乐文件，如图 2-34 所示。选
择音乐文件后单击【确定】按钮。

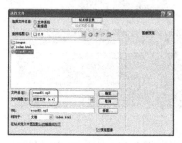

图 2-34　"选择文件"对话框

❻ 在新插入的代码后按空格键，在属性列
表中选择属性"loop"，如图 2-35 所示。

图 2-35　在代码视图中选择属性 loop

❼ 选中"loop"，出现"-1"并将其选中。
在属性值后面，为该标签输入">"，
如图 2-36 所示。保存文件后按 F12 键
浏览，打开网页就能听到音乐。

图 2-36　代码中的声音标签

 提示　浏览器可能需要某种附加的音频支
持来播放声音。因此，具有不同插件的
不同浏览器所播放声音的效果通常会有
所不同。

2.6　插入其他媒体对象

使用 Dreamweaver 可以在一个网页中插入多种媒体对象，Dreamweaver 可以有效地将多媒体
元素与网页中的其他元素有机地整合在一起，丰富网页的内容，为网页增添魅力。

2.6.1　插入 Applet

Java 是一种允许开发并可以嵌入 Web 页
面的编程语言。Java Applet 是在 Java 的基础上
演变而成的应用程序，它可以嵌入到网页中用
来指定一定的任务。Java Applet 小程序创建以
后，Dreamweaver CS6 将它插入到 HTML 文档
中，并使用 Applet 标签来标识对小程序文件的
引用。

插入 Java Applet 的效果如图 2-37 所示，
具体操作步骤如下。

原始文件	CH02/2.6.1/index.htm
最终文件	CH02/2.6.1/index1.htm

提示　要插入的 Java 小程序的扩展名为
".class"，该文件需放在引用文件相同的
文件夹下，引用文件时区分大小写。

图 2-37　插入 Java Applet 效果

❶ 打开原始文件，如图 2-38 所示。

图 2-38　打开原始文件

❷ 将鼠标指针置于要插入 Java Applet 的位置，选择菜单中的【插入】|【多媒体】|【Applet】命令，弹出【选择文件】对话框，选择 Lake.class，如图 2-39 所示。

图 2-39　【选择文件】对话框

❸ 单击【确定】按钮，插入 Applet 程序，如图 2-40 所示。

❹ 选中插入的 Applet，在【属性】面板中将【宽】设置为 "280"，【高】设置

为 "200"，如图 2-41 所示。

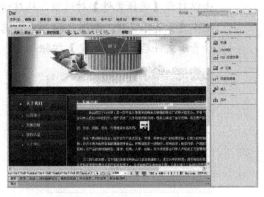

图 2-40　插入 Applet 程序

图 2-41　设置 Applet 属性

> **提示**　单击【常用】插入栏中的 ⚙ 按钮，在弹出的菜单中选择【Applet】按钮 ☕，弹出【选择文件】对话框，也可以插入 Applet 程序。

Applet 的【属性】面板中的各参数设置如下。

● 【Applet 名称】：指定用来标识 Applet 以进行脚本撰写的名称。

● 【宽】和【高】：以像素为单位设置 Applet 的宽度和高度。

● 【代码】：指定该 Applet 的 Java 代码文件，单击 📁 按钮以浏览某一文件，或直接在文本框中输入文件的路径。

● 【基址】：标识包含选定 Applet 的文件夹。选择了 Applet 后，此文本框将被自动填充。

● 【对齐】：设置 Applet 在文档中的对齐方式。

● 【替换】：指定如果用户的浏览器不支持 Java Applet 或者已经禁用 Java，将要显示的替换内容。如果输入文本，Dreamweaver 将插入该文本，将其作为 Applet 的 alt 属性的值。

● 【垂直边距】和【水平边距】：以像素为单位指定 Applet 上、下、左、右空白的像素数。

● 【类】：定义 Java.Applet 的样式。

● 参数... ：单击此按钮，在弹出的对话框中输入传递给 Applet 的附加参数。

❺ 选中插入的 Applet，切换到【代码】视图，修改以下代码，如图 2-42 所示。

```
<applet code="Lake.class" width="678"
height="250">
<PARAM NAME="image" VALUE="head.jpg">
// jqjd_0001.jpg 换为图像的名称
</applet>
```

图 2-42　修改代码

❻ 保存文档，按 F12 键在浏览器中浏览效果，如图 2-37 所示。

2.6.2　插入 ActiveX 控件

ActiveX 控件是对浏览器功能的扩展，ActiveX 控件仅在 Windows 系统上的 Internet Explorer 中运行。ActiveX 控件的作用和插件的作用是相同的，它可以在不发布浏览器新版本的情况下扩展浏览器的功能。插入 ActiveX 控件的操作步骤如下。

❶ 将鼠标指针放置在要插入 ActiveX 的位置。

❷ 选择【插入】|【媒体】|【ActiveX】命令，在网页中插入 ActiveX 占位符。

❸ 选中该占位符，打开【属性】面板，如图 2-43 所示。

图 2-43　【属性】面板

在 ActiveX 的【属性】面板中主要有以下参数。

● 【宽】和【高】：用来设置 ActiveX 控件的宽度和高度，可输入数值，单位是像素。

● 【ClassID】：其下拉列表中包含了 3 个选项，分别是"RealPlayer"、"Shockwave for Director"和"Shockwave for Flash"。

● 【对齐】：用来设置 ActiveX 控件的对齐方式。

● 【嵌入】：选中该复选框，把 ActiveX 控件设置为插件，使它可以被 Netscape Communicator 浏览器所支持。Dreamweaver CS6 给 ActiveX 控件属性输入的值同时分配给等效的 Netscape Communicator 插件。

● 【源文件】：用来设置用于插件的数据文件。

● 【垂直边距】：用来设置 ActiveX 控件与下方页面元素的距离。

● 【水平边距】：用来设置 ActiveX 控件与右侧页面元素的距离。

● 【基址】：用来设置包含该 ActiveX 控件的路径。如果在访问者的系统中尚未安装 ActiveX 控件，则浏览器从这个路径下载。如果没有设置【基址】文本框，访问者未安装相应的 ActiveX 控件，则浏览器将无法显示 ActiveX 对象。

● 【ID】：用来设置 ActiveX 控件的编号。

● 【数据】：用来为 ActiveX 控件指定数据文件，许多种类的 ActiveX 控件不需要设置数据文件。

● 【替换图像】：用来设置 ActiveX 控件的替换图像，当 ActiveX 控件无法显示时，将显示这个替换图像。

● 【类】：定义 ActiveX 的样式。

● ▶ 播放 ：单击此按钮，在文档窗口中预览效果。

● 参数... ：单击此按钮，弹出【参数】对话框。参数设置可以对 ActiveX 控件进行初始化，参数由命名和值两部分组成，一般成对出现。

2.7 综合案例

使用 Dreamweaver 中的可视化工具可以向页面添加各种内容，包括文本、图像、影片、声音和其他媒体形式等。在前面的章节中学习了图像和多媒体内容的添加，本节将通过实例来讲述其具体的应用。

2.7.1 创建图文混排网页

文字和图像是网页中最基本的元素，在网页中合理地插入图像能使得网页更加生动、形象。图像和文本混和排列的网页是常见的网页，图2-44 所示是图文混排网页，具体操作步骤如下。

图 2-44　图文混排网页

原始文件	CH02/2.7.1/index.htm
最终文件	CH02/2.7.1/index1.htm

❶ 打开原始文件，如图 2-45 所示。

❷ 将鼠标指针放置在文字中相应的位置，选择菜单中的【插入】|【图像】命令，弹出【选择图像源文件】对话框，在对话框中选择图像，如图 2-46 所示。

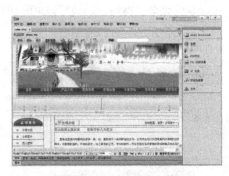

图 2-45　打开原始文件

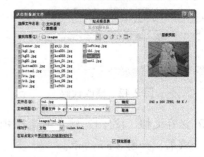

图 2-46　【选择图像源文件】对话框

❸ 单击【确定】按钮，插入图像，如图2-47 所示。

图 2-47　插入图像

❹ 选中插入的图像，单击鼠标指针右键，在弹出的菜单中将【对齐】设置为【左对齐】，如图 2-48 所示。

图 2-48　设置图像属性

❺ 保存文档，按 F12 键在浏览器中预览效果，如图 2-44 所示。

2.7.2　制作精彩的多媒体网页

常见的多媒体网页一般还配有动画或声音。本节主要介绍使用插件插入声音效果。利用插件制作的多媒体网页效果如图 2-49 所示，具体操作步骤如下。

图 2-49　多媒体网页效果

最终文件	CH02/2.7.2/index1.htm

❶ 启动 Dreamweaver，选择菜单【文件】|【新建】命令，如图 2-50 所示。

❷ 保存网页文档，选择菜单【文件】|【另存为】命令，弹出【另存为】对话框，文件名为 "index1"，如图 2-51 所示。

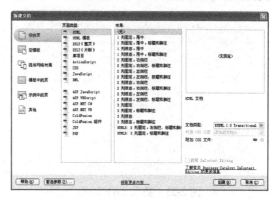

图 2-50　新建网页文件

图 2-51　保存文档

❸ 将鼠标指针置于要插入 SWF 动画的位置，选择菜单中的【插入】|【媒体】|【SWF】命令，弹出【选择 SWF】对话框，在对话框中选择 12.swf，如图 2-52 所示。

图 2-52　【选择 SWF】对话框

❹ 单击【确定】按钮，插入 SWF 动画，如图 2-53 所示。

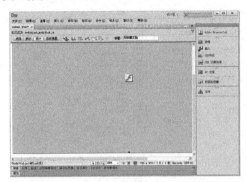

图 2-53　插入 SWF 动画

❺ 选择菜单中的【命令】|【扩展管理】命令，弹出【Adobe Extension Manager CS6】对话框，如图 2-54 所示。

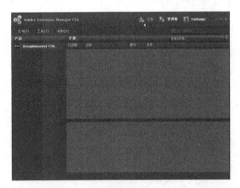

图 2-54　【Adobe Extension Manager CS6】对话框

❻ 在对话框中单击【安装】按钮，弹出【选取要安装的扩展】对话框，在对话框中选择要安装的插件，如图 2-55 所示。

图 2-55　【选取要安装的扩展】对话框

❼ 单击【打开】按钮，弹出【Adobe Extension Manager】提示框，如图 2-56 所示。单击【接受】按钮，即可安装成功，如图

2-57 所示。

图 2-56　【Adobe Extension Manager】提示框

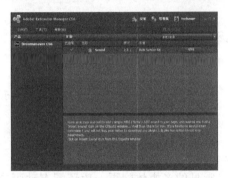

图 2-57　扩展安装成功

❽ 单击【常用】插入栏中的 按钮，弹出【Sound】对话框，在对话框中单击 Browse 按钮，弹出【选择文件】对话框，在对话框中选择声音文件"yinyue.mp3"，如图 2-58 所示。

图 2-58　【选择文件】对话框

❾ 单击【确定】按钮，添加到文本框中，如图 2-59 所示。

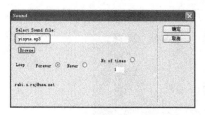

图 2-59　添加到文本框

F12 键在浏览器中预览效果，如图 2-49 所示。

> **提示**
> 播放的声音文件类型取决于浏览器类型。对于 Internet Explorer 来说，它可以播放大多数类型的声音文件，如 WAV 和 MP3 文件。通过其他类型的控制，例如 ActiveMovie 控件，甚至可以播放 MPEG 文件。

⑩　单击【确定】按钮。保存文档，按

2.8　课后练习

1．填空题

（1）网页中图像的格式通常有 3 种，即＿＿＿＿、＿＿＿＿和＿＿＿＿。目前对＿＿＿＿和＿＿＿＿文件格式的支持情况最好，大多数浏览器都可以查看它们。由于＿＿＿＿文件具有较大的灵活性并且文件较小，所以它对于几乎任何类型的网页图形都是适合的。

（2）有时候根据页面布局的需要，要在网页中插入一幅图片。这个时候可以不制作图片，而是使用＿＿＿＿来代替图片位置。

参考答案：

（1）GIF、JPEG、PNG、GIF、JPEG、PNG

（2）占位符

2．操作题

（1）在网页中插入图像，如图 2-60 和图 2-61 所示。

原始文件	CH02/操作题 1/index.htm
最终文件	CH02/操作题 1/index1.htm

图 2-60　原始文件

图 2-61　插入图像效果

（2）给网页添加背景音乐，如图 2-62 所示。

原始文件	CH02/操作题 2/index.htm
最终文件	CH02/操作题 2/index1.htm

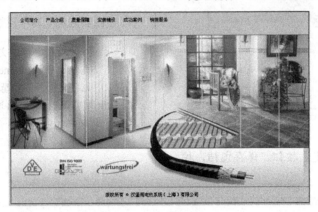

图 2-62　添加背景音乐

2.9　本章总结

　　通过本章的学习，读者应该掌握了各种图像和多媒体的使用，包括基本图像、图像占位符、鼠标指针经过图像、Flash 动画、视频影片和背景音乐等。在这里再强调一下图像和多媒体的重要性，它们使网页充满了生命力与说服力，体现了网页及其网站独有的风格。在享有华丽视觉效果的同时，读者也一定要时刻留意图像和多媒体所占存储空间的大小，在效果和大小之间找到一个合适的交叉点，这就是一个网页设计师的任务了。

表格是网页不可缺少的重要元素。无论用于排列数据还是在页面上对文本进行排版，表格都表现出了强大的功能。它以简洁明了和高效快捷的方式，将数据、文本、图像和表单等元素有序地显示在页面上，从而呈现出版式漂亮的网页。表格最基本的作用就是让复杂的数据变得更有条理，让人容易看懂，在设计页面时，往往要利用表格来排版网页元素。通过对本章的学习，应掌握插入表格、设置表格属性和编辑表格的方法，能够利用表格排列网页数据。

学习目标

- ☑ 掌握插入表格的方法
- ☑ 掌握设置表格属性的方法
- ☑ 掌握选择表格的方法
- ☑ 掌握编辑表格和单元格的方法
- ☑ 掌握利用表格排列布局网页的方法

3.1 插入表格

在 Dreamweaver 中，表格既可以用于制作简单的图表，还可以用于安排网页文档的整体布局，起着非常重要的作用。利用表格设计页面布局，可以不受分辨率的限制。

3.1.1 表格的基本概念

表格基础是随着添加正文或图像而扩展的。表格由行、列和单元格 3 部分组成。行贯穿表格的左右；列则是上下方向的；单元格是行和列交汇的部分，是输入信息的地方。单元格会自动扩展到与输入信息相适应的尺寸。图 3-1 所示为表格的结构。

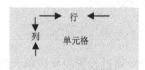

图 3-1　表格的结构

- ● 【行】：表格中的水平间隔。
- ● 【列】：表格中的垂直间隔。
- ● 【单元格】：表格中一行与一列相交所产生的区域。

3.1.2 插入表格

在 Dreamweaver 中插入表格非常简单，具体操作步骤如下。

原始文件	CH03/3.1.2/index.htm
最终文件	CH03/3.1.2/index1.htm

❶ 打开素材文件，如图 3-2 所示。

❷ 将鼠标指针放置在要插入表格的位置，

选择菜单中的【插入】|【表格】命令，弹出【表格】对话框，在对话框中将【行数】设置为"5"，【列】设置为"2"，【表格宽度】设置为"90""百分比"，如图 3-3 所示。

图 3-2　打开素材文件

图 3-3　【表格】对话框

在【表格】对话框中可以进行如下设置。

● 【行数】：在文本框中输入新建表格的行数。

● 【列】：在文本框中输入新建表格的列数。

● 【表格宽度】：用于设置表格的宽度，其中右边的下拉列表中包含百分比和像素。

● 【边框粗细】：用于设置表格边框的宽度，如果设置为 0，在浏览时则看不到表格的边框。

● 【单元格边距】：单元格内容和单元格边界之间的像素数。

● 【单元格间距】：单元格之间的像素数。

● 【标题】：可以定义表头样式，4 种样式可以任选一种。

● 【标题】：用来定义表格的标题。

● 【摘要】：用来对表格进行注释。

❸ 单击【确定】按钮，插入表格，如图 3-4 所示。

图 3-4　插入表格

 提示　单击【常用】插入栏中的 田 按钮，弹出【表格】对话框，设置各项参数插入表格。

❹ 在表格中输入相应的文字，如图 3-5 所示。

图 3-5　输入文字

3.2　设置表格属性

直接插入的表格有时并不能让人满意。在 Dreamweaver 中，通过设置表格或单元格的属性，可以很方便地修改表格的外观。

3.2.1 设置表格的属性

设置表格的属性，可以通过表格的【属性】面板进行。选择表格，在【属性】面板中将显示表格的属性，将【宽】设置为"770像素"，【对齐】设置为"居中对齐"，如图3-6所示。

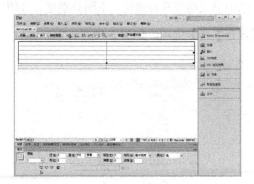

图3-6 表格属性

表格【属性】面板参数如下。

● 【表格】：输入表格的名称。

● 【行】和【列】：输入表格的行数和列数。

● 【宽】：输入表格的宽度，其单位可以是"像素"或"百分比"。

【像素】：选择该项，表明该表格的宽度值是像素值。这时表格的宽度是绝对宽度，不随浏览器窗口的变化而变化。

【百分比】：选择该项，表明该表格的宽度值是表格宽度与浏览器窗口宽度的百分比数值。这时表格的宽度是相对宽度，会随着浏览器窗口大小的变化而变化。

● 【填充】：单元格内容和单元格边界之间的像素数。

● 【间距】：相邻的表格单元格间的像素数。

● 【对齐】：设置表格的对齐方式，有"默认"、"左对齐"、"居中对齐"和"右对齐"4个选项。

● 【边框】：用来设置表格边框的宽度。

● 用于清除列宽。

● 将表格宽由百分比转为像素。

● 将表格宽由像素转换为百分比。

● 用于清除行高。

提示 如果没有明确指定表格边框的值，大多数浏览器按表格边框为1显示表格。

3.2.2 设置单元格属性

将鼠标指针置于单元格中，该单元格就处于选中状态，此时属性面板中显示出所有允许设置的单元格属性的选项。在属性面板中将第1行单元格的【背景颜色】设置为"#009900"，效果如图3-7所示。

图3-7 设置单元格属性

单元格【属性】面板参数如下。

● 【水平】：设置选中单元格的水平对齐方式，有"默认"、"左对齐"、"居中对齐"和"右对齐"4个选项。

● 【垂直】：设置选中单元格的垂直对齐方式，有"默认"、"顶端"、"居中"、"底部"和"基线"5个选项。

● 【宽】与【高】：设置单元格的宽与高。

● 【不换行】：表示单元格的宽度将随文字长度的不断增加而加长。

● 【标题】：将当前单元格设置为标题行。

● 【背景颜色】：设置单元格的背景颜色。

● ▢：用于将所选择的单元格、行或列合并为一个单元格。只有当所选择的区域为矩形时才可以合并这些单元格。

● ⬜：将一个单元格拆分成两个或者更多的单元格。一次只能对一个单元格进行拆分，如果选择的单元格多于一个，则此按钮将被禁用。

3.3　选择表格元素

要想在文档中对一个元素进行编辑，那么首先要选择它；同样，要想对表格进行编辑，首先也要选中它。选择表格操作可以分为选中整个表格、选中单元格等几种情况，下面分别进行介绍。

3.3.1　选取表格

选择整个表格有以下几种方法。

● 单击表格线的任意位置，如图 3-8 所示。

图 3-8　选取表格

● 将鼠标指针置于表格内的任意位置，选择菜单中的【修改】|【表格】|【选择表格】命令，如图 3-9 所示。

图 3-9　选取表格

● 将鼠标指针放置到表格的左上角，按住鼠标指针左键不放，拖曳鼠标指针指针到表格的右下角，将整个表格中的单元格选中，单击鼠标指针右键，在弹出的菜单中选择【表格】|

【选择表格】选项，如图 3-10 所示。

图 3-10　选取表格

● 将鼠标指针放置在表格的任意位置，单击文档窗口左下角的<table>标签，选中表格后，选项控柄就出现在表格的四周，如图 3-11 所示。

图 3-11　选取表格

3.3.2　选取行或列

选择表格的行或列有以下几种方法。

● 当鼠标指针指针位于要选择行首或列顶时，鼠标指针指针形状变成了➡箭头或⬇箭头时，单击鼠标指针左键即可以选中行或列，如图 3-12 所示。

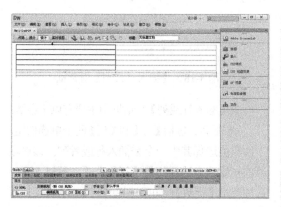

图 3-12　选中列

● 将鼠标指针置于要选择的行首或列顶，按住鼠标指针左键不放从左至右拖曳或者从上至下拖曳，即可选中行或者列，如图 3-13 所示。

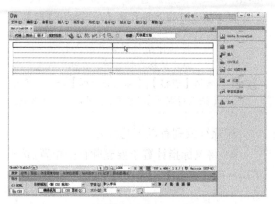

图 3-13　选择行

提示　将鼠标指针放置在要选择的行中，然后单击文档窗口左下角的<tr>标签，这种方法只能选择行，而不能选择列。

3.3.3　选取单元格

选择表格中的单个或多个单元格的方法有以下多种。

● 按住鼠标指针左键并拖曳，可以选择一个单元格或多个单元格。

● 按住 Ctrl 键，单击选择的单元格，即可选中单元格。

● 将鼠标指针放置在表格的任意单元格中，单击窗口左下角的<td>标签，即可选中一个单元格。

● 在已经选择的相邻单元格中，按住 Ctrl 键单击不想选择的单元格，将其去除，可以选择不相邻的多个单元格。

● 按住 Shift 键不放并单击多个单元格中的第一个和最后一个，可以选择多个相邻的单元格。

● 按住 Ctrl 键不放并单击多个单元格，可以选择多个相邻或不相邻的单元格，如图 3-14 所示。

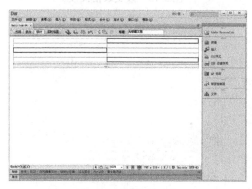

图 3-14　选中单元格

3.4　表格的基本操作

创建表格后，可以根据需要调整表格的高度和宽度，添加或删除行或列，拆分或合并单元格等。

3.4.1　调整表格高度和宽度

调整表格的高度和宽度时，表格中所有单元格将按比例相应改变大小。

选中表格，此时会出现 3 个控制点，将鼠标指针指针分别放在 3 个不同的控制点上，指针会变成如图 3-15、图 3-16 和图 3-17 所示的形状，按住鼠标指针左键拖动即可改变表格的高度和宽度。

图 3-15　改变表格宽度

图 3-16　改变表格高度

图 3-17　同时调整表格的宽度和高度

3.4.2　添加或删除行或列

● 将鼠标指针置于要插入行的位置，选择菜单中的【修改】|【表格】|【插入行】命令，即可插入一行。

● 将鼠标指针置于要插入列的位置，选择菜单中的【修改】|【表格】|【插入列】命令，即可插入一列。

● 将鼠标指针置于要插入行或列的位置，选择菜单中的【修改】|【表格】|【插入行或列】命令，弹出【插入行或列】对话框，如图 3-18 所示。在对话框中进行相应的设置，单击【确定】按钮，即可插入行或列。

图 3-18　【插入行或列】对话框

在【插入行或列】对话框中主要有以下参数。

● 插入：包括【行】和【列】两个单选按钮，一次只能选择其中一个来插入行或者列。该选项组的初始状态选择的是【行】选项，所以下面的选项就是【行数】。如果选择的是【列】选项，那么下面的选项就变成了【列数】，在【列数】选项的文本框内可以直接输入要插入的列数。

● 位置：包括【所选之上】和【所选之下】两个单选按钮。如果【插入】选项选择的是【列】选项，那么【位置】选项后面的两个单选按钮就会变成【在当前列之前】和【在当前列之后】。

> **提示**　将鼠标指针置于要插入行或列的位置，单击鼠标指针右键，在弹出的菜单中选择【表格】|【插入行或列】命令，弹出【插入行或列】对话框，也可以插入行或列。

删除行或列有以下几种方法。

● 将鼠标指针置于要删除行的位置，选择菜单中的【修改】|【表格】|【删除行】命令，即可删除行。

● 将鼠标指针置于要删除列的位置，选择菜单中的【修改】|【表格】|【删除列】命令，即可删除列。

● 选中要删除的行或列，选择菜单中的【编辑】|【清除】命令，即可删除行或列。

● 将鼠标指针置于要删除行或列的位置，单击鼠标指针右键，在弹出的菜单中选择【表格】|【删除行】命令或选择【表格】|【删除列】命令，也可以删除行或列。

● 将鼠标指针置于要删除行或列的位置，可以在【属性】面板中的【行】或【列】文本框中减少数值，也可以删除行或列。

3.4.3　拆分单元格

在使用表格的过程中，有时需要拆分单元

格以达到自己所需的效果。拆分单元格就是将选中的单元格拆分为多行或多列。拆分单元格的具体操作步骤如下。

❶ 将鼠标指针置于要拆分的单元格中，选择菜单中的【修改】|【表格】|【拆分单元格】命令，弹出【拆分单元格】对话框，如图 3-19 所示。

图 3-19 【拆分单元格】对话框

❷ 在对话框中进行相应的设置，单击【确定】按钮，即可拆分单元格。

在【拆分单元格】对话框中主要有以下参数。

● 【把单元格拆分】：该单选按钮组指定将单元格拆分成行还是列。

● 【行数】或【列数】：该文本框指定将单元格拆分为多少行或列。

> **提示**
> 拆分单元格还有以下两种方法。
> ● 将鼠标指针置于要拆分的单元格中，单击鼠标指针右键，在弹出的菜单中选择【表格】|【拆分单元格】命令，弹出【拆分单元格】对话框，也可以拆分单元格。
> ● 将鼠标指针置于要拆分的单元格中，单击【属性】面板中的【拆分单元格为行或列】按钮，弹出【拆分单元格】对话框，也可以拆分单元格。

3.4.4 合并单元格

合并单元格就是将选中的单元格合并为一个单元格，合并单元格有以下几种方法。

● 选中要合并的单元格，选择菜单中的【修改】|【表格】|【合并单元格】命令，即可将多个单元格合并成一个单元格。

● 选中要合并的单元格，在【属性】面板中单击【合并所选单元格，使用跨度】按钮，即可合并单元格。

● 选中要合并的单元格，单击鼠标指针右键，在弹出的菜单中选择【表格】|【合并单元格】命令，即可合并单元格。

> **提示**
> 单元格合并后，单个单元格的内容放置在最终的合并单元格中，所选的第 1 个单元格的属性将应用于合并后的单元格。

3.4.5 拷贝和粘贴单元格

选择要拷贝的单元格，选择【编辑】|【拷贝】命令，完成拷贝，如图 3-20 所示。

图 3-20 拷贝

将鼠标指针放置在单元格中，选择【编辑】|【粘贴】命令，完成粘贴，如图 3-21 所示。

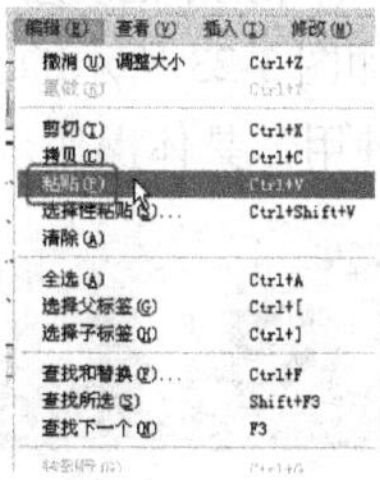

图 3-21 粘贴

3.5 排序及整理表格内容

Dreamweaver CS6 提供了导入表格式数据和表格排序功能，使用这两个功能可以整理表格内的数据。

3.5.1　导入表格式数据

在导入表格式数据前，首先要将表格数据文件转换成.txt（文本文件）格式，并且该文件中的数据要带有分隔符，如逗号、分号、冒号等。导入到 Dreamweaver 中的数据不会出现分隔符，且会自动生成表格。【导入表格式数据】对话框如图 3-22 所示。

图 3-22　【导入表格式数据】对话框

【导入表格式数据】对话框中的各参数如下。

● 数据文件：输入要导入的数据文件的保存路径和文件名，或单击右边的【浏览】按钮，在弹出的对话框中选择。

● 定界符：选择定界符，使之与导入的数据文件格式匹配。其下拉列表框中包括"Tab"、"逗点"、"分号"、"引号"和"其他"5 个选项。

● 表格宽度：设置导入表格的宽度。

● 单元格边距：单元格内容和单元格边界之间的像素数。

● 单元格间距：相邻单元格之间的像素数。

● 格式化首行：设置首行标题的格式。

● 边框：以像素为单位设置表格边框的宽度。

下面通过如图 3-23 所示的实例，讲述导入表格式数据的使用，具体操作步骤如下。

图 3-23　导入表格式数据效果

原始文件	CH03/3.5.1/index.htm
最终文件	CH03/3.5.1/index1.htm

❶ 打开原始文件，如图 3-24 所示。

图 3-24　打开原始文件

❷ 将鼠标指针置于要导入表格式数据的位置，选择菜单中的【插入】|【表格对象】|【导入表格式数据】命令，弹出【导入表格式数据】对话框，在对话框中单击【数据文件】右边的【浏览】按钮，弹出【打开】对话框，在对话框中选择数据文件，如图 3-25 所示。

图 3-25　【打开】对话框

❸ 单击【打开】按钮，将数据文件路径添加到文本框中，在【定界符】下拉列表中选择【逗点】选项，将【单元格边距】设置为"2"，【单元格间距】设置为"2"，【边框】设置为"1"，如图 3-26 所示。

图 3-26　【导入表格式数据】对话框

❹ 单击【确定】按钮，导入表格式数据，如图 3-27 所示。并在【属性】面板中将【宽】设置为 "891" "像素"。

图 3-27　导入表格式数据

❺ 保存文档，按 F12 键在浏览器中浏览效果，如图 3-23 所示。

3.5.2　排序表格

Dreamweaver CS6 还提供了表格的排序功能，使表格中的内容按一定的顺序进行排列。在 Dreamweaver 中，可以对一列的内容进行简单排序，也可以对两列的内容进行更为复杂的排序。不能对包含有 Colspan 或 Rowspan 属性的表格进行排序，也就是说，不能对那些包含有合并单元格的表格进行排序。【排序表格】对话框如图 3-28 所示。

图 3-28　【排序表格】对话框

【排序表格】对话框中的各参数如下。

● 【排序按】：确定哪个列的值将用于对表格的行排序。

● 【顺序】：确定是按字母还是按数字顺序以及升序还是降序对列排序。

● 【再按】：确定在不同列上第二种排列方法的排列顺序。在其后面的下拉列表中指定应用第二种排列方法的列，在后面的下拉列表

中指定第二种排序方法的排序顺序。

● 【排序包含第一行】：指定表格的第一行应该包括在排序中。

● 【排序标题行】：指定使用与 body 行相同的条件对表格 thead 部分中的所有行排序。

● 【排序脚注行】：指定使用与 body 行相同的条件对表格 tfoot 部分中的所有行排序。

● 【完成排序后所有行颜色保持不变】：指定排序之后表格行属性应该与同一内容保持关联。

下面通过实例讲述表格排序功能的使用，效果如图 3-29 所示。具体操作步骤如下。

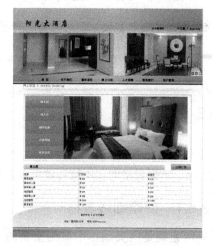

图 3-29　排序表格效果

原始文件	CH03/3.5.2/index.htm
最终文件	CH03/3.5.2/index1.htm

❶ 打开原始文件，如图 3-30 所示。

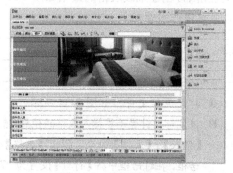

图 3-30　打开原始文件

❷ 选中要排序的表格，选择菜单中的【命令】|【排序表格】命令，弹出【排序

表格】对话框，在对话框中的【排序按】下拉列表中选择"列 2"选项，【顺序】下拉列表中选择"按数字顺序"选项，在后面的下拉列表中选择"降序"选项，如图 3-31 所示。

图 3-31 【排序表格】对话框

❸ 单击【确定】按钮，对表格进行排序，如图 3-32 所示。

图 3-32 对表格进行排序

> 💡 提示　　如果表格中含有合并的单元格，则表格无法使用表格排序功能。

❹ 保存文档，按 F12 键在浏览器中浏览效果，如图 3-29 所示。

3.6　综合案例

本章主要讲述了表格的基本概念、创建表格和表格的编辑等，下面将通过本章所讲述的知识创建实例。掌握表格的使用技巧就可以设计出很多富有创意、风格独特的网页。

3.6.1　创建细线表格

表格无疑是网页制作中最为重要的一个对象，因为通常网页都是依靠表格来排列数据的，它直接决定了网页是否美观、内容组织是否清晰。合理地利用表格可以方便地美化页面。本例将讲述如何制作细线表格，从而使网页更加美观精细。创建细线表格的效果如图 3-33 所示，具体操作步骤如下。

图 3-33 细线表格的效果

原始文件	CH03/3.6.1/index.htm
最终文件	CH03/3.6.1/index1.htm

❶ 打开原始文件，如图 3-34 所示。
❷ 将鼠标指针置于要插入表格的位置，选择【插入】|【表格】命令，弹出【表格】对话框，在对话框中将【行数】设置为"7"，【列数】设置为"2"，【表格宽度】设置为"180 像素"，如图 3-35 所示。

图 3-34 打开原始文件

图 3-35　【表格】对话框

❸ 单击【确定】按钮，插入表格，如图
3-36 所示。

图 3-36　插入表格

❹ 单击【确定】按钮，插入表格，在【属
性】面板中将【填充】设置为 "5"，【间
距】设置为 "1"，【对齐】设置为【居
中对齐】，如图 3-37 所示。

图 3-37　设置表格属性

❺ 单击文档栏中的【拆分】，在第 27 行

代码中输入 "bgcolor="#CCBDA8""，
设置表格颜色，如图 3-38 所示。

❻ 选中所有单元格，在【属性】面板中
将【背景颜色】设置为 "#F7F7EB"，
如图 3-39 所示。

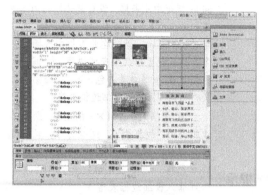

图 3-38　设置表格颜色

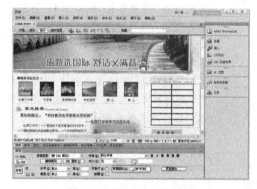

图 3-39　设置单元格属性

❼ 将鼠标指针置于表格的单元格中，输
入相应的文字，如图 3-40 所示。

图 3-40　输入文字

❽ 保存文档，按 F12 键在浏览器中预览，效果如图 3-33 所示。

> **提示**
>
> 使用以下任何一种方法也可以插入细线表格。
>
> ● 先插入一个 1×1 的表格，单击 table 标记中此表格，设置其边框为 0，边距和间距中某一项为 1，另一项为 0，表格背景设为蓝色，然后在此表格中再插入一个表格，设置第二个表格边距、边框和间距都为 0，背景色为白色，宽、高与第一个表格相同即可插入极细边框表格。
>
> ● 先插入一个 1×1 的表格，设置其边距为 0，边框为 0，间距为 1，表格背景为蓝色，然后单击 td 标记选中此表格的单元格，设置单元格的背景色为白色即可插入极细边框表格。
>
> ● 先插入一个 1×1 的表格，设置其边距为 0，边框为 0，间距为 1，边框为蓝色，然后选中此表格，切换到显示代码和视图状态，在表格属性代码中插入以下标记：bordercolordark=ffffff。
>
> ● 插入一个 1×1 的表格，设置其边距、边框和间距为 0，然后创建自定义样式，在自定义样式的【边框】面板中设置边框上、下、左、右的宽均为 1 像素，颜色均为蓝色，样式为实线，最后选中此表，套用样式即可。

3.6.2　创建圆角表格

制作网页时常常有一些技巧，如在表格的四周加上圆角，这样可以避免直接使用表格的直角而显得过于呆板。下面就来讲述怎样制作圆角表格，如图 3-41 所示。具体制作步骤如下。

图 3-41　圆角表格

原始文件	CH03/3.6.2/index.htm
最终文件	CH03/3.6.2/index1.htm

❶ 打开原始文件，如图 3-42 所示。

图 3-42　打开原始文件

❷ 将鼠标指针放置在页面中，选择【插入】|【表格】命令，弹出【表格】对话框，在对话框中将【表格宽度】设置为 "561 像素"，【行数】设置为 "3"，【列数】设置为 "1"，如图 3-43 所示。

图 3-43　【表格】对话框

❸ 单击【确定】按钮，即可插入表格，如图 3-44 所示。

图 3-44　插入表格

❹ 将鼠标指针置于表格的第 1 行单元格中，选择【插入】|【图像】命令，弹出【选择图像源文件】对话框，在对话框中选择圆角图像 dt5.gif，如图 3-45 所示。

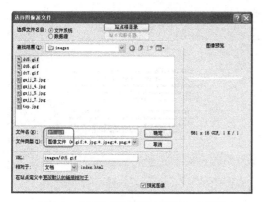

图 3-45 【选择图像源文件】对话框

❺ 单击【确定】按钮，插入圆角图像，如图 3-46 所示。

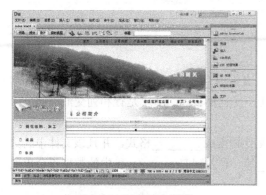

图 3-46 插入圆角图像

❻ 将鼠标指针置于表格的第 2 行单元格中，在代码视图中输入背景图像代码 background= images/dt6.gif，如图 3-47 所示。

图 3-47 输入代码

❼ 返回设计视图将鼠标指针置于背景图像上，选择【插入】|【表格】命令，弹出

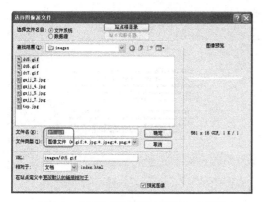

第 3 章 使用表格布局排版网页

【表格】对话框，在对话框中将【行数】设置为"1"，【列数】设置为"1"，【表格宽度】设置为"95"，单击【确定】按钮，插入表格，如图 3-48 所示。

图 3-48 插入表格

❽ 单击【确定】按钮，插入表格，如图 3-49 所示。

图 3-49 插入表格

❾ 将鼠标指针置于刚插入的表格内，输入文字，如图 3-50 所示。

图 3-50 输入文字

⑩ 将鼠标指针置于第 3 行单元格中，选择【插入】|【图像】命令，弹出【选择图像源文件】对话框，在对话框中选择圆角图像 images/dt7.gif，单【确定】按钮，插入圆角图像，如图 3-51 所示。

⑪ 保存文档，按 F12 键在浏览器中浏览，效果如图 3-41 所示。

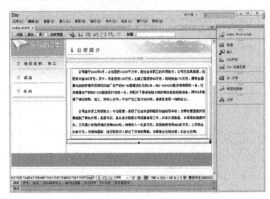

图 3-51　插入圆角图像

3.7　课后练习

1．填空题

（1）表格基础是随着添加正文或图像而扩展的。表格由_____、_____和_____ 3 部分组成。_____贯穿表格的左右；_____则是上下方向的；_____是行和列交汇的部分，是输入信息的地方。

（2）在导入表格式数据前，首先要将表格数据文件转换成_____格式，并且该文件中的数据要带有分隔符，如_____、_____、_____等。导入到 Dreamweaver 中的数据不会出现分隔符，且会自动生成表格。

参考答案：

（1）行、列、单元格、行、列、单元格

（2）.txt、逗号、分号、冒号

2．操作题

（1）制作细线表格，如图 3-52 和图 3-53 所示。

原始文件	CH03/操作题 1/index.htm
最终文件	CH03/操作题 1/index1.htm

图 3-52　原始文件

图 3-53　细线表格效果

（2）制作圆角表格，如图 3-54 和图 3-55 所示。

原始文件	CH03/操作题 2/index.htm
最终文件	CH03/操作题 2/index1.htm

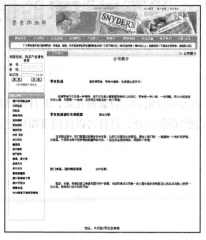

图 3-54　原始文件

图 3-55　圆角表格效果

3.8　本章总结

表格是 Dreamweaver 中最重要的排列数据工具。众所周知，任何结构的产生，都需要对其进行排列，网页自然也不会例外，而排列时使用的工具就是"表格"了。

本章主要讲述了表格的插入、表格属性的设置、选择表格的方法、表格和单元格的编辑方法、利用表格排列布局网页。

AP Div 是一种网页元素定位技术，使用 AP Div 可以以像素为单位精确定位页面元素，并且可以将其放置在页面的任意位置。使用框架可以将浏览器窗口分成包含单独网页的区域，这样可以使网页布局更合理，同时也能对网站或网页起到导航的作用。

学习目标

- 掌握在网页中使用 AP Div 的方法
- 掌握 AP Div 和表格的转换
- 掌握使用 Spry 布局对象

4.1 在网页中使用 AP Div

AP Div 是 CSS 中的定位技术，在 Dreamweaver 中将其进行了可视化操作。文本、图像和表格等元素只能固定其位置，不能互相叠加在一起，使用 AP Div 功能，可以将其放置在网页中的任何一个位置，还可以按顺序排放网页文档中的其他构成元素。AP Div 体现了网页技术从二维空间向三维空间的一种延伸。AP Div 和行为的综合使用，还可以创作出动画效果，而不使用任何的 JavaScript 或 HTML 编码。

我们可以将 AP Div 理解为一个文档窗口内的又一个小窗口，像在普通窗口中的操作一样，在 AP Div 中可以输入文字，也可以插入图像、动画、影像、声音和表格等，对其进行编辑。但是，利用 AP Div 可以非常灵活地放置内容。

下面是 AP Div 的功能介绍。

● 重叠排放网页中的元素：利用 AP Div，可以实现不同的图像重叠排列，而且可以随意改变排放的顺序。

● 精确地定位：单击 AP Div 上方的四边形控制手柄，将其拖曳到指定位置，就可以改变 AP Div 的位置。如果要精确地定位 AP Div 在页面中的位置，可以在 AP Div 的属性面板中输入精确的数值坐标。如果将 AP Div 的坐标值设置为负数，AP Div 会在页面中消失。

● 显示和隐藏 AP Div：AP Div 的显示和隐藏可以在 AP Div 面板中完成。当 AP Div 面板中的 AP Div 名称前显示的是【闭合眼睛】的图标，表示 AP Div 被隐藏；当 AP Div 面板中的 AP Div 名称前显示的是【睁开眼睛】的图标，表示 AP Div 被显示。

4.1.1　关于 AP 元素面板

网页中创建了 AP Div 元素后，在面板中可以方便地处理 AP Div 的操作、设置 AP 元素的属性。选择【窗口】|【AP 元素】命令，打开【AP 元素】面板，如图 4-1 所示。

图 4-1　【AP 元素】面板

提示　【AP 元素】面板分 3 栏，最左侧的是眼睛标记，用鼠标指针直接单击标记，可以显示或隐藏所有的 AP 元素；中间显示的是 AP 元素的名称；最右侧是 AP 元素在 Z 轴排列的情况。

4.1.2　插入 AP Div 并设置其属性

在 Dreamweaver CS6 中有两种插入 AP Div 的方法，一种是通过菜单创建，另一种是通过插入栏创建。在网页中插入 AP Div 的具体操作步骤如下。

原始文件	CH04/4.1.2/index.htm

❶ 打开原始文件，如图 4-2 所示。

图 4-2　打开原始文件

❷ 选择【插入】|【布局对象】|【AP Div】命令，即可插入 AP Div，如图 4-3 所示。

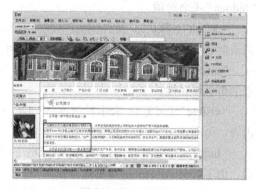

图 4-3　插入 AP Div

提示　在【布局】插入栏中单击【绘制 AP Div】按钮，在文档窗口中按住鼠标指针左键进行拖曳，可以绘制一个 AP Div。按住 Ctrl 键不放，可以连续绘制多个 AP Div。

❸ 选中插入 AP Div，选择【窗口】|【属性】命令，打开【属性】面板，在【属性】面板中修改 AP Div 的相关属性，如控制 AP Div 在页面中的显示方式、大小、背景和可见性等，如图 4-4 所示。

图 4-4　AP Div 的【属性】面板

在 AP Div 的【属性】面板中可以设置以下参数。

● 【CSS-P 元素】：用于设置 AP Div 的名称，以便在【AP 元素】面板和 JavaScript 代码中标识该 AP Div。

● 【左】：用于设置 AP Div 的左边界距离浏览器窗口左边界的距离。

● 【上】：用于设置 AP Div 的上边界距离浏览器窗口上边界的距离。

● 【宽】：用于设置 AP Div 的宽。

● 【高】：用于设置 AP Div 的高。

● 【Z 轴】：设置 AP Div 在【AP 元素】面板 Z 轴的顺序，即设置 AP Div 的层叠顺序。

● 【可见性】：用于设置 AP Div 的显示状态，包括"default"、"inherit"、"visible"和"hidden"4 个选项。

"default"（默认）：表示不指定可见性属性，当未指定可见性时，多数浏览器都会默认为继承。

"inherit"（继承）：表示使用该 AP Div 父级的可见性属性。

"visible"（可见）：表示显示该 AP Div 的内容，而不管父 AP Div 的可见性属性。

"hidden"（隐藏）：表示隐藏 AP Div 的内容，而不管父 AP Div 的可见性属性。

● 【背景图像】：用于设置 AP Div 的背景图像。

● 【背景颜色】：用于设置 AP Div 的背景颜色。

● 【溢出】：用于控制当 AP Div 的内容超过 AP Div 大小时如何在浏览器中显示 AP Div。包括"visible"、"hidden"、"scroll"和"auto"4 个选项。

"visible"（可见）：AP Div 将自动适应 AP Div 中内容的宽度与高度。

"hidden"（隐藏）：超出 AP Div 范围的内容不会显示。

"scroll"（滚动条）：在 AP Div 中将出现滚动条，而不管 AP Div 中是否需要滚动条。

"auto"（自动）：当 AP Div 中的内容超出 AP Div 范围时将显示滚动条。

● 【剪辑】：用于设置 AP Div 的可见区域的大小。在其【左】、【上】、【右】和【下】文本框中直接输入数值即可。

4.1.3 选择 AP Div

AP Div 是页面布局的重要手段，如何在页面中对其进行操作显得格外重要。AP Div 的操作主要包括选择 AP Div、调整 AP Div 的大小、移动 AP Div 和对齐 AP Div 等。

选择 AP Div 有以下几种方法。

● 单击 AP Div 的边框，可以选中 AP Div，如图 4-5 所示。

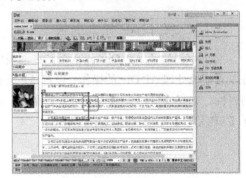

图 4-5　单击 AP Div 的边框线

> 提示　　按住 Shift 键的同时，连续单击要选择的 AP Div，可以选中多个 AP Div。

● 在【AP 元素】面板中单击 AP Div 的名称，也可以选中 AP Div，如图 4-6 所示。

图 4-6　选中 AP Div

4.1.4 调整 AP Div 的大小

在文档窗口中插入 AP Div 后，在操作过程中，常常会根据需要对 AP Div 的大小进行适当地调整。调整 AP Div 的大小有以下几种方法。

● 选中 AP Div，拖曳 AP Div 上的控制点来改变 AP Div 的大小。

● 选中 AP Div，按住 Ctrl 键的同时再按方向键，可以在相应的方向上每次增加一个像素。

● 选中 AP Div，按住 Ctrl＋Shift 组合键的同时再按方向键，可以在相应的方向上每次增加 10 个像素。

● 选中 AP Div，在【属性】面板中的【左】、【上】、【宽】和【高】文本框中输入数值，可以精确地控制 AP Div 的大小。

4.2　AP Div 和表格的转换

与表格相比 AP Div 更方便，因此在设计网页的时候应先考虑使用 AP Div。但是浏览器版本对 AP Div 有一定的限制，因此不是所有的浏览器都支持 AP Div 的应用。相对来说，使用表格能获得多个浏览器支持。

4.2.1　将 AP Div 转换为表格

使用 AP Div 来排版网页，然后将 AP Div 转换为表格，以使该网页能够在 Microsoft Internet Explorer 4.0 和 Netscape Navigator 4.0 之前的版本中正确地显示。

一般使用 AP Div 将元素精确定位，然后将 AP Div 转换为表格，具体操作步骤如下。

原始文件	CH04/4.2.1/index.htm
最终文件	CH04/4.2.1/index1.htm

❶ 打开原始文件，如图 4-7 所示。

图 4-7　打开原始文件

❷ 选择【修改】|【转换】|【将 AP Div 转换为表格】命令，弹出【将 AP Div 转换为表格】对话框，在对话框中进行相应的设置，如图 4-8 所示。

图 4-8　【将 AP Div 转换为表格】对话框

提示　在用表格设置文档的时候单元格是不能重叠的，因此当文档中存在着重叠 AP Div 时，要想使用 Dreamweaver 将带有 AP Div 的文档格式转换为表格的格式之前，必须要将文档中的 AP Div 重新排列，使之不相互重叠。

将【AP Div 转换为表格】对话框中可以进行如下设置。

● 【表格布局】：【最精确】以精确方式转换，为每一 AP Div 建立一个单元格，并且创建所有的附加单元格，以保证各单元格之间的距离。【最小：合并空白单元格】以最小方式转换，去掉宽度和高度小于指定像素数目的空单元格。【使用透明 GIFs】用来定义是否使用透明 GIF 图像。【置于页面中央】选择该选项，转换的表格将在页面中居中对齐，否则将左对齐。

● 【布局工具】：【防止重叠】该选项一般要选择，如果有 AP Div 发生重叠，将无法进行转换工作。【显示 AP 元素面板】、【显示网络】和【靠齐到网络】这 3 个选项可根据需要勾选。

提示　这种方法只适合于版面并不复杂的页面，对于复杂的图文混排页面，最好还是采用传统的表格排版方法。

❸ 单击【确定】按钮，将 AP Div 转换为表格，如图 4-9 所示。

图 4-9　将 AP Div 转换为表格

4.2.2 将表格转换为 AP Div

在设计网页时经常需要不断地调整页面的布局。如果要调整的网页布局是表格形式，调整起来就会比较费劲，此时用户可以将表格布局转换为 AP Div 布局进行调整。将表格转换为 AP Div 的操作方法如下。

原始文件	CH04/4.2.2/index.htm
最终文件	CH04/4.2.2/index1.htm

❶ 打开原始文件，如图 4-10 所示。

图 4-10 打开原始文件

❷ 选择【修改】|【转换】|【将表格转换为 AP Div】命令，弹出【将表格转换为 AP Div】对话框，在对话框中进行相应的设置，如图 4-11 所示。

图 4-11 【将表格转换为 AP Div】对话框

【将表格转换为 AP Div】对话框中可以进行如下设置。

● 【防止重叠】：勾选此复选框，可以在建立、移动 AP Div 和调整 AP Div 大小时防止层重叠。

● 【显示 AP 元素面板】：勾选此复选框，在转换完成时显示【AP Div】面板。

● 【显示网格】和【靠齐到网格】：使用户能够使用网格来协助对 AP Div 进行定位。

❸ 单击【确定】按钮，将表格转换为 AP Div，如图 4-12 所示。

图 4-12 将表格转换为 AP Div

4.3 使用 Spry 布局对象

Spry 框架支持一组用标准 HTML、CSS 和 JavaScript 编写的可重用构件，并且可以方便地插入这些构件（采用最简单的 HTML 和 CSS 代码），然后设置构件的样式。框架行为包括允许用户执行下列操作的功能：显示或隐藏页面上的内容、更改页面的外观（如颜色）及与菜单项交互等。

4.3.1 使用【Spry 菜单栏】

菜单栏构件是一组可导航的菜单按钮，当站点访问者将鼠标指针悬停在其中的某个按钮上时，将显示相应的子菜单。使用菜单栏构件可在紧凑的空间中显示大量可导航信息，并使站点访问者无需深入浏览站点即可了解站点上提供的内容。

使用 Spry 菜单栏的具体操作步骤如下。

❶ 打开新建的文档，将鼠标指针置于页面

中,选择【插入】|【布局对象】|【Spry
菜单栏】命令。

❷ 选择命令后,弹出【Spry 菜单栏】对
话框,在对话框中有两种菜单栏构件:
垂直构件和水平构件,勾选【水平】单
选按钮,如图 4-13 所示。

图 4-13 【Spry 菜单栏】对话框

❸ 单击【确定】按钮,插入 Spry 菜单栏,
如图 4-14 所示。

图 4-14 插入 Spry 菜单栏

4.3.2 使用 Spry 选项卡式面板

选项卡式面板构件是一组面板,用来将内容
存储到紧凑空间中。站点访问者可通过单击他们
要访问的面板上的选项卡来隐藏或显示存储在选
项卡式面板中的内容。当访问者单击不同的选项
卡时,构件的面板会相应地打开。在给定时间内,
选项卡式面板构件中只有一个内容面板处于打开
状态。具体操作步骤如下。

将鼠标指针置于页面中,选择【插入】|
【布局对象】|【Spry 选项卡式面板】命令,插
入 Spry 选项卡式面板,如图 4-15 所示。

选项卡式面板构件的 HTML 代码中包含
一个含有所有面板的外部 div 标签、一个标签
列表、一个用来包含内容面板的 div 以及各面

板对应的 div。在选项卡式面板构件的 HTML
中,在文档头中和选项卡式面板构件的 HTML
标记之后还包括脚本标签。

图 4-15 插入 Spry 选项卡式面板

提示 当鼠标指针置于标签 2 选项卡中时,
就会出现按钮,单击此按钮,即可进
入标签 2 选项卡,对其进行编辑。

4.3.3 使用 Spry 折叠式面板

折叠构件是一组可折叠的面板,可以将大
量内容存储在一个紧凑的空间中。站点访问者
可通过单击该面板上的选项卡来隐藏或显示存
储在折叠构件中的内容。当访问者单击不同的
选项卡时,折叠构件的面板会相应地展开或收
缩。在折叠构件中,每次只能有一个内容面板
处于打开且可见的状态。

将鼠标指针置于页面中,选择【插入】|
【布局对象】|【Spry 折叠式】命令,插入 Spry
折叠式,如图 4-16 所示。

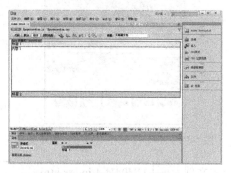

图 4-16 插入 Spry 折叠式

提示 折叠构件的默认 HTML 中包含一个含有所有面板的外部 Div 标签以及各面板对应的 Div 标签，各面板的标签中还有一个标题 Div 和内容 Div。折叠构件可以包含任意数量的单独面板。在折叠构件的 HTML 中，在文档头中和折叠构件的 HTML 标记之后还包括 script 标签。

4.3.4　使用 Spry 可折叠面板

可折叠面板构件是一个面板，可将内容存储到紧凑的空间中。用户单击构件的选项卡即可隐藏或显示存储在可折叠面板中的内容。将鼠标指针置于页面中，选择【插入】|【布局对象】|【Spry 可折叠面板】命令，即可插入 Spry 可折叠面板，如图 4-17 所示。

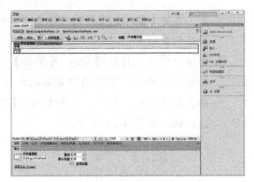

图 4-17　插入 Spry 可折叠面板

提示 可折叠面板构件的 HTML 中包含一个外部 Div 标签，其中包含内容 Div 标签和选项卡容器 Div 标签。在可折叠面板构件的 HTML 中，在文档头中和可折叠面板的 HTML 标记之后还包括脚本标签。

4.4　综合案例——使用 AP Div 制作网页下拉菜单

下拉菜单是网上最常见效果之一，下拉菜单不仅节省了网页排版上的空间，使网页布局简洁有序，而且一个新颖美观的下拉菜单为网页增色不少。Div 拥有很多表格所不具备的特点，如可以重叠、便于移动及可设为隐藏等。这些特点有助于我们的设计思维不受局限，从而发挥更多的想象力。利用 AP Div 制作网页下拉菜单效果如图 4-18 所示，具体操作步骤如下。

图 4-18　AP Div 制作网页下拉菜单效果

原始文件	CH04/4.4/index.htm
最终文件	CH04/4.4/index1.htm

❶ 打开原始文件，如图 4-19 所示。

图 4-19　打开原始文件

❷ 将鼠标指针置于页面中，选择【插入】|【布局对象】|【AP Div】命令，插入 AP Div，在属性面板中将【左】、【上】、【宽】、【高】分别设置为 160px、81px、76px、115px，将【背景颜色】设置为 #23282C，如图 4-20 所示。

❸ 将鼠标指针置于 AP Div 中，插入 4 行 1 列的表格，将【表格宽度】设置为 100%，将【间距】设置为 1，【填充】设置为 5，将单元格的【背景颜色】设

置为#8D8D8B，如图 4-21 所示。

图 4-20 插入 AP Div

图 4-21 插入表格

❹ 在单元格中输入文字，将【大小】设置
为 12 像素，如图 4-22 所示。

图 4-22 输入文字

❺ 选中文字"公司简介"，打开【行为】
面板，在面板中单击添加行为按钮，在
弹出的菜单中选择【显示-隐藏元素】
命令，如图 4-23 所示。

图 4-23 选择【显示-隐藏元素】命令

❻ 弹出【显示-隐藏元素】对话框，在对话
框中单击【显示】按钮，如图 4-24 所示。

❼ 单击【确定】按钮，将行为添加到【行
为】面板中，将事件设置为 onMouse-
Over，如图 4-25 所示。

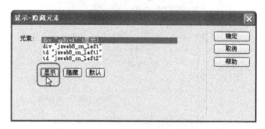

图 4-24 单击【显示】按钮

图 4-25 设置事件

❽ 在【行为】面板中单击添加行为按钮，
在弹出的菜单中选择【显示-隐藏元素】
选项，弹出【显示-隐藏元素】对话框，
单击【隐藏】按钮，如图 4-26 所示。

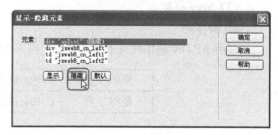

图 4-26 【显示-隐藏元素】对话框

❾ 单击【确定】按钮，将行为添加到【行为】面板中，将事件设置为 onMouse-Out，如图 4-27 所示。

图 4-27　添加到【行为】面板

❿ 选择【窗口】|【AP 元素】命令，打开【AP 元素】面板，在面板中的 apDiv3 前面单击出现👁 按钮，如图 4-28 所示。

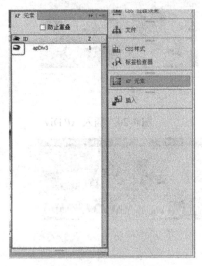

图 4-28　【AP 元素面板】

⓫ 保存文档，按 F12 键即可在浏览器中预览，效果如图 4-18 所示。

4.5　课后练习

1. 填空题

（1）在 Dreamweaver CS6 中有两种插入 AP Div 的方法，一种是通过_____，另一种是通过_____。

（2）_____支持一组用标准 HTML、CSS 和 JavaScript 编写的可重用构件，并且可以方便地插入这些构件（采用最简单的 HTML 和 CSS 代码），然后设置构件的样式。

参考答案：

（1）菜单创建、插入栏创建

（2）Spry 框架

2. 操作题

利用 AP Div 制作网页下拉菜单，如图 4-29 和图 4-30 所示。

原始文件	CH04/操作题/index.htm
最终文件	CH04/操作题/index1.htm

图 4-29　原始文件

图 4-30　AP Div 制作网页下拉菜单效果

4.6　本章总结

　　本章中主要了 Dreamweaver 中的另一个排版工具——Div。通过本章的学习，读者不仅应该掌握 Div 的各种使用方法和技巧，还应当更深层次地对其进行理解。

　　Div 拥有很多表格所不具备的特点，如可以重叠、便于移动及可设为隐藏等。这些特点有助于我们的设计思维不受局限，从而发挥更多的想象力。

平时在浏览某些网站时，常常会看到大量风格相似的网页。若在设计网站时，制作这些风格相似的网页，不仅浪费时间而且也不利于后期的网站维护，这时不妨灵活运用 Dreamweaver CS6 的模板和库。本章主要讲述模板和库的创建与应用。

学习目标

- 掌握创建模板的方法
- 掌握创建可编辑区域的方法
- 掌握使用模板创建网页的方法
- 掌握创建与应用库项目的方法

5.1　创建模板

模板是一种特殊类型的文档，用于设计布局比较"固定的"页面。读者可以创建基于模板的网页文件，这样该文件将继承所选模板的页面布局。在设计模板的过程中，读者需要指定模板的可编辑区域，以便在应用到网页时可以进行编辑操作。

使用模板将能够大大提高设计者的工作效率，这其中有什么样的原理呢？其实答案是这样的，当读者对一个模板进行修改后，所有使用了这个模板的网页内容都将随之同步被修改，简单地说，就是一次可以更新多个页面，这也是模板最强大的功能之一。读者千万不要小看它，在实际工作中，尤其是针对一些大型的网站，它的效果可是非常明显的。所以说，模板与基于该模板的网页文件之间保持了一种连接的状态，它们之间共同的内容也将能够保持完全的一致。

什么样的网站比较适合使用模板技术呢？这其中确实是有些规律的。如果一个网站布局比较统一，拥有相同的导航，并且显示不同栏目内容的位置基本保持不变，那么这种布局的网站就可以考虑使用模板来创建。

5.1.1　新建模板

在 Dreamweaver 中，模板一般保存在本地站点根文件夹中一个特殊的 Templates 文件夹中。如果 Templates 文件夹在站点中没有存在，则将在创建新模板的时候自动创建该文件夹。创建模板有两种方法：一种是从空白文档创建模板；另一种是以现有的文档创建模板。下面分别讲述这两种方法的创建过程。

在 Dreamweaver 中可以直接创建模板网页，具体操作步骤如下。

❶ 选择【文件】|【新建】命令，弹出【新建文档】对话框；在对话框中选择【空模

板】选项，在【模板类型】列表中选择
【HTML 模板】选项，如图 5-1 所示。

图 5-1　【新建文档】对话框

❷ 单击【创建】按钮，即可创建一个空白
模板网页，如图 5-2 所示。

图 5-2　创建模板网页

❸ 选择【文件】|【另存为】命令，弹出
Dreamweaver 提示对话框，如图 5-3 所示。

图 5-3　Dreamweaver 提示对话框

❹ 单击【确定】按钮，弹出【另存模板】对
话框，在对话框中的【另存为】文本框中
输入 "Untitled-1"，如图 5-4 所示。

图 5-4　【另存模板】对话框

❺ 单击【保存】按钮，即可完成模板的创建。

5.1.2　从现有文档创建模板

当编辑好一个文档之后，就可以将它作为

模板保存到当前站点中。Dreamweaver CS6 会
自动在当前站点建立 Templates 文件夹，将该
模板文件存入该文件夹下，具体操作步骤如下。

原始文件	CH05/5.1.2/index.htm
最终文件	CH05/5.1.2/Templates/moban.dwt

❶ 打开原始文件，如图 5-5 所示。

图 5-5　打开原始文件

❷ 选择【文件】|【另存为模板】命令，
弹出【另存为模板】对话框，在对话框
中的【站点】下拉列表中选择 "5.1.2"，
【另存为】文本框中输入 "moban"，如
图 5-6 所示。

图 5-6　【另存模板】对话框

❸ 单击【保存】按钮，弹出如图 5-7 所示
的提示对话框。

图 5-7　提示对话框

❹ 单击【是】按钮，即可将文件保存为模
板，如图 5-8 所示。

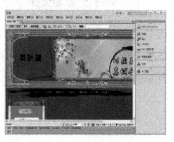

图 5-8　保存为模板

5.2 创建可编辑区域

在模板文件中编辑好页面形式后，如果不做任何设置，直接将模板应用到文档中，则基于模板的文档是不可编辑的。为了使网页可以编辑，必须为模板创建可编辑区域。可编辑区域可以控制模板页面中哪些区域可以编辑，哪些区域不可以编辑。

提示 作为一个模板，Dreamweaver 会自动锁定文档中的大部分区域。模板设计者可以定义基于模板的文档中哪些区域是可编辑的，方法是在模板中插入可编辑区域或可编辑参数。创建模板时，可编辑区域和锁定区域都可以更改。但是，在基于模板的文档中，模板用户只能在可编辑区域中进行修改，至于锁定区域则无法进行任何操作。

5.2.1 插入可编辑区域

在插入可编辑区域之前，确保编辑的是模板文件，否则普通网页文档中插入一个可编辑区域，Dreamweaver 会提示该文档将自动另存为模板。可编辑区域可以放在页面中的任何位置。

在模板中插入可编辑区域，具体操作步骤如下。

❶ 打开 5.1.2 小节中的原始文件，如图 5-9 所示。

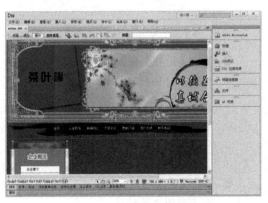

图 5-9　打开原始文件

❷ 选择【插入】|【模板对象】|【可编辑区域】命令，弹出【新建可编辑区域】对话框，如图 5-10 所示。

图 5-10　【新建可编辑区域】对话框

❸ 单击【确定】按钮，插入可编辑区域，如图 5-11 所示。

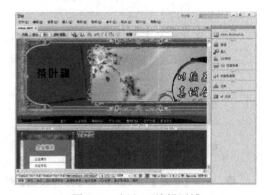

图 5-11　插入可编辑区域

提示 在【新建可编辑区域】对话框中不要在【名称】文本框中使用特殊字符。操作不能对特定模板中的多个可编辑区域使用相同的名称。

5.2.2 删除可编辑区域

使用【删除模板标记】命令可以取消可编辑区域的标记，成为不可编辑区域，具体操作步骤如下。

❶ 选中插入的可编辑区域。

❷ 选择【修改】|【模板】|【删除模板标记】命令，即可将可编辑区域删除，如图 5-12 所示。

💠 **提示**　选中要删除的可编辑区域，单击鼠标指针右键，在弹出的菜单中选择【模板】|【删除模板标记】命令，也可以将可编辑区域删除。

图 5-12　选择【删除模板标记】命令

5.3　使用模板创建网页

创建了模板以后，就可以应用模板快速、高效地设计出风格一致的网页。使用模板创建网页的效果如图 5-13 所示，具体操作步骤如下。

原始文件	CH05/5.3/Templates/moban.dwt
最终文件	CH05/5.3/index1.htm

图 5-13　使用模板创建网页

❶ 选择【文件】|【新建】命令，弹出【新建文档】对话框，在对话框中选择"模板中的页"选项，在【站点】列表框中选择5.3 选项，在【站点 "5.3" 的模板】列表框中选择 "moban"，如图 5-14 所示。

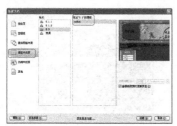

图 5-14　【新建文档】对话框

❷ 单击【确定】按钮，利用模板创建网页，如图 5-15 所示。

图 5-15　利用模板创建网页

❸ 选择【文件】|【保存】命令，弹出【另存为】对话框，在对话框中选择文件保存的位置，在【文件名】文本框中输入"index1.html"，如图 5-16 所示。

图 5-16　【另存为】对话框

❹ 单击【保存】按钮，保存文档，如图
5-17 所示。

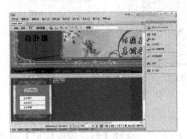

图 5-17　保存文档

❺ 将鼠标指针置于可编辑区域中，选择【插
入】|【表格】命令，弹出【表格】对话
框，在对话框中将【行数】设置为"2"，
【列数】设置为"1"，【表格宽度】设置为
"100 百分比"，如图 5-18 所示。

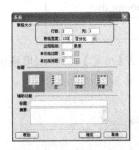

图 5-18　【表格】对话框

❻ 单击【确定】按钮，插入表格，如图
5-19 所示。

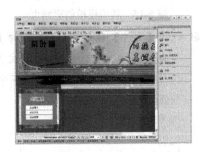

图 5-19　插入表格

❼ 将鼠标指针置于表格的第 1 行单元格
中，选择【插入】|【图像】命令，弹出
【选择图像源文件】对话框，在对话框中
选择图像 right.jpg，如图 5-20 所示。

图 5-20　【选择图像源文件】对话框

❽ 单击【确定】按钮，插入图像，如图
5-21 所示。

图 5-21　插入图像

❾ 将鼠标指针置于表格的第 2 行单元格
中，选择【插入】|【表格】命令，插
入 1 行 1 列的表格，如图 5-22 所示。

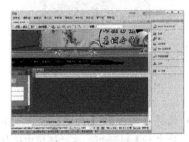

图 5-22　插入表格

❿ 将鼠标指针置于刚插入的表格中，输入
文字，如图 5-23 所示。

图 5-23　输入文字

⑪ 将鼠标指针置于文字中，选择【插入】|【图像】命令，插入图像 tu1.jpg，如图 5-24 所示。

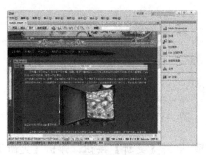

图 5-24　插入图像

⑫ 选中插入的图像，单击鼠标指针右键在弹出的菜单中选择【对齐】|【右对齐】

命令，如图 5-25 所示。

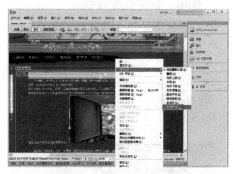

图 5-25　设置图像的对齐方式

⑬ 保存文档，按 F12 键在浏览器中浏览效果，如图 5-13 所示。

5.4　管理站点中的模板

在 Dreamweaver 中，可以对模板文件进行各种管理操作，如重命名和删除等。

5.4.1　删除模板

将站点中不用的模板删除的具体操作步骤如下。

❶ 在【资源】面板中选中要删除的模板文件。

❷ 单击【资源】面板右下角的【删除】按钮或单击鼠标右键，在弹出的菜单中选择【删除】选项，如图 5-26 所示。

图 5-26　选择【删除】选项

❸ 选择选项后，弹出如图 5-27 所示的

Dreamweaver 提示对话框，提示是否要删除文件。

❹ 单击【是】按钮，即可将模板从站点中删除。

图 5-27　Dreamweaver 提示对话框

5.4.2　修改模板

在通过模板创建文档后，文档就同模板密不可分了。以后每次修改模板后，可以利用 Dreamweaver 的站点管理特性，自动对这些文档进行更新，从而改变文档的风格。

| 原始文件 | CH05/5.4.2/Templates/moban.dwt |
| 最终文件 | CH05/5.4.2/indexl.htm |

❶ 打开模板文档，选中图像，在【属性】面板中选择矩形热点工具，如图 5-28 所示。

❷ 在图像上绘制矩形热点，并输入相应的链接，如图 5-29 所示。

❸ 在其他图像上也绘制矩形热点，并输入相应的链接，如图 5-30 所示。

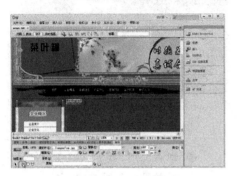

图 5-28　打开模板文档

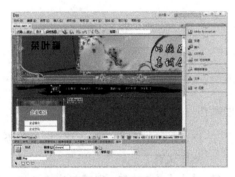

图 5-29　绘制热点

图 5-30　绘制其他的热点链接

❹ 选择【文件】|【保存】命令，弹出【更

新模板文件】对话框，在该对话框中显示要更新的网页文档，如图 5-31 所示。

图 5-31　【更新模板文件】对话框

❺ 单击【更新】按钮，弹出【更新页面】对话框，如图 5-32 所示。

图 5-32　【更新页面】对话框

❻ 打开应用模板的网页文档，可以看到网页被更新，如图 5-33 所示。

图 5-33　更新文档

5.5　创建与应用库项目

　　库是一种特殊的 Dreamweaver 文件，其中包含已创建的以便放在网页上的单独的"资源"集

合，库里的这些资源被称为库项目。库项目是可以在多个页面中重复使用的存储页面的对象元素，每当更改某个库项目的内容时，都可以同时更新所有使用了该项目的页面。不难发现，在更新这一点上，模板和库都是为了提高工作效率而存在的。在库中，读者可以存储各种各样的页面元素，如图像、表格、声音和 Flash 影片等。

使用库项目时，Dreamweaver 并不是在网页中插入库项目，事实上它只插入了一个指向库项目的链接。

库主要包括需要重复使用或经常需要对整个站点进行更新的页面元素，这些元素称为库项目，可以在库项目中储存各种各样的页面元素，每当更改某个库项目的内容时，可以相应地更新所有使用该项目的页面。

至于什么情况下适合使用库项目，其中还是有些规律的，这里有一个如何使用库项目的示例。如果想让页面中具有相同的标题或脚注（如版权信息），但又不想受整体页面布局的限制，在这种情况下，可以使用库项目进行存储。

5.5.1　创建库项目

下面通过实例讲述如图 5-34 所示的库项目的创建，具体操作步骤如下。

图 5-34　库项目

最终文件	CH05/5.5.1/top.lbi

❶ 选择【文件】|【新建】命令，弹出【新建文档】对话框，在对话框中选择【空白页】选项，在【页面类型】列表框中选择【库项目】选项，如图 5-35 所示。

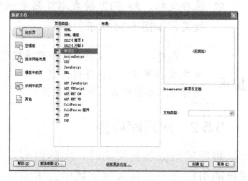

图 5-35　【新建文档】对话框

❷ 单击【确定】按钮，创建一个空白网页，

如图 5-36 所示。

图 5-36　创建网页

❸ 选择【文件】|【另存为】命令，弹出【另存为】对话框，在对话框中选择文件保存的位置，在【文件名】文本框中输入"top.lbi"，如图 5-37 所示。

图 5-37　【另存为】对话框

103

❹ 单击【保存】按钮，保存文档。将鼠标指针置于页面中，选择【插入】|【表格】命令，弹出【表格】对话框，在对话框中将【行数】设置为"2"，【列数】设置为"1"，【表格宽度】设置为"777像素"，如图 5-38 所示。

图 5-38　【表格】对话框

❺ 单击【确定】按钮，插入表格，如图 5-39 所示。

图 5-39　插入表格

❻ 将鼠标指针置于第 1 行单元格中，选择【插入】|【图像】命令，弹出【选择图像源文件】对话框，在对话框中选择图像 topbg1.gif，如图 5-40 所示。

图 5-40　【选择图像源文件】对话框

❼ 单击【确定】按钮，插入图像，如图 5-41 所示。

图 5-41　插入图像

❽ 将鼠标指针置于第 2 行单元格中，选择【插入】|【图像】命令，插入图像 top2.jpg，如图 5-42 所示。

图 5-42　插入图像

❾ 保存文档，按 F12 键在浏览器中浏览效果，如图 5-34 所示。

提示　创建一个空白库项目时，要确保没有在文档窗口中选择任何内容。否则，选择的内容将被放入新的库项目中。

5.5.2　应用库项目

将库项目添加到页面时，实际内容及对项目的引用就会被插入到文档中。下面应用库项目创建如图 5-43 所示的网页，具体操作步骤如下。

图 5-43　应用库项目创建网页

原始文件	CH05/5.5.2/index.htm
最终文件	CH05/5.5.2/index1.htm

❶ 打开原始文件，如图 5-44 所示。

图 5-44　打开原始文件

❷ 将鼠标指针置于要应用库项目的位置，选择【窗口】|【资源】命令，打开【资源】面板，在面板中单击 按钮，显示创建的库，如图 5-45 所示。

图 5-45　【资源】面板

❸ 选中库 top，单击面板左下角的【插入】按钮，插入库项目，如图 5-46 所示。

图 5-46　插入库项目

❹ 保存文档，按 F12 键在浏览器中浏览效果，如图 5-43 所示。

5.5.3　修改库项目

当编辑库项目时，可以更新使用该项目的所有文档，也可以选择不更新。修改库项目的效果如图 5-47 所示。具体操作步骤如下。

图 5-47　修改库项目效果

原始文件	CH05/5.5.3/top.lbi
最终文件	CH05/5.5.3/index1.htm

❶ 在【资源】面板中单击 按钮，显示创建的库项目。选中库项目，单击【编辑】按钮 ，打开一个用于编辑该库项目的新窗口，如图 5-48 所示。

图 5-48　编辑库项目的新窗口

❷ 选中图像，在【属性】面板中选择【矩形热点】工具，在文字"网站首页"上绘制热点，在【链接】文本框中输入"shouye"，如图 5-49 所示。

图 5-49　绘制热点

❸ 按照步骤❷的方法，在图像上面相应的位置绘制热点并创建链接，如图 5-50 所示。

❹ 选择【修改】|【库】|【更新页面】命令，弹出【更新页面】对话框，在对话框中的【查看】下拉列表中选择"整个站点"选项，在【更新】选项组中勾选【库项目】复选框，如图 5-51 所示。单击【开始】按钮，开始更新库项目。

图 5-50　创建热点链接

图 5-51　【更新页面】对话框

❺ 保存文档，按 F12 键在浏览器中浏览效果，如图 5-47 所示。

提示　编辑库项目时，【CSS 样式】面板不可用，因为库项目中只能包含 body 元素，而 CSS 样式表代码却被插入到文档的 head 部分。

5.6　综合案例

在一个大型网站中使用模板和库可以节省大量的工作时间，并且对日后升级与维护网站都会带来很大的方便。掌握库和模板的使用可以进一步提高制作网站的水平，因此学会创建与应用模板和库是非常重要的。下面通过两个实例来巩固以上所学到的知识。

5.6.1　创建模板

在网页中使用模板可以统一整个站点的页面风格，在制作网页时使用模板可以节省大量的工作时间，并且为日后的更新和维护带来很大的方便。下面创建如图 5-52 所示的模板效果，具体操作步骤如下。

图 5-52 创建模板效果

最终文件	CH05/5.6.1/Templates/moban.dwt

❶ 选择【文件】|【新建】命令,弹出【新建文档】对话框,在对话框中选择"空模板"选项,在【页面类型】列表中选择"HTML 模板"选项,如图 5-53 所示。

图 5-53 【新建文档】对话框

❷ 单击【创建】按钮,即可创建一个空白模板网页,如图 5-54 所示。

图 5-54 新建文档

❸ 选择【文件】|【保存】命令,弹出提示对话框,如图 5-55 所示。

图 5-55 提示对话框

❹ 单击【确定】按钮,弹出【另存模板】对话框,在对话框中的【站点】下拉列表中选择"5.6.1",【另存为】文本框中输入"moban",如图 5-56 所示。

图 5-56 【另存模板】对话框

❺ 单击【保存】按钮,保存模板网页,如图 5-57 所示。

图 5-57 保存模板

❻ 将鼠标指针置于页面中,选择【修改】|【页面属性】命令,弹出【页面属性】对话框,在对话框中将【上边距】、【下边距】、【左边距】和【右边距】分别设置为"0px",如图 5-58 所示。

❼ 单击【确定】按钮,修改页面属性,将鼠标指针置于页面中,选择【插入】|【表格】命令,弹出【表格】对话框,在对话框中将【行数】设置为"3",【列】设置为"1",【表格宽度】设置为"1003

素", 如图 5-59 所示。

图 5-58　【页面属性】对话框

图 5-59　【表格】对话框

❽ 单击【确定】按钮, 插入表格, 如图 5-60 所示。

图 5-60　插入表格

❾ 将鼠标指针置于表格的第 1 行单元格中, 选择【插入】|【图像】命令, 弹出【选择图像源文件】对话框。在对话框中选择图像 index1_01.gif, 如图 5-61 所示。

❿ 单击【确定】按钮, 插入图像, 如图 5-62 所示。

图 5-61　【选择图像源文件】对话框

图 5-62　插入图像

⓫ 将鼠标指针置于表格的第 2 行单元格中, 选择【插入】|【表格】命令, 插入 1 行 3 列的表格, 如图 5-63 所示。

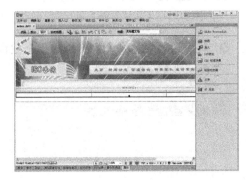

图 5-63　插入表格

⓬ 将鼠标指针置于刚插入的表格中, 选择【插入】|【图像】命令, 在弹出的【选择图像源文件】对话框中选择相应的图像 index1_02.gif, 单击【确定】按钮, 插入图像, 如图 5-64 所示。

图 5-64　插入图像

⓭ 将鼠标指针置于刚插入表格的第 2 列单元格中，选择【插入】|【模板对象】|【可编辑区域】命令，弹出【新建可编辑区域】对话框，如图 5-65 所示。

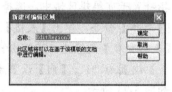

图 5-65　【新建可编辑区域】对话框

⓮ 单击【确定】按钮，插入可编辑区域，如图 5-66 所示。

图 5-66　插入可编辑区域

⓯ 将鼠标指针置于刚插入表格的第 3 列单元格中，选择【插入】|【图像】命令，在弹出的【选择图像源文件】对话框中选择相应的图像 index1_04.gif，单击【确定】按钮，插入图像，如图 5-67 所示。

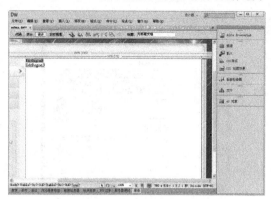

图 5-67　插入图像

⓰ 将鼠标指针置于原来表格的第 3 行单元格中，选择【插入】|【图像】命令，在弹出的【选择图像源文件】对话框中选择相应的图像 index1_05.gif，单击【确定】按钮，插入图像，如图 5-68 所示。

⓱ 选择【文件】|【保存】命令，保存文档。按 F12 键在浏览器中预览，效果如图 5-52 所示。

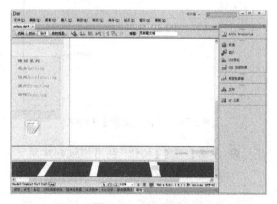

图 5-68　插入图像

5.6.2　利用模板创建网页

当需要制作大量布局基本一致的网页时，使用模板是最好的方法。下面利用上节创建的模板制作如图 5-69 所示的网页，具体操作步骤如下。

原始文件	CH05/5.6.2/Templates/moban.dwt
最终文件	CH05/5.6.2/index1.htm

图 5-69　利用模板创建网页

❶ 选择【文件】|【新建】命令，弹出【新建文档】对话框，在对话框中选择"模板中的页"选项，在【站点】列表框中选择"5.6.2"选项，在【站点"5.6.2"的模板】列表框中选择"mobanl"，如图 5-70 所示。

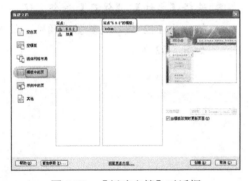

图 5-70　【新建文档】对话框

❷ 单击【创建】按钮，利用模板创建网页，如图 5-71 所示。

图 5-71　利用模板创建网页

❸ 选择【文件】|【保存】命令，弹出【另存为】对话框，在对话框中选择文件保存的位置，在【文件名】文本框中输入"index1.html"，如图 5-72 所示。

图 5-72　【另存为】对话框

❹ 单击【保存】按钮，保存文档，将鼠标指针置于可编辑区域中，选择【插入】|【表格】命令，弹出【表格】对话框，【表格宽度】设置为"95 百分比"，【行数】设置为"1"，【列】设置为"1"，如图 5-73 所示。

图 5-73　【表格】对话框

❺ 单击【确定】按钮，插入表格，如图 5-74 所示。

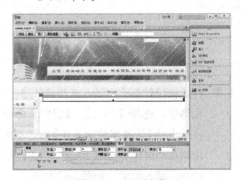

图 5-74　插入表格

❻ 将鼠标指针置于表格中，输入文本，如
图 5-75 所示。

图 5-75　输入文本

❼ 将鼠标指针置于文字中，选择【插入】
|【图像】命令，弹出【选择图像源文
件】对话框，在对话框中选择图像
edu.jpg，如图 5-76 所示。

图 5-76　【选择图像源文件】对话框

❽ 单击【确定】按钮，插入图像，并设置
图像右对齐，如图 5-77 所示。

图 5-77　插入图像

❾ 选择【文件】|【保存】命令，保存文
档，按 F12 键在浏览器中预览，效果
如图 5-69 所示。

5.7　课后习题

1．填空题

（1）在 Dreamweaver 中，模板是一种特殊的文档，模板一般保存在本地站点根文件夹中一个
特殊的_____文件夹中。如果_____文件夹在站点中没有存在，则将在创建新模板的时候自
动创建该文件夹。创建模板有两种方法：一种是_____；另一种是_____。

（2）在模板文件中编辑好页面形式后，如果不做任何设置，直接将模板应用到文档中，则基
于模板的文档是不可编辑的。为了使网页可以编辑，必须为模板_____。

参考答案：

（1）Templates、Templates、空白文档创建模板、以现有的文档创建模板。

（2）创建可编辑区域

2. 操作题

利用模板创建网页效果，如图 5-78 和图 5-79 所示。

原始文件	CH05/操作题/moban.dwt
最终文件	CH05/操作题/index1.htm

图 5-78　原始文件

图 5-79　利用模板创建网页效果

5.8　本章总结

在实际的工作中时，有时有很多的页面（如不同的栏目）都会有相同的布局，在制作时为了避免这种重复操作，设计者就可以使用 Dreamweaver 提供的"模板"和"库"功能，将具有相同的整体布局结构的页面制作成模板，将相同的局部的对象（如导航栏、注册信息等）制作成库文件。这样，当设计者再次制作拥有模板和库内容的网页时，就不需要进行重复的操作，只需在"资源"浮动面板中直接使用它们就可以了。

无论如何，本章的模板和库的内容读者一定要熟练掌握，因为在实际的工作中它们将会发挥比你想象还要大的作用。

CSS 层叠样式表，是在网页制作过程中普遍用到的技术，现在已经为大多数浏览器所支持，成为网页设计必不可少的工具之一。使用 CSS 技术，可以更轻松、有效地对页面的整体布局、字体、图像、颜色、背景和链接等元素实现更加精确的控制，完成许多使用 HTML 无法实现的任务。

学习目标

☑ 熟悉 CSS 样式表
☑ 掌握 CSS 的基本语法
☑ 掌握添加 CSS 的方法
☑ 掌握设置 CSS 属性的方法
☑ 掌握 CSS+Div 布局的四大核心
☑ 掌握使用 CSS+Div 布局的典型模式

6.1 了解 CSS 样式表

CSS（Cascading Style Sheet，层叠样式表）是一种制作网页必不可少的技术之一，现在已经为大多数的浏览器所支持。实际上，CSS 是一系列格式规格或样式的集合，主要用于控制页面的外观，是目前网页设计中的常用技术与手段。

CSS 具有强大的页面美化功能。通过 CSS，可以控制许多仅使用 HTML 标记无法控制的属性，并能轻而易举地实现各种特效。

CSS 的每一个样式表都是由相对应的样式规则组成的，使用 HTML 中的<style>标签可以将样式规则加入到 HTML 中。<style>标签位于 HTML 的 head 部分，其中也包含网页的样式规则。可以看出，CSS 的语句是可以内嵌在 HTML 文档内的。所以，编写 CSS 的方法和编写 HTML 的方法是一样的，代码如下。

```html
<html>
<head>
<meta http-equiv="Content-Type" content="text/html; charset=gb2312" />
<title></title>
<style type="text/css">
<!--
.y {
    font-size: 12px;
    font-style: normal;
```

```
        line-height: 20px;
        color: #FF0000;
        text-decoration: none;
    }
    -->
</style>
</head>
<body>
</body>
</html>
```

CSS 还具有自动更新功能。在更新 CSS 样式时，所有使用该样式的页面元素的格式都会自动地更新为当前所设定的新样式。

6.2 CSS 的使用

在制作网页时，对文本的格式化是一件很烦琐的工作。利用 CSS 样式不仅可以控制一篇文档中的文本格式，而且可以控制多篇文档的文本格式。因此使用 CSS 样式表定义页面文字，将会使工作量大大减少。一些好的 CSS 样式表的建立，使我们可以对页面美化及文本格式进行更精确的定制。

6.2.1 CSS 基本语法

CSS 是一系列样式的集合，使用 CSS 可以有效地分离页面的内容与格式，从而减少网页设计的工作量。下面简要介绍 CSS 样式的基本语法和添加方法。CSS 的语法结构仅由 3 部分组成，分别为选择符、样式属性和值。基本语法如下：

选择符 {样式属性：取值；样式属性：取值；样式属性：取值；……}

● 选择符（Selector）指这组样式编码所要针对的对象，可以是一个 XHTML 标签，如 body、hl；也可以是定义了特定 id 或 class 的标签，如 # main 选择符表示选择 <div id=main>，即一个被指定了 main 为 id 的对象。浏览器将对 CSS 选择符进行严格的解析，每一组样式均会被浏览器应用到对应的对象上。

● 属性（Property）是 CSS 样式控制的核心，对于每一个 XHTML 中的标签，CSS 都提供了丰富的样式属性，如颜色、大小、定位和浮动方式等。

● 值（Value）是指属性的值，它的形式有两种，一种是指定范围的值，如 float 属性，只可以应用 left、right 和 none 这 3 种值；另一种为数值，例如，width 能够取值于 0～9999px，或通过其他数学单位来指定。

在实际应用中，往往使用以下类似的应用形式：

Body {background-color: blue}

选择符为 body，即选择了页面中的 <body> 标签；属性为 background-color，这个属性用于控制对象的背景色，而值为 blue。页面中的 body 对象的背景色通过使用这组 CSS 编码，被定义为蓝色。

6.2.2 添加 CSS 的方法

在 HTML 文档中添加 CSS 的方法主要有 4 种，分别为链接外部样式表、导入外部样式表、内部样式表和内嵌样式。下面分别进行介绍。

1. 链接外部样式表

链接外部样式表是 CSS 应用中最好的一种形式，它将 CSS 样式代码单独编写在一个独立文件之中，由网页进行调用，多个网页可以同时使用同一个样式文件。这种形式最适合大型网站的

CSS 样式定义，其格式如下。

```
<head>
<link href="ys.css"
rel="stylesheet" type="text/css">
</head>
```

rel="stylesheet" 指在页面中使用外部的样式表；type="text/css" 指文件的类型是样式表文件；href="ys.css" 指文件所在的位置。

2．导入外部样式表

导入外部样式表是指在内部样式表的 `<style>` 里导入一个外部样式表，导入时用 @import，其格式如下。

```
<head>
<style type="text/css">
<!--
@import url("ys.css");
-->
</style>
</head>
```

此例中 @import url（"ys.css"）表示导入 ys.css 样式表。注意使用时，外部样式表的路径、方法和链接外部样式表的方法类似，但导入外部样式表输入方式更有优势。实质上它是相当于存在内部样式表中的。

3．内部样式表

内部样式表与内嵌样式表的相似之处在于，都将 CSS 样式编写到页面中。而不同的是，内部样式表可以统一放置在一个固定的位置，其格式如下。

```
<head>
<style type="text/css">
<!--
body {
background-color: #990066;
margin-left: 0px;
margin-top: 0px;
}
-->
</style>
</head>
```

4．内嵌样式表

内嵌样式表是混合在 HTML 标记里使用的，用这种方法，可以很简单地对某个元素单独定义样式，主要是在 body 内实现。内嵌样式表的使用是直接在 HTML 标记里加入 style 参数，而 style 参数的内容就是 CSS 的属性和值，在 style 参数后面的引号里的内容相当于在样式表大括号里的内容，其格式如下。

```
<tdstyle="color:#3366FF;
margin:auto;size:13px;font:"宋体""></td>
```

这种方法虽然使用比较简单和显示直观，但是无法发挥样式表的优势，因此不推荐使用。

6.3　设置 CSS 属性

控制网页元素外观的 CSS 样式用来定义字体、颜色、边距和字间距等属性，可以使用 Dreamweaver 来对所有的 CSS 属性进行设置。CSS 属性被分为 9 大类：类型、背景、区块、方框、边框、列表、定位、扩展和过滤，下面分别进行介绍。

6.3.1　设置 CSS 类型属性

在 CSS 样式定义对话框左侧的【分类】列表框中选择"类型"选项，在右侧可以设置 CSS 样式的类型参数，如图 6-1 所示。

在"类型"中的各选项参数如下。

● Font-family：用于设置当前样式所使用的字体。

● Font-size：定义文本大小。通过选择数字和度量单位来选择特定的大小，也可以选择相对大小。

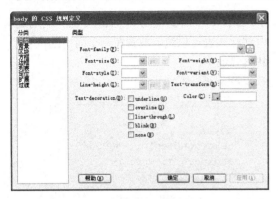

图 6-1 选择【类型】选项

　　● Font-style：将"正常"、"斜体"或"偏斜体"指定为字体样式。默认设置是"正常"。

　　● Line-height：设置文本所在行的高度。该设置传统上称为"前导"。选择"正常"自动计算字体大小的行高，或输入一个确切的值并选择一种度量单位。

　　● Text-decoration：向文本中添加下划线、上划线或删除线，或使文本闪烁。正常文本的默认设置是"无"。"链接"的默认设置是"下划线"。将"链接"设置为"无"时，可以通过定义一个特殊的类删除链接中的下划线。

　　● Font-weight：对字体应用特定或相对的粗体量。"正常"等于 400，"粗体"等于 700。

　　● Font-variant：设置文本的小型大写字母变量。Dreamweaver 不在文档窗口中显示该属性。

　　● Text-transform：将选定内容中的每个单词的首字母大写或将文本设置为全部大写或小写。

　　● Color：设置文本颜色。

6.3.2　设置 CSS 背景属性

　　使用【CSS 规则定义】对话框的"背景"类别可以定义 CSS 样式的背景设置，也可以对网页中的任何元素应用背景属性，如图 6-2 所示。

　　在 CSS 的"背景"选项中可以设置以下参数。

　　● Background-color：设置元素的背景颜色。

　　● Background-image：设置元素的背景图像。可以直接输入图像的路径和文件，也可单击【浏览】按钮选择图像文件。

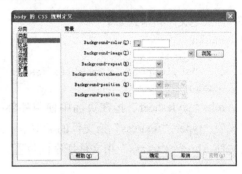

图 6-2 选择【背景】选项

　　● Background-repeat：确定是否以及如何重复背景图像。包含 4 个选项："不重复"指在元素开始处显示一次图像；"重复"指在元素的后面水平和垂直平铺图像；"横向重复"和"纵向重复"分别显示图像的水平带区和垂直带区。图像被剪辑以适合元素的边界。

　　● Background-attachment：确定背景图像是固定在它的原始位置还是随内容一起滚动。

　　● Background-position（X）和 Background-position（Y）：指定背景图像相对于元素的初始位置，这可以用于将背景图像与页面中心垂直和水平对齐。如果附件属性为"固定"，则位置相对于文档窗口而不是元素。

6.3.3　设置区块样式

　　使用【CSS 规则定义】对话框的"区块"类别可以定义标签和属性的间距和对齐设置，对话框中左侧的【分类】列表中选择"区块"选项，在右侧可以设置相应的 CSS 样式，如图 6-3 所示。

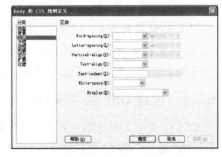

图 6-3 选择【区块】选项

　　在 CSS 的"区块"各选项中参数如下。

● Word-spacing：设置单词的间距，若要设置特定的值，在下拉列表框中选择"值"，然后输入一个数值，在第二个下拉列表框中选择度量单位。

● Letter-spacing：增加或减小字母或字符的间距。若要减少字符间距，指定一个负值，字母间距设置覆盖对齐的文本设置。

● Vertical-align：指定应用它的元素的垂直对齐方式。仅当应用于 <img> 标签时，Dreamweaver 才在文档窗口中显示该属性。

● Text-align：设置元素中的文本对齐方式。

● Text-indent：指定第一行文本缩进的程度。可以使用负值创建凸出，但显示取决于浏览器。仅当标签应用于块级元素时，Dreamweaver 才在文档窗口中显示该属性。

● White-space：确定如何处理元素中的空白。从下面 3 个选项中选择："正常"指收缩空白；"保留"的处理方式与文本被括在 <pre> 标签中一样（即保留所有空白，包括空格、制表符和回车）；"不换行"指定仅当遇到
 标签时文本才换行。Dreamweaver 不在文档窗口中显示该属性。

● Display：指定是否以及如何显示元素。

6.3.4 设置方框样式

使用【CSS 规则定义】对话框的"方框"类别可以为用于控制元素在页面上的放置方式的标签和属性定义设置。可以在应用填充和边距设置时将设置应用于元素的各个边，也可以使用【全部相同】设置将相同的设置应用于元素的所有边。

CSS 的"方框"类别可以为控制元素在页面上的放置方式的标签和属性定义设置，如图 6-4 所示。

在 CSS 的"方框"各选项中参数如下。

● Width 和 Height：设置元素的宽度和高度。

● Float：设置其他元素在哪个边围绕元素浮动。其他元素按通常的方式环绕在浮动元素的周围。

图 6-4 选择【方框】选项

● Clear：定义不允许 AP Div 的边。如果清除边上出现 AP Div，则带清除设置的元素将移到该 AP Div 的下方。

● Padding：指定元素内容与元素边框（如果没有边框，则为边距）之间的间距。取消选择【全部相同】选项可设置元素各个边的填充；【全部相同】将相同的填充属性应用于元素的 Top、Right、Bottom 和 Left 侧。

● Margin：指定一个元素的边框（如果没有边框，则为填充）与另一个元素之间的间距。仅当应用于块级元素（段落、标题和列表等）时，Dreamweaver 才在文档窗口中显示该属性。取消选择【全部相同】可设置元素各个边的边距；【全部相同】将相同的边距属性应用于元素的 Top、Right、Bottom 和 Left 侧。

6.3.5 设置边框样式

CSS 的"边框"类别可以定义元素周围边框的设置，如图 6-5 所示。

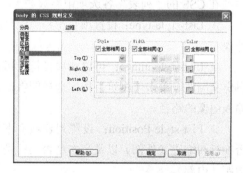

图 6-5 选择【边框】选项

在 CSS 的"边框"各选项中参数如下。

- Style：设置边框的样式外观。样式的显示方式取决于浏览器。Dreamweaver 在文档窗口中将所有样式呈现为实线。取消选择【全部相同】可设置元素各个边的边框样式；【全部相同】将相同的边框样式属性应用于元素的 Top、Right、Bottom 和 Left 侧。

- Width：设置元素边框的粗细。取消选择【全部相同】可设置元素各个边的边框宽度；【全部相同】将相同的边框宽度应用于元素的 Top、Right、Bottom 和 Left 侧。

- Color：设置边框的颜色。取消选择【全部相同】可以分别设置元素各个边的边框颜色；【全部相同】将相同的边框颜色应用于元素的 Top、Right、Bottom 和 Left 侧。

6.3.6　设置列表样式

CSS 的"列表"类别为列表标签定义列表设置，如图 6-6 所示。

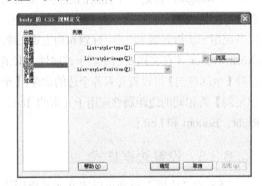

图 6-6　选择【列表】选项

在 CSS 的"列表"各选项中参数如下。

- List-style-type：设置项目符号或编号的外观。

- List-style-image：可以为项目符号指定自定义图像。单击【浏览】按钮选择图像，或输入图像的路径。

- List-style-Position：设置列表项文本是否换行和缩进（外部）以及文本是否换行到左边距（内部）。

6.3.7　设置定位样式

CSS 的"定位"样式属性使用"层"首选参数中定义层的默认标签，将标签或所选文本块更改为新层，如图 6-7 所示。

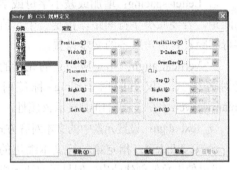

图 6-7　选择【定位】选项

在 CSS 的"定位"选项中各参数如下。

- Position：在 CSS 布局中，Position 发挥着非常重要的作用，很多容器的定位是用 Position 来完成。Position 属性有 4 个可选值，分别是 static、absolute、fixed 和 relative。

"static"：该属性值是所有元素定位的默认情况，在一般情况下，不需要特别地去声明；但有时候遇到继承的情况，不愿意见到元素所继承的属性影响本身，因而可以用 position:static 取消继承，即还原元素定位的默认值。

"absolute"：能够很准确地将元素移动到你想要的位置，绝对定位元素的位置。

"fixed"：相对于窗口的固定定位。

"relative"：相对定位是相对于元素默认的位置的定位。

- Visibility。如果不指定可见性属性，则默认情况下大多数浏览器都继承父级的值。

- Placement：指定 AP Div 的位置和大小。

- Clip：定义 AP Div 的可见部分。如果指定了剪辑区域，可以通过脚本语言访问它，并操作属性以创建像擦除这样的特殊效果。通过使用【改变属性】行为可以设置这些擦除效果。

6.3.8　设置扩展样式

"扩展"样式属性包含两部分，如图 6-8 所示。

图 6-8　选择【扩展】选项

● Page-break-before：这个属性的作用是为打印的页面设置分页符。

● Page-break-after：检索或设置对象后出现的页分割符。

● Cursor：指针位于样式所控制的对象上时改变指针图像。

● Filter：使用 CSS 滤镜属性可以把可视化的滤镜和转换效果添加到一个标准的 HTML 元素上，例如图片、文本容器及其他一些对象。

Internet Explorer 4.0 以上浏览器支持的滤镜属性如表 6-1 所示。

表 6-1　常见的滤镜属性

滤　　镜	描　　述
Alpha	设置透明度
Blur	建立模糊效果
Chroma	把指定的颜色设置为透明
DropShadow	建立一种偏移的影像轮廓，即投射阴影
FlipH	水平反转
FlipV	垂直反转
Glow	为对象的外边界增加光效
Gray	降低图片的彩色度

续表

滤　　镜	描　　述
Invert	将色彩、饱和度以及亮度值完全反转建立底片效果
Light	在一个对象上进行灯光投影
Mask	为一个对象建立透明膜
Shadow	建立一个对象的固体轮廓，即阴影效果
Wave	在 x 轴和 y 轴方向利用正弦波纹打乱图片
Xray	只显示对象的轮廓

6.3.9　设置过渡样式

在过去的几年中，大多数都是使用 JavaScript 来实现过渡效果。使用 CSS 可以实现同样的过渡效果。"过渡"样式属性如图 6-9 所示。过渡效果最明显的表现就是当用户把鼠标指针悬停在某个元素上时高亮它们，如链接、表格、表单域和按钮等。过渡可以给页面增加一种非常平滑的外观。

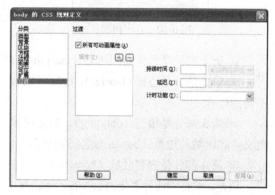

图 6-9　选择【过渡】选项

6.4　使用 CSS+Div 布局的 4 大核心

CSS＋Div 是网站标准中常用的术语之一，CSS 和 Div 的结构被越来越多的人采用，它的好处很多，可以使结构简洁，定位更灵活，CSS 布局的最终目的是搭建完善的页面架构。下面介绍使用 CSS+Div 布局的核心知识。

6.4.1 盒子模型

如果想熟练掌握 Div 和 CSS 的布局方法，首先要对盒子模型有足够的了解。盒子模型是 CSS 布局网页时非常重要的概念，只有很好地掌握了盒子模型及其中每个元素的使用方法，才能真正的布局网页中各个元素的位置。

所有页面中的元素都可以看作一个装了东西的盒子，盒子里面的内容到盒子的边框之间的距离即填充（padding），盒子本身有边框（border），而盒子边框外和其他盒子之间，还有边界（margin）。

一个盒子由 4 个独立部分组成，如图 6-10 所示。

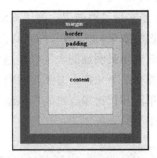

图 6-10　盒子模型图

● 第 1 部分是最外面的边界（margin）。
● 第 2 部分是边框（border），边框可以有不同的样式。
● 第 3 部分是填充（padding），填充用来定义内容区域与边框（border）之间的空白。
● 第 4 部分是内容区域（content）。

填充、边框和边界都分为上、右、下、左 4 个方向，既可以分别定义，也可以统一定义。当使用 CSS 定义盒子的 width 和 height 时，定义的并不是内容区域、填充、边框和边界所占的总区域。实际上定义的是内容区域 content 的 width 和 height。为了计算盒子所占的实际区域必须加上 padding、border 和 margin。

● 实际宽度=左边界+左边框+左填充+内容宽度（width）+右填充+右边框+右边界
● 实际高度=上边界+上边框+上填充+内容

高度（height）+下填充+下边框+下边界

6.4.2 标准流

标准流就是标签的排列方式，就像流水一样，排在前面的标签内容前面出现，排后面的标签内容后面出现。

```
<div class="style2">我来自广州</div>
<span id="st" class="style1">中山大学</span>
<span  class="style2">计算机学院</span>
<br/>
<span class="style3 guaiji">阳光男孩</span>
<span class="style3 ">22 岁</span>
```

上面的代码是标签的一个排列方式，图 6-11 所示是网页内容的呈现方式，它是以标签的排列方式来呈现的。

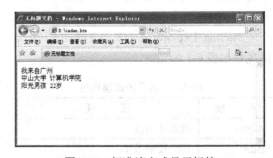

图 6-11　标准流方式显示标签

6.4.3 浮动

float 属性定义元素在哪个方向浮动。以往这个属性应用于图像，使文本围绕在图像周围，不过在 CSS 中，任何元素都可以浮动。浮动元素会生成一个块级框，而不论它本身是何种元素。float 是相对定位的，它会随着浏览器的大小和分辨率的变化而改变。float 浮动属性是元素定位中非常重要的属性，常常通过对 Div 元素应用 float 浮动来进行定位。

语法：

```
float:none|left|right
```

说明：

none 是默认值，表示对象不浮动；left 表示对象浮在左边；right 表示对象浮在右边。

CSS 允许任何元素浮动 float，不论是图像、段落还是列表。无论先前元素是什么状态，浮动后都成为块级元素，浮动元素的宽度默认为 auto。

如果 float 取值为 "none" 或没有设置 float 时，不会发生任何浮动，块元素独占一行，紧随其后的块元素将在新行中显示，其代码如下所示。在浏览器中浏览，如图 6-12 所示。可以看到由于没有设置 Div 的 float 属性，因此每个 Div 都单独占一行，两个 Div 分两行显示。

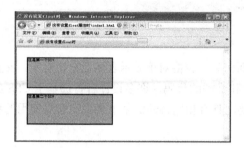

图 6-12　没有设置 float 属性

```html
<html xmlns="http://www.w3.org/1999/xhtml">
    <head>
    <meta http-equiv="Content-Type" content="text/html; charset=gb2312" />
    <title>没有设置 float 时</title>
    <style type="text/css">
    #content_a            {width:250px;
height:100px; border:3px solid #000000;
margin:20px;
    background: #F90;}
    #content_b            {width:250px;
height:100px; border:3px solid #000000;
margin:20px;
    background: #6C6;}
    </style>
    </head>
    <body>
    <div id="content_a"> 这 是 第 一 个
DIV</div>
    <div id="content_b"> 这 是 第 二 个
DIV</div>
    </body>
    </html>
```

下面修改一下代码，使用 float:left 对 content_a 应用向左的浮动，而 content_b 不应用任何浮动。其代码如下所示，在浏览器中浏览效果如图 6-13 所示，可以看到对 content_a 应用向左的浮动后，content_a 向左浮动，content_b 在水平方向紧跟着它的后面，两个 Div 占一行，在一行上并列显示。

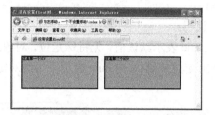

图 6-13　设置 float 属性两个 Div 并列显示

```html
<html xmlns="http://www.w3.org/1999/xhtml">
    <head>
    <meta http-equiv="Content-Type" content="text/html; charset=gb2312" />
    <title>一个设置为左浮动，一个不设置浮动</title>
    <style type="text/css">
    #content_a            {width:250px;
height:100px; float:left; border:3px
solid #000000; margin:20px; background:
#F90;}
    #content_b            {width:250px;
height:100px; border:3px solid #000000;
margin:20px; background: #6C6;}
    </style>
    </head>
    <body>
    <div id="content_a">这是第一个DIV</div>
    <div id="content_b"> 这 是 第 二 个
DIV</div>
    </body>
    </html>
```

6.4.4　定位

position 的原意为位置、状态或安置。在 CSS 布局中，position 属性非常重要，很多特殊容器的定位必须用 position 来完成。position 属性有 4 个值，分别是 static、absolute、fixed 和 relative。其中，static 是默认值，代表无定位。

定位（position）允许用户精确定义元素框出现的相对位置，可以相对于它通常出现的位置，相对于其上级元素，相对于另一个元素，或者相对于浏览器视窗本身。每个显示元素都可以用定位的方法来描述，而其位置由此元素的包含块来决定的。

语法：

```
position: static | absolute | fixed | relative
```

说明：

static 表示默认值，无特殊定位，对象遵循 HTML 定位规则；absolute 表示采用绝对定位，

需要同时使用 left、right、top 和 bottom 等属性进行绝对定位。而其层叠通过 z-index 属性定义，此时对象不具有边框，但仍有填充和边框；fixed 表示当页面滚动时，元素保持在浏览器视区内，其行为类似 absolute；relative 表示采用相对定位，对象不可层叠，但将依据 left、right、top 和 bottom 等属性设置在页面中的偏移位置。

6.5 使用 CSS+Div 布局网页

许多的 Web 站点都使用基于表格的布局显示页面信息。表格对于显示表格数据很有用，并且很容易在页面上创建。但表格还会生成大量难以阅读和维护的代码。许多设计者首选基于 CSS 的布局，正是因为基于 CSS 的布局所包含的代码数量要比具有相同特性的基于表格的布局使用的代码数量少很多。

6.5.1 什么是 Web 标准

Web 标准是由 W3C 和其他标准化组织制定的一套规范集合，Web 标准的目的在于创建一个统一的用于 Web 表现层的技术标准，以便于通过不同浏览器或终端设备向最终用户展示信息内容。

Web 标准由一系列规范组成，目前的 Web 标准主要由三大部分组成：结构（Structure）、表现（Presentation）和行为（Behavior）。真正符合 Web 标准的网页设计是指能够灵活使用 Web 标准对 Web 内容进行结构、表现与行为的分离。

1. 结构（Structure）

结构对网页中用到的信息进行分类与整理。在结构中用到的技术主要包括 HTML、XML 和 XHTML。

2. 表现（Presentation）

表现用于对信息进行版式、颜色和大小等形式控制。在表现中用到的技术主要是 CSS 层叠样式表。

3. 行为（Behavior）

行为是指文档内部的模型定义及交互行为的编写，用于编写交互式的文档。在行为中用到的技术主要包括 DOM 和 ECMAScript。

● DOM（Document Object Model）文档对象模型

DOM 是浏览器与内容结构之间的沟通接口，它可以访问页面上的标准组件。

● ECMAScript 脚本语言

ECMAScript 是标准脚本语言，它用于实现具体的界面上对象的交互操作。

6.5.2 CSS+Div 布局的优势

掌握基于 CSS 的网页布局方式，是实现 Web 标准的基础。在主页制作时采用 CSS 技术，可以有效地对页面的布局、字体、颜色、背景和其他效果实现更加精确的控制。只要对相应的代码做一些简单的修改，就可以改变网页的外观和格式。采用 CSS 布局有以下优点。

● 大大缩减页面代码，提高页面浏览速

度，缩减带宽成本。

○ 结构清晰，容易被搜索引擎搜索到。

○ 缩短改版时间，只要简单地修改几个 CSS 文件就可以重新设计一个有成百上千页面的站点。

○ 强大的字体控制和排版能力。

○ CSS 非常容易编写，可以像写 HTML 代码一样轻松地编写 CSS。

○ 提高易用性，使用 CSS 可以结构化 HTML，如<p>标记只用来控制段落，<heading>标记只用来控制标题，<table>标记只用来表现格式化的数据等。

○ 表现和内容相分离，将设计部分分离出来放在一个独立样式文件中。

○ 更方便搜索引擎的搜索，用只包含结构化内容的 HTML 代替嵌套的标记，搜索引擎将更有效地搜索到内容。

○ table 的布局中，垃圾代码会很多，一些修饰的样式及布局的代码混合一起，很不直观。而 Div 更能体现样式和结构相分离，结构的重构性强。

○ 将许多网页的风格格式同时更新。不用再一页一页地更新了，可以将站点上所有的网页风格都使用一个 CSS 文件进行控制，只要修改这个 CSS 文件中相应的行，那么整个站点的所有页面都会随之发生变动。

6.5.3 使用 CSS 布局模板

Dreamweaver CS6 是开发 CSS 的得力助手，在 Dreamweaver CS6 的"新建文档"对话框中提供了几套常用的 CSS 布局模板。使用 CSS 布局模版的具体操作步骤如下。

❶ 选择【文件】|【新建】命令，弹出【新建文档】对话框，在对话框中选择【HTML 模板】|【2 列固定，左侧栏、标题和脚注】选项，如图 6-14 所示。

❷ 单击【确定】按钮，创建 CSS 布局模板，如图 6-15 所示。

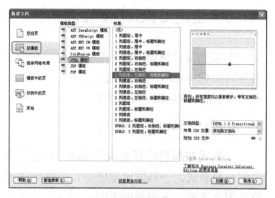

图 6-14 新建文档

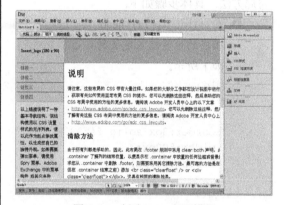

图 6-15 创建 CSS 布局模板

❸ 保存网页，在浏览器中预览网页，效果如图 6-16 所示。

图 6-16 预览网页

6.6　使用 CSS+Div 布局的典型模式

布局就是将网页中的各个板块放置在合适的位置。布局一般分为表格布局、绘制层布局、框架布局和 CSS+Div 布局模式等几种。其中，表格布局和 CSS+Div 布局是最常用和最流行的。下面介绍典型的 CSS+Div 布局类型。

6.6.1　一列固定宽度

一列式布局是所有布局的基础，也是最简单的布局形式。一列固定宽度中，宽度的属性值是固定像素。下面举例说明一列固定宽度的布局方法，具体步骤如下。

❶ 在 HTML 文档的<head>与</head>之间相应的位置输入定义的 CSS 样式代码，如下所示。

```
<style>
#Layer{
    background-color:#00cc33;
    border:3px solid #ff3399;
    width:500px;
    height:350px;
}
</style>
```

💠 **提示**　使用 background-color: #00cc33；将 Div 设定为绿色背景；使用 border:3 solid #ff3399，将 Div 设置了粉红色的 3px 宽度的边框；使用 width:500px，设置宽度为 500 像素固定宽度；使用 height:350px，设置高度为 350 像素。

❷ 在 HTML 文档的<body>与<body>之间的正文中输入以下代码，给 Div 使用了 "Layer" 作为 id 名称。

```
<div id="Layer">1 列固定宽度</div>
```

❸ 在浏览器中浏览。由于是固定宽度，因此无论怎样改变浏览器窗口大小，Div 的宽度都不会改变，如图 6-17 和图 6-18 所示。

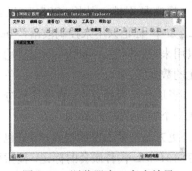

图 6-17　浏览器窗口变小效果

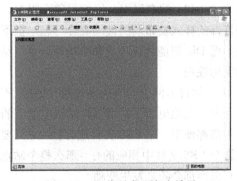

图 6-18　浏览器窗口变大效果

6.6.2　一列自适应

自适应布局是在网页设计中常见的一种布局形式，自适应的布局能够根据浏览器窗口的大小，自动改变其宽度或高度值，是一种非常灵活的布局形式。良好的自适应布局网站对不同分辨率的显示器都能提供最好的显示效果。自适应布局需要将宽度由固定值改为百分比。下面是一列自适应布局的 CSS 代码。

```
<style>
#Layer{
    background-color:#00cc33;
    border:3px solid #ff3399;
```

```
        width:60%;
        height:60%;
}
</style>
<body>
<div id="Layer">1 列自适应</div>
</body>
</html>
```

这里将宽度和高度值都设置为"60%"。从浏览效果中可以看到，Div 的宽度已经变为了浏览器宽度的 60%。当扩大或缩小浏览器窗口大小时，其宽度和高度还将维持在浏览器当前宽度的 60%，如图 6-19 所示。

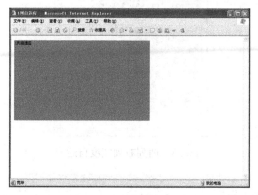

图 6-19　一列自适应布局

6.6.3　两列固定宽度

两列固定宽度布局的制作方法非常简单。两列的布局需要用到两个 Div，分别将两个 Div 的 id 设置为"left"与"right"，表示两个 Div 的名称。首先为它们制定宽度，然后让两个 Div 在水平线中并排显示，从而形成两列式布局，具体步骤如下。

❶ 在 HTML 文档的<head>与</head>之间相应的位置输入定义的 CSS 样式代码，如下所示。

```
<style>
#left{
        background-color:#00cc33;
        border:1px solid #ff3399;
        width:250px;
        height:250px;
        float:left;
        }
```

```
#right{
        background-color:#ffcc33;
        border:1px solid #ff3399;
        width:250px;
        height:250px;
        float:left;
}
</style>
```

> 💧 **提示**　left 与 right 两个 Div 的代码与前面类似，两个 Div 使用相同宽度实现两列式布局。float 属性是 CSS 布局中非常重要的属性，用于控制对象的浮动布局方式。大部分 Div 布局都是通过 float 的控制来实现的。

❷ 在 HTML 文档的<body>与<body>之间的正文中输入以下代码，给 Div 使用"left"和"right"作为 id 名称。

```
<div id="left">左列</div>
<div id="right">右列</div>
```

❸ 在浏览器中浏览，如图 6-20 所示两列固定宽度布局。

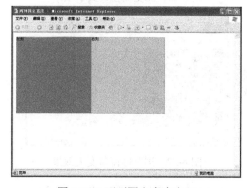

图 6-20　两列固定宽度布局

6.6.4　两列宽度自适应

下面使用两列宽度自适应性，来实现左右栏宽度能够做到自动适应，设置自适应主要通过宽度的百分比值设置，CSS 代码修改如下。

```
<style>
#left{
        background-color:#00cc33;
        border:1px solid #ff3399;
        width:60%;
        height:250px;
```

```
    float:left;
    }
#right{
    background-color:#ffcc33;
    border:1px solid #ff3399;
    width:30%;
    height:250px;
    float:left;
    }
</style>
```

这里主要修改了左栏宽度为60%，右栏宽度为30%。在浏览器中浏览效果如图6-21和图6-22所示，无论怎样改变浏览器窗口大小，左右两栏的宽度与浏览器窗口的百分比都不改变。

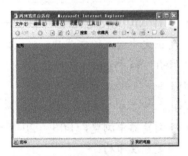

图 6-21　浏览器窗口变小效果

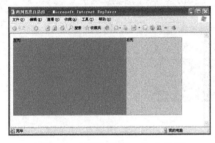

图 6-22　浏览器窗口变大效果

6.6.5　两列右列宽度自适应

在实际应用中，有时候需要左栏固定宽度，右栏根据浏览器窗口大小自动适应，在CSS中只需要设置左栏的宽度即可。如上例中左右栏都采用了百分比实现了宽度自适应，这里只需要将左栏宽度设定为固定值，右栏不设置任何宽度值，并且右栏不浮动即可，CSS样式代码如下。

```
<style>
#left{
    background-color:#00cc33;
    border:1px solid #ff3399;
```

```
    width:200px;
    height:250px;
    float:left;
    }
#right{
    background-color:#ffcc33;
    border:1px solid #ff3399;
    height:250px;
    }
</style>
```

这样，左栏将呈现200px的宽度，而右栏将根据浏览器窗口大小自动适应，如图6-23和图6-24所示。

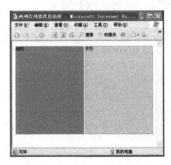

图 6-23　两列右列宽度自适应

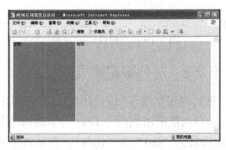

图 6-24　两列右列宽度自适应

6.6.6　三列浮动中间宽度自适应

使用浮动定位方式，从一列到多列的固定宽度及自适应，基本上可以简单完成，包括三列的固定宽度。而在这里给我们提出了一个新的要求，希望有一个三列式布局，基中左栏要求固定宽度，并居左显示，右栏要求固定宽度并居右显示，而中间栏需要在左栏和右栏的中间，根据左右栏的间距变化自动适应。

在开始这样的三列布局之前，有必要了解一个新的定位方式——绝对定位。前面的浮动定位方式主要由浏览器根据对象的内容自动进行浮动方向的调整，但是这种方式不能满足定位需求时，就需要新的方法来实现，CSS 提供的除去浮动定位之外的另一种定位方式就是绝对定位，绝对定位使用 position 属性来实现。

下面讲述三列浮动中间宽度自适应布局的创建，具体操作步骤如下。

❶ 在 HTML 文档的<head>与</head>之间相应的位置输入定义的 CSS 样式代码，如下所示。

```
<style>
body{
    margin:0px;
}
#left{
    background-color:#00cc00;
    border:2px solid #333333;
    width:100px;
    height:250px;
    position:absolute;
    top:0px;
    left:0px;
}
#center{
    background-color:#ccffcc;
    border:2px solid #333333;
    height:250px;
    margin-left:100px;
    margin-right:100px;
}
#right{
    background-color:#00cc00;
    border:2px solid #333333;
    width:100px;
    height:250px;
    position:absolute;
    right:0px;
    top:0px;
}
</style>
```

❷ 在 HTML 文档的<body>与<body>之间的正文中输入以下代码，给 Div 使用 "left"、"right" 和 "center" 作为 id 名称。

```
<div id="left">左列</div>
<div id="center">右列</div>
<div id="right">右列</div>
```

❸ 在浏览器中浏览，如图 6-25 所示，浏览器窗口改变，中间宽度是变化的。

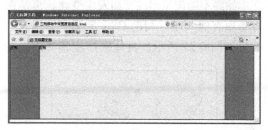

图 6-25　中间宽度自适应

6.6.7　布局的整体思路

一般网页都要放置一个大框作为网页中所有内容的父框，在其内部又分成头、体和脚 3 个部分，但有时也可以省略头、体的父框，但这两个部分确实是存在的。图 6-26 所示为网页布局的整体思路图。

实际布局时并不一定要分出这 3 个部分，例如，head 部分，就直接使用 banner 和 globalink 两个 Div 层即可，main 部分也是如此。只有 footer 部分，由于没有子层，结构过于简单，则直接应用。

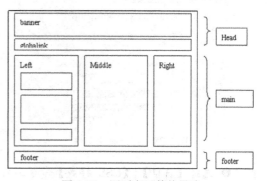

图 6-26　网页布局整体思路

6.7 综合案例

前面对 CSS 设置文字的各种效果进行了详细的介绍，下面通过一些实例，讲述文字效果的综合使用。

6.7.1 应用 CSS 定义字体样式

利用 CSS 可以固定字体大小，使网页中的文本始终不随浏览器改变而发生变化，总是保持着原有的大小，利用 CSS 定义字体样式的效果如图 6-27 所示。具体操作步骤如下。

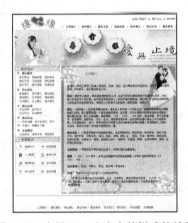

图 6-27 应用 CSS 定义字体样式的效果

原始文件	CH06/6.7.1/index.htm
最终文件	CH06/6.7.1/index1.htm

❶ 打开原始文件，如图 6-28 所示。

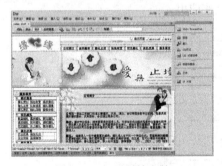

图 6-28 打开原始文件

❷ 选择【窗口】|【CSS 样式】命令，打开【CSS 样式】面板，在【CSS 样式】面板中单击鼠标指针右键，在弹出的菜单中选择【附加样式表】选项，如图 6-29 所示。

图 6-29 选择【新建】选项

❸ 弹出【链接外部样式表】对话框，如图 6-30 所示。

图 6-30 【链接外部样式表】对话框

❹ 单击【文件/URL】文本框右边的【浏览】按钮，弹出【选择样式表文件】对话框，在对话框中选择样式，如图 6-31 所示。

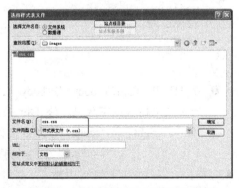

图 6-31 【选择样式表文件】对话框

❺ 单击【确定】按钮，添加 CSS 文件，在对话框中的【添加为】选项中设置【链接】，如图 6-32 所示。

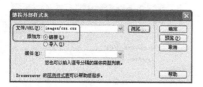

图 6-32 【链接外部样式表】对话框

❻ 单击【确定】按钮，应用 CSS 样式，如图 6-33 所示。

❼ 保存文档，按 F12 键在浏览器中效果如图 6-27 所示。

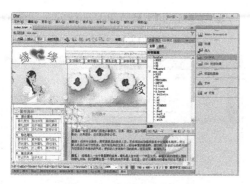

图 6-33 应用 CSS 样式

6.7.2 应用 CSS 制作阴影文字

灵活应用 CSS 滤镜的特点并加以组合，能够得到许多意想不到的效果。CSS 滤镜把我们带入绚丽多姿的多媒体世界，正是有了滤镜属性，页面才变得更加漂亮。下面使用 CSS 的滤镜创建阴影文字，效果如图 6-34 所示，具体操作步骤如下。

图 6-34 用 CSS 创建阴影文字效果

原始文件	CH06/6.7.2/index.htm
最终文件	CH06/6.7.2/index1.htm

❶ 打开原始文件，如图 6-35 所示。

图 6-35 打开原始文件

❷ 将鼠标指针置于页面中，选择【插入】|【表格】命令，插入 1 行 1 列的表格，【表格宽度】设置为 "100%"，单击【确定】按钮，插入表格，如图 6-36 所示。

图 6-36 插入表格

❸ 将鼠标指针置于表格内，输入文字，如图 6-37 所示。

图 6-37 输入文字

❹ 打开【CSS 样式】面板，在【CSS 样式】

面板中单击鼠标指针右键，在弹出的菜单中选择【新建】选项，如图 6-38 所示，弹出【新建 CSS 规则】对话框。

图 6-38　选择【新建】选项

❺ 在【选择器名称】文本框中输入".yinying"，在【选择器类型】中选择"类"，【规则定义】选择"仅限该文档"选项，如图 6-39 所示。

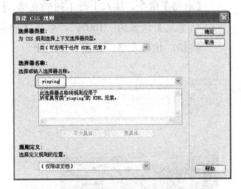

图 6-39　【新建 CSS 规则】对话框

❻ 单击【确定】按钮，弹出【.yinying 的 CSS 样式定义】对话框，选择【分类】中的"类型"选项，【Font-family】设置为"宋体"，【Font-size】设置为"20px"，【Line-height】设置为"150%"，如图 6-40 所示。

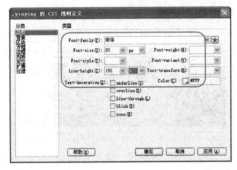

图 6-40　【.yinying 的 CSS 样式定义】对话框

❼ 单击【应用】按钮，再选择【分类】中的"扩展"选项，单击【Filter】下拉列表，如图 6-41 所示。

图 6-41　选择【过滤器】选项

❽ 在【Filter】选择为 Shadow(Color= #ff0000，Direction=120)，如图 6-42 所示。

图 6-42　设置过滤

❾ 单击【确定】按钮，在文档中选中表格，然后在【CSS 样式】面板中单击新建的样式，在弹出的菜单中选择"套用"选项，如图 6-43 所示。

图 6-43　选择【套用】选项

⑩ 套用样式后，保存网页文档，按 F12 键在浏览器中预览阴影文字效果。

6.7.3　使用 CSS+Div 布局网页实例

CSS＋Div 是网站标准中常用的术语之一，CSS 和 Div 的结构被越来越多的人采用。无论使用表格还是 CSS，网页布局都是把大块的内容放进网页的不同区域里面。有了 CSS，最常用来组织内容的元素就是<div>标签。CSS 排版是一种很新的排版理念，首先要将页面使用<div>整体划分为几个板块，然后对各个板块进行 CSS 定位，最后在各个板块中添加相应的内容。下面使用 CSS+Div 布局如图 6-44 所示的网页。

图 6-44　使用 CSS+Div 布局网页

原始文件	CH06/6.7.3/index.htm
最终文件	CH06/6.7.3/index1.htm

为了统一全站的风格，本站的所有页面采用统一的顶部和底部，顶部为网站 Logo 部分和导航部分，底部为版权信息，中间为网站的正文内容部分。

本网站主页内容很多，页面整体部分放在一个大的#layout 对象中，在这个#layout 对象中包括 3 行 3 列的布局方式。顶部的 logo 和导航 menu 放在 #header 对象中。中间的正文部分放在 #body_container 对象中，在#body_container 对象中又分成 #container_left、#container_center 和 #container_right 三列。在底部为#footer 对象，在

此对象中放置底部版权信息。图 6-45 所示为网站的页面结构布局图。

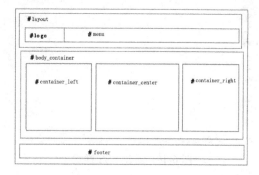

图 6-45　页面结构布局

其页面中的 HTML 框架代码如下所示。

```
<div id="layout">
  <div id="header">
    <div class="logo"></div>
    <div id="menu"></div>
  </div>
  <div id="body_container">
    <div id="container_left"></div>
    <div id="container_center"></div>
    <div id="container_right"></div>
  </div>
  <div id="footer"></div>
</div>
```

整理好页面的框架后，就可以利用 CSS 对各个板块进行定位，实现对页面的整体规划，然后再往各个板块中添加内容。页面的嵌套与组成应该避免通篇都是 Div，需要不断地探求如何灵活运用 Div 标签。

❶ 新建名称为 "layout.css" 的 CSS 文件，如图 6-46 所示，输入如下 CSS 代码，用来设置网页的边距、网页中文字的大小、字体、字体颜色和网页的整体背景图像 body_bg.gif。

```
body{margin:0px;font:10px/12px Arial,
Helvetica, sans-serif; color:#025546;
background:#baeaa0
url(../images/body_bg.gif) repeat-x 0 0}
img{border:none}
.clear{clear:both}
```

图 6-46　新建 CSS 样式

❷ 新建名称为 "index" 的网页文档，在 <head> 与 </head> 之间输入如下代码，用于导入外部 CSS 样式文件 layout.css，如图 6-47 所示。

```
<style type="text/css" media="screen">
@import url("css/layout.css");
#layout  #body_container  #container_
center .story_detail .containt p .containt {
    font-family:  " 宋体 ";font-weight:
normal;}
    </style>
```

图 6-47　新建 html 文档，导入 CSS

❸ 在 <body> 正文中输入 " <div id="l ayout"></div>" 代码，插入 id 为 "layout" 的 Div，如图 6-48 所示。

❹ 在 CSS 代码中输入如下代码，用于定义最外层 layout 的宽度为 780 像素，如图 6-49 所示。设置某个对象水平方向居中的时候，常常将左右的外边距设为 "auto"。

```
#layout{width:780px; margin:0 auto}
```

图 6-48　插入 layout

图 6-49　设置 layout 属性

❺ 在正文名称为 "layout" 的 Div 内输入如下代码，插入头部的 Div 来布局网页头部内容，如图 6-50 所示。

```
<div id="header">
    <div class="logo"><img src="images/
logo.gif" alt="" /></div>
    <p> </p>
    <div id="menu">
    <ul>
        <li class="first"><a class="
current">主页</a></li>
        <li><a href="about_us.html">
关于我们</a></li>
        <li><a href="privacy.html">会
员搜索</a></li>
        <li><a href="projects.html">
诚信认证</a></li>
        <li><a href="services.html">
服务项目</a></li>
        <li><a href="support.html">售
后支持</a></li>
        <li><a href="contact_us.html">
联系我</a></li>
    </ul>
    </div>
</div>
```

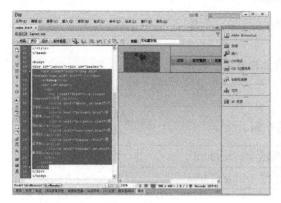

图 6-50　插入头部内容布局

❻ 在 CSS 中输入如下代码用于定义 #menu 和#logo 对象的样式，如浮动方式、宽度，背景图像和边距等，如图 6-51 所示可以看到定义了样式后，导航就变得漂亮多了。

图 6-51　定义#menu 和#logo 对象的样式

```
#layout{width:780px; margin:0 auto}
#header{float:left; width:780px}
#header p{float:left; width:475px;
font-size:12px;        line-height:14px;
color:#000; padding:12px 0 12px 105px}
.logo{float:left; width:200px}
.logo img{float:left; width:auto;
padding:22px 0 0 20px}
```

```
#menu{float:left; width:580px; background:
url(../images/menu_bg.gif) no-repeat 0 0;
padding-bottom:25px }
#menu ul{float:left; width:580px;
list-style:none}
#menu li{float:left; width:auto;
font:bold 12px/14px Arial, Helvetica,
sans-serif; color:#f4ffee; background:
url(../images/menu_border.gif) no-repeat 0
11px; padding:10px 17px 11px 17px;}
#menu li.first{background:none; padding:
10px 17px 11px 25px;}
#menu li a{color:#f4ffee; text-
decoration:none}
#menu li a:hover{color:#f4ffee; text-
decoration:underline}
#menu li a.current{color:#b7e98f; text-
decoration:none}
```

❼ 页面内容部分如图 6-52 所示，包含了网页的绝大部分内容。整个内容部分放在 #body_container 对象内，下面又分为 #container_left、#container_center 和 #container_right 3 部分。

图 6-52　页面内容部分

下面的制作方法与头部内容的制作方法类似，主要利用插入 Div 和使用 CSS 定义外观属性来实现，这里限于篇幅就不一一详细讲述了，读者可以详细查看光盘中的实例文件。

6.8　课后练习

1. 填空题

（1）在 HTML 文档中添加 CSS 的方法主要有 4 种，分别为_____、_____、_____、和_____。

（2）CSS 的语法结构仅由 3 部分组成，分别为＿＿＿＿＿、＿＿＿＿＿和＿＿＿＿＿。

参考答案：

（1）T 链接外部样式表、导入外部样式表、内部样式表、内嵌样式表

（2）选择符、样式属性、值

2．操作题

（1）应用 CSS 定义字体样式，如图 6-53 和图 6-54 所示。

原始文件	CH06/操作题 1/index.htm
最终文件	CH06/操作题 1/index1.htm

图 6-53　原始文件　　　　　图 6-54　应用 CSS 改变文本间行距

（2）应用 CSS 创建动感阴影文字，如图 6-55 和图 6-56 所示。

原始文件	CH06/操作题 2/index.htm
最终文件	CH06/操作题 2/index1.htm

图 6-55　原始文件　　　　　图 6-56　应用 CSS 动感阴影文字效果

6.9　本章总结

在制作网页时，对文本进行格式化是一件很烦琐的工作。利用 CSS 样式（Cascading Style Sheets）不仅可以控制一篇文档中文本格式，而且可以控制多篇文档的文本格式。因此使用 CSS 样式表定义页面文字，将会使工作量大大减小。创建 CSS 样式表，可以更进一步地对页面美化及文本格式进行精确定制。

当用户需要管理一个非常大的网站时，使用 CSS 样式定义站点，便可以体现出非常明显的优越性。使用 CSS 可以快速格式化整个站点或多个文档中的字体等格式，并且 CSS 样式可以控制多种不能使用 HTML 样式控制的属性。

行为是 Dreamweaver 内置的 JavaScript 程序库。在页面中使用行为可以让不懂得编程的人也能将 JavaScript 程序添加到页面中，从而制作出具有动态效果与交互效果的网页。如果运用得当，一定能使网页增色不少。本章主要讲述行为概述、使用 Dreamweaver 内置行为等。

学习目标
- 熟悉行为的基本知识
- 掌握使用 Dreamweaver 内置行为的方法

7.1 行为概述

行为是事件和由该事件触发的动作的组合。在【行为】面板中可以先指定一个动作，然后指定触发该动作的事件，从而将行为添加到页面中。

7.1.1 【行为】面板

【行为】面板的作用是为网页元素添加动作和事件，使网页具有互动的效果。在介绍【行为】面板前先了解一下 3 个词语：事件、动作和行为。

● 事件：是浏览器对每一个网页元素的响应途径，与具体的网页对象相关。

● 动作：是一段事先编辑好的脚本，可用来选择某些特殊的任务，如播放声音、打开浏览器窗口和弹出菜单等。

● 行为：实质上是事件和动作的合成体。

选择【窗口】|【行为】命令，打开【行为】面板，如图 7-1 所示。

> 提示　还可以按 Shift+F4 组合键打开【行为】面板。

图 7-1 【行为】面板

在该面板中包含以下 4 种按钮。

● ✚ 按钮：弹出一个菜单，在此菜单中选择命令，会弹出一个对话框，在对话框中设置选定动作或事件的各个参数。如果弹出的菜单中所有选项都为灰色，则表示不能对所选择的对象添加动作或事件。

● ━ 按钮：单击此按钮可以删除列表中所选的事件和动作。

● ▲ 按钮：单击此按钮可以向上移动所选的事件和动作。

● ▼ 按钮：单击此按钮可以向下移动所选的事件和动作。

7.1.2 认识事件

事件是访问者在浏览器上指定的一种操作。如当访问者将鼠标指针指针移动到某个链接上时，浏览器为该链接生成一个 onMouseOver 事件，然后浏览器查看是否存在相应的 JavaScript 代码。不同的页面元素定义了不同的事件，如在大多数浏览器中，onMouseOver 和 onClick 是与链接关联的事件，而 onLoad 是与图像和文档 body 部分关联的事件。Dreamweaver 提供的常见事件如表 7-1 所示。

表 7-1 常见事件

类 型	注 释
onClick	用鼠标指针单击元素的一瞬间发生的事件
onAbort	在浏览器窗口中停止加载网页文档的操作时发生的事件
onMove	移动窗口或者框架时发生的事件
onLoad	选定的对象出现在浏览器上时发生的事件
onResize	访问者改变窗口或帧的大小时发生的事件
onUnLoad	访问者退出网页文档时发生的事件
onBlur	鼠标指针指针移动到窗口或帧外部，即在这种非激活状态下发生的事件
onMouseOver	鼠标指针指针经过选定元素上方时发生的事件
onMouseOut	鼠标指针指针经过选定元素之外时发生的事件
onMouseUp	单击鼠标指针右键，然后释放时发生的事件
onMouseMove	鼠标指针指针指向字段并在字段内移动时发生的事件

续表

类 型	注 释
onMouseDown	单击鼠标指针右键一瞬间发生的事件
onDragDrop	拖动并放置选定元素的一瞬间发生的事件
onDragStart	拖动选定元素的一瞬间发生的事件
onFocus	鼠标指针指针移动到窗口或帧上，即激活之后发生的事件
onScroll	访问者在浏览器上移动滚动条的时候发生的事件
onKeyDown	当访问者按下任意键时产生
onKeyPress	当访问者按下和释放任意键时产生
onKeyUp	在键盘上按下特定键并释放时发生的事件
onAfterUpdate	更新表单文档内容时发生的事件
onBeforeUpdate	改变表单文档项目时发生的事件
onChange	访问者修改表单文档的初始值时发生的事件
onReset	将表单文档重新设置为初始值时发生的事件
onSubmit	访问者传送表单文档时发生的事件
onSelect	访问者选定文本字段中的内容时发生的事件
onError	在加载文档的过程中，发生错误时发生的事件
onFilterChange	运用于选定元素的字段发生变化时发生的事件
Onfinish Marquee	用功能来显示的内容结束时发生的事件
Onstart Marquee	开始应用功能时发生的事件

7.1.3 动作类型

动作是由预先编写的 JavaScript 代码组成的，这些代码指定特定的任务，如打开浏览器窗口、播放声音、控制 Shockwave 或 Flash、设置状态栏文本和预先载入图像等。Dreamweaver 提供的常见动作如表 7-2 所示。

表 7-2　常见动作

类　型	注　释
弹出消息	设置的事件发生之后，显示警告信息
交换图像	发生设置的事件后，用其他图片来取代选定的图片
恢复交换图像	在运用交换图像动作之后，显示原来的图片
打开浏览器窗口	在新窗口中打开 URL
拖动 AP 元素	允许在浏览器中自由拖动 AP 元素
改变属性	改变选定客体的属性
显示-隐藏元素	显示或隐藏特定的层
检查插件	确认是否设有运行网页的插件
检查表单	在检查表单文档有效性的时候使用
设置框架文本	在选定的帧上显示指定的内容
设置文本域文字	在文本字段区域显示指定的内容
设置状态栏文本	在状态栏中显示指定的内容
调用 JavaScript	调用 JavaScript 特定函数
跳转菜单	可以建立若干个链接的跳转菜单
跳转菜单开始	在跳转菜单中选定要移动的站点之后，只有单击 GO 按钮才可以移动到链接的站点上
转到 URL	可以转到特定的站点或者网页文档上

续表

类　型	注　释
预先载入图像	为了在浏览器中快速显示图片，事先下载图片之后再显示出来

7.1.4　添加行为

在 Dreamweaver 中，可以为整个页面、表格、链接、图像、表单或其他任何 HTML 元素增加行为，最后由浏览器决定是否执行这些行为。

在页面中添加行为的具体步骤如下。

❶ 在编辑窗口中，选择要添加行为的对象元素，在编辑窗口中选择元素，或者在编辑窗口底部的标签选择器中单击相应的页面元素标签，例如<body>。

❷ 单击【行为】面板中的添加行为按钮 +，在打开的行为菜单中选择一种行为。

❸ 选择行为后，一般会打开一个参数设置对话框，根据需要设置完成。

❹ 单击【确定】按钮，这时在【行为】面板中将显示添加的事件及对应的动作。

❺ 如果要设置其他的触发事件，可以单击事件列表右边的下拉箭头，打开事件下拉菜单，从中选择一个需要的事件。

7.2　制作指定大小的弹出窗口

使用【打开浏览器窗口】动作可以在一个新的窗口中打开网页，并且可以指定新窗口的属性、特征和名称。下面讲述如图 7-2 所示的打开浏览器窗口效果，具体操作步骤如下。

原始文件	CH07/7.2/index.htm
最终文件	CH07/7.2/index1.htm

❶ 打开原始文件，如图 7-3 所示。

❷ 单击文档窗口中的 body 标签，选择【窗口】|【行为】命令，打开【行为】面板，在【行为】面板中单击【添加行为】

按钮 +，在弹出的菜单中选择【打开浏览器窗口】命令，如图 7-4 所示。

图 7-2　打开浏览器窗口效果

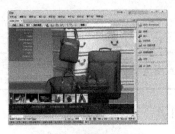

图 7-3　打开原始文件

图 7-4　选择【打开浏览器窗口】命令

❸ 弹出【打开浏览器窗口】对话框，在对话框中单击【要显示的 URL】文本框右边的【浏览】按钮，弹出【选择文件】对话框，在对话框中选择图像 dongtai.jpg，如图 7-5 所示。

图 7-5　【选择文件】对话框

❹ 单击【确定】按钮，将图像添加到文本框中，将【窗口宽度】设置为"291"，【窗口高度】设置为"241"，【属性】设置为"状态栏"，如图 7-6 所示。

图 7-6　【打开浏览器窗口】对话框

【打开浏览器窗口】对话框中的各参数如下。

● 要显示的 URL：在其文本框中输入一个要在新窗口中打开的网址，或单击【浏览】按钮在弹出的对话框中选择。

● 窗口宽度：以像素为单位指定新窗口的宽度。

● 窗口高度：以像素为单位指定新窗口的高度。

● 导航工具栏：其中包括【前进】、【后退】、【主页】和【刷新】4 个浏览器按钮。

● 地址工具栏：浏览器地址。

● 状态栏：浏览器窗口底部的区域，用于显示信息。

● 菜单条：浏览器窗口菜单。

● 需要时使用滚动条：指定如果内容超过可见区域时滚动条自动出现。

● 调整大小手柄：指定用户是否可以调整窗口大小。

● 窗口名称：设置打开的浏览器窗口的名称。

提示　　如果不指定该窗口的任何属性，在打开时它的大小和属性与打开它的窗口相同。

❺ 单击【确定】按钮，添加行为，如图 7-7 所示。

❻ 保存文档，按 F12 键在浏览器中浏览效果，如图 7-2 所示。

图 7-7　添加行为

7.3　调用 JavaScript

【调用 JavaScript】动作允许使用【行为】面板指定当发生某个事件时应该执行的自定义函数或 JavaScript 代码行。可以使用自己编写的 JavaScript 代码或使用网络上免费的 JavaScript 代码。使用此动作可以创建更加丰富的互动特效网页。

7.3.1　利用 JavaScript 实现打印功能

调用 JavaScript 打印当前页面，制作时先定义一个打印当前页函数 printPage()，然后在 `<body>` 中添加代码 "OnLoad="printPage()""，当打开网页时调用打印当前页函数 printPage()。利用 JavaScript 函数实现打印功能，如图 7-8 所示。具体操作步骤如下。

图 7-8　利用 JavaScript 实现打印功能的效果

原始文件	CH07/7.3.1/index.htm
最终文件	CH07/7.3.1/index1.htm

❶ 打开原始文件，如图 7-9 所示。

图 7-9　打开原始文件

❷ 切换到代码视图，在 `<body>` 和 `</body>` 之间输入如下的代码，用来实现网页的

打印功能，如图 7-10 所示。

```
<SCRIPT LANGUAGE="JavaScript">
<!-- Begin
function printPage() {
if (window.print) {
agree = confirm('本页将被自动打印. \n\n
是否打印?');
if (agree) window.print();
  }
}
// End -->
</script>
```

图 7-10　输入代码

❸ 在 `<body>` 语句中输入代码 "OnLoad="printPage()""，如图 7-11 所示。

图 7-11　输入代码

❹ 保存文档，按 F12 键在浏览器中预览，效果如图 7-8 所示。

7.3.2 利用 JavaScript 实现关闭网页

下面是利用【调用 JavaScript】动作制作的自动关闭网页的效果，如图 7-12 所示，具体操作步骤如下。

图 7-12　【调用 JavaScript】自动关闭网页的效果

原始文件	CH07/7.3.2/index.htm
最终文件	CH07/7.3.2/index1.htm

❶ 打开原始文件，如图 7-13 所示。

图 7-13　打开原始文件

❷ 选择【窗口】|【行为】命令，打开【行为】面板，单击【行为】面板上的按钮 ➕，在弹出菜单中选择【调用 JavaScript】，如图 7-14 所示。

图 7-14　选择【调用 JavaScript】选项

❸ 弹出【调用 JavaScript】对话框，在弹出的【调用 JavaScript】对话框中输入 "window.close（）"，如图 7-15 所示。

图 7-15　【调用 JavaScript】对话框

❹ 单击【确定】按钮，添加行为，如图 7-16 所示。

图 7-16　添加行为

❺ 保存文档，按 F12 键在浏览器中预览效果，如图 7-12 所示。

7.4 设置浏览器环境

使用【检查表单】动作和【检查插件】动作可以设置浏览器环境，下面就讲述这两个动作的使用。

7.4.1 检查表单

【检查表单】动作用于检查指定的文本域内容，以确保用户输入了正确的数据类型，防止表单提交到服务器后，存在任何指定的文本域包含无效的数据的情况。

下面通过如图7-17所示的实例，讲述【检查表单】动作的使用，具体操作步骤如下。

原始文件	CH07/7.4.1/index.htm
最终文件	CH07/7.4.1/index1.htm

图7-17 检查表单效果

❶ 打开原始文件，选中文本域，如图7-18所示。

图7-18 打开原始文件

❷ 选择【窗口】|【行为】命令，打开【行为】面板，在【行为】面板中单击【添加行为】按钮➕，在弹出的菜单中选择【检查表单】命令，如图7-19所示。

❸ 弹出【检查表单】对话框，在对话框中将【值】设置为"必需的"，【可接受】设置为"数字"，如图7-20所示。

图7-19 选择【检查表单】命令

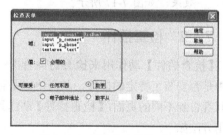

图7-20 【检查表单】对话框

❹ 单击【确定】按钮，添加行为，如图7-21所示。

【检查表单】对话框中的各参数如下。

⬤ 域：在其列表框中显示表单的所有可检查表单对象。

⬤ 值：如果要检查的表单对象必须包含某种数据，则勾选【必需的】复选框。

图 7-21　添加行为

● 可接受：设置该表单对象中可插入的数据类型。

任何东西：表明表单对象中可以输入任何类型的数据。如果并不指定任何特定数据类型（前提是【必须的】复选框没有被勾选）该单选按钮就没有意义了，也就是说等于表单没有应用【检查表单】动作。

数字：检查文本域是否仅包含数字。

电子邮件地址：检查文本域是否含有带"@"符号的电子邮件地址。

数字从：检查文本域是否仅包含特定数列的数字。

❺ 保存文档，按 F12 键在浏览器中浏览效果，如图 7-17 所示。

7.4.2　检查插件

【检查插件】动作用来检查访问者的计算机中是否安装了特定的插件，从而决定是否将访问者带到不同的页面，【检查插件】动作具体使用方法如下。

提示　不能使用 JavaScript 在 Internet Explorer 中检测特定的插件。但是，选择 Flash 或 Director 会将相应的 JavaScript 代码添加到页面上，以便在 Windows 上的 Internet Explorer 中检测这些插件。

❶ 选择【窗口】|【行为】命令，打开【行为】面板，单击【行为】面板中的按钮 ➕，在弹出菜单中选择【检查插件】，弹出【检查插件】对话框，如图 7-22 所示。

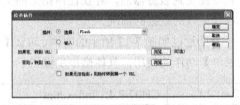

图 7-22　【检查插件】对话框

在【检查插件】对话框中可以设置以下参数。

● 【插件】：下拉列表中选择一个插件，或单击【输入】左边的单选按钮并在右边的文本框中输入插件的名称。

● 【如果有，转到 URL】文本框：为具有该插件的访问者指定一个 URL。

● 【否则，转到 URL】文本框：为不具有该插件的访问者指定一个替代 URL。

❷ 设置完成后，单击【确定】按钮。

提示　如果指定一个远程的 URL，则必须在地址中包括"http://前缀"；若要让具有该插件的访问者留在同一页上，此文本框不必填写任何内容。

7.5　显示/隐藏元素

【显示-隐藏元素】动作显示、隐藏或恢复一个或多个 AP 元素的默认可见性。此动作用于在用户与网页进行交互时显示信息，显示-隐藏元素的效果如图 7-23 所示。具体操作步骤如下。

| 原始文件 | CH07/7.5/index.htm |
| 最终文件 | CH07/7.5/index1.htm |

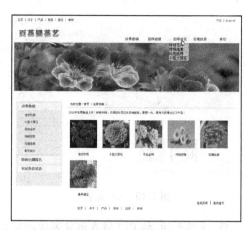

图 7-23　【显示-隐藏元素】的效果

❶ 打开原始文件，选择【插入】|【布局对象】|【AP Div】命令，插入 AP 元素，如图 7-24 所示。

❷ 选择 AP 元素，在【属性】面板中调整 AP 元素的位置，【背景颜色】设置为 "#0CB639"，插入 4 行 1 列的表格，并输入相应的文本，如图 7-25 所示。

图 7-24　插入 AP 元素

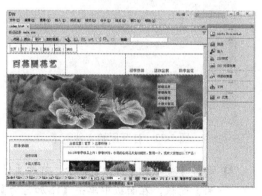

图 7-25　设置 AP 元素

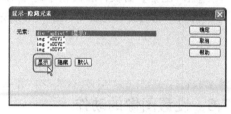

❸ 选中文字"四季盆花"，然后单击【行为】面板中的按钮 ✚，在弹出菜单中选择【显示-隐藏元素】，弹出【显示-隐藏元素】对话框；在【元素】中选择元素编号，并单击【显示】按钮，如图 7-26 所示。

❹ 单击【确定】按钮，添加行为，将【显示-隐藏元素】行为的事件更改为 "onMouseOver"，如图 7-27 所示。

图 7-26　【显示-隐藏元素】对话框

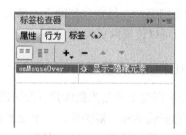

图 7-27　添加行为

❺ 单击【行为】面板中的按钮 ✚，在弹出菜单中选择【显示-隐藏无素】，弹出【显示-隐藏元素】对话框，在该对话框中单击【隐藏】按钮，如图 7-28 所示。

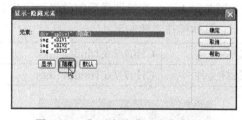

图 7-28　【显示-隐藏元素】对话框

❻ 单击【确定】按钮，返回到【行为】面板，将【显示-隐藏元素】行为的事件更改为 "onMouseOut"，如图 7-29 所示。

图 7-29　添加行为

图 7-30　AP 元素

❼ 选择【窗口】|【AP 元素】命令，打开
【AP 元素】面板，在面板中的 apDiv1
前面单击出现按钮 ，如图 7-30 所示。

❽ 保存文档，按 F12 键在浏览器中浏览效
果，如图 7-23 所示。

7.6　设置图像的动作

浏览网页时，经常碰到网页上插入大量图片的情况，使用【预先载入图像】动作和【交换图
像】动作可以设置网页特效。

7.6.1　交换图像

【交换图像】就是当鼠标指针经过图像时，
原图像会变成另外一幅图像。一个交换图像其
实是由两幅图像组成的：原始图像（当页面显
示时候的图像）和交换图像（当鼠标指针经过
原始图像时显示的图像）。组成图像交换的两幅
图像必须有相同的尺寸，如果两幅图像的尺寸
不同，Dreamweaver 会自动将第二幅图像尺寸
调整成与第一幅同样的大小。交换图像前的效
果如图 7-31 所示，交换图像后的效果如图 7-32
所示，具体操作步骤如下。

原始文件	CH07/7.6.1/index.htm
最终文件	CH07/7.6.1/index1.htm

图 7-32　交换图像后的效果

❶ 打开原始文件，选中图像，如图 7-33
所示。

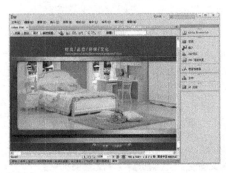

图 7-33　打开原始文件

❷ 选择【窗口】|【行为】命令，打开【行
为】面板，在面板中单击【添加行为】

图 7-31　交换图像前的效果

按钮 ➕，在弹出菜单中选择【交换图像】选项，如图 7-34 所示。

图 7-34 选择【交换图像】选项

❸ 选择后，弹出【交换图像】对话框，在对话框中单击【设定原始档为】文本框右边的【浏览】按钮，弹出【选择图像源文件】对话框，选择图像 index-1.jpg，如图 7-35 所示。

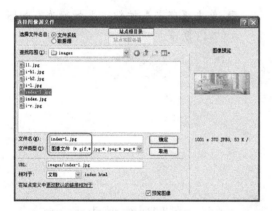

图 7-35 【选择图像源文件】对话框

❹ 单击【确定】按钮，输入新图像的路径和文件名，如图 7-36 所示。

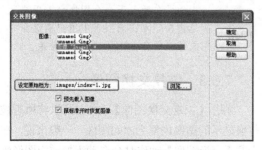

图 7-36 【交换图像】对话框

【交换图像】对话框中可以进行如下设置。

◉ 图像：在列表中选择要更改其来源的图像。

◉ 设定原始档为：单击【浏览】按钮选择新图像文件，文本框中显示新图像的路径和文件名。

◉ 预先载入图像：勾选该复选框，这样在载入网页时，新图像将载入到浏览器的缓冲中，防止当图像该出现时由于下载而导致的延迟。

❺ 单击【确定】按钮，添加行为，如图 7-37 所示。

图 7-37 添加行为

❻ 保存文档，在浏览器中浏览，交换图像前的效果如图 7-31 所示，交换图像后的效果如图 7-32 所示。

7.6.2 预先载入图像

【预先载入图像】动作将不会立即出现在网页上的图像载入浏览器缓存中，这样可以防止当该图像出现时由于下载导致的延迟。下面通过如图 7-38 所示的实例讲述【预先载入图像】动作的使用，具体操作步骤如下。

原始文件	CH07/7.6.2/index.htm
最终文件	CH07/7.6.2/index1.htm

❶ 打开原始文件，选中图像，如图 7-39 所示。

图 7-38 预先载入图像效果

图 7-39 打开原始文件

❷ 在【行为】面板中单击【添加行为】按钮 ✛，在弹出的菜单中选择【预先载入图像】命令，如图 7-40 所示。

图 7-40 选择【预先载入图像】命令

❸ 弹出【预先载入图像】对话框，在对话框中单击【图像源文件】文本框右边的【浏览】按钮，弹出【选择图像源文件】对话框，在对话框中选择图像，如图

7-41 所示。

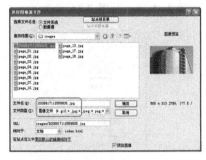

图 7-41 【选择图像源文件】对话框

❹ 单击【确定】按钮，将图像路径添加到文本框中，如图 7-42 所示。

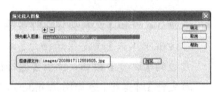

图 7-42 【预先载入图像】对话框

❺ 单击【确定】按钮，添加行为，如图 7-43 所示。

图 7-43 添加行为

❻ 保存文档，按 F12 键在浏览器中浏览效果，如图 7-38 所示。

提示　　如果在输入下一个图像之前用户没有单击按钮 ✚，则列表中用户刚选择的图像将被所选择的下一个图像替换。

7.6.3 恢复交换图像

利用【恢复交换图像】动作，可以将所有被替换显示的图像恢复为原始图像。一般来说，在设置【交换图像】动作时会自动添加交换图像恢复动作，这样当鼠标指针离开对象时会自动恢复原始图像。具体操作步骤如下。

❶ 选中页面中附加了【交换图像】行为的对象。

❷ 单击行为面板中的添加行为按钮 ＋，并从弹出的菜单中选择【恢复交换图像】选项，弹出【恢复交换图像】对话框，如图 7-44 所示。

图 7-44 【恢复交换图像】对话框

❸ 在对话框上没有可以设置的选项，单击【确定】按钮，为对象附加【恢复交换图像】行为。

7.7 设置文本

【设置文本】行为中包含了 4 项针对不同类型的动作，分别为【设置状态栏文本】、【设置文本域文字】、【设置框架文本】和【设置容器中文本】。

7.7.1 设置状态栏文本

【设置状态栏文本】动作用于在浏览器窗口底部左侧的状态栏中显示消息。下面通过如图 7-45 所示的实例讲述【设置状态栏文本】动作的使用，具体操作步骤如下。

原始文件	CH07/7.7.1/index.htm
最终文件	CH07/7.7.1/index1.htm

图 7-45 设置状态栏文本效果

❶ 打开原始文件，如图 7-46 所示。

❷ 单击文档窗口中的 body 标签，在【行为】面板中单击【添加行为】按钮 ＋，在弹出的菜单中选择【设置文本】|【设置状态栏文本】命令，如图 7-47 所示。

图 7-46 打开原始文件

图 7-47 选择【设置状态栏文本】命令

❸ 弹出【设置状态栏文本】对话框，在对话框中的【消息】文本框中输入"欢迎光临我们网站!"，如图 7-48 所示。

图 7-48 【设置状态栏文本】对话框

❹ 单击【确定】按钮，添加行为，如图 7-49 所示。

图 7-49 添加行为

❺ 保存文档，按 F12 键在浏览器中浏览效果，如图 7-45 所示。

 提示 在浏览网页时，浏览者经常会忽略状态栏中的消息，如果消息非常重要，则考虑将其显示为弹出消息。

7.7.2 设置容器中的文本

使用【设置容器中的文本】动作可以将指定的内容替换网页上现有 AP 元素中的内容和格式设置，【设置容器中的文本】动作的效果如图 7-50 所示，具体操作步骤如下。

图 7-50 设置容器中的文本的效果

原始文件	CH07/7.7.2/index.htm
最终文件	CH07/7.7.2/index1.htm

❶ 打开原始文件，选择【插入】|【布局对象】|【AP Div】命令，在网页中插入 AP 元素，如图 7-51 所示。

图 7-51 插入 AP 元素

❷ 在属性面板中输入 AP 元素的名字，并将【溢出】选项设置为"scroll"，如图 7-52 所示。

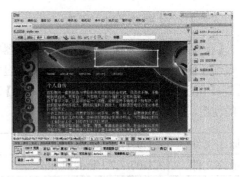

图 7-52 属性面板

❸ 选择【窗口】|【行为】命令，打开【行为】面板，在【行为】面板中单击【添加行为】按钮 **+.**，在弹出的菜单中选择【设置文本】|【设置容器的文本】命令，如图 7-53 所示。

图 7-53 选择【设置容器的文本】命令

---

❹ 弹出【设置容器的文本】对话框，在【容器】下拉列表框中选择目标 AP 元素，在【新建 HTML】文本框中输入文本"欢迎进入我的主页"，如图 7-54 所示。

图 7-54　【设置容器的文本】对话框

提示　该动作在这里仅仅是临时替换了 AP 元素中的内容，实际的 AP 元素内容并没有变化。

❺ 单击【确定】按钮，添加行为，如图 7-55 所示。

图 7-55　添加行为

❻ 保存文档，在浏览器中浏览网页，效果如图 7-50 所示。

7.8　设置特殊效果

要向某个元素应用效果，则该元素当前必须处于选定状态，或它必须具有一个 ID。例如，如果要向当前未选定的 Div 标签应用高亮显示效果，则该 Div 必须具有一个有效的 ID 值；如果该元素还没有有效的 ID 值，将需要在 HTML 代码中添加一个 ID 值。

7.8.1　增大/收缩效果

设置增大/收缩效果的效果如图 7-56 所示。具体操作步骤如下。

图 7-56　增大/收缩效果

原始文件	CH07/7.8.1/index.htm
最终文件	CH07/7.8.1/index1.htm

❶ 打开原始文件，选中图像，如图 7-57 所示。

图 7-57　打开原始文件

❷ 选择【窗口】|【行为】命令，打开【行为】面板，在行为面板中单击添加行为按钮 **+**，从弹出的菜单中选择【效果】|

【增大/收缩】选项，如图 7-58 所示。

图 7-58　选择【增大/收缩】命令

❸　弹出【增大/收缩】对话框，在对话框中【效果】选择"收缩"，【收缩自】设置为"100%"，【收缩到】设置为"20%"，如图 7-59 所示。

图 7-59　【增大/收缩】对话框

【增大/收缩】对话框中可以进行如下设置。

● 目标元素：选择某个对象的 ID。如果已经选择了一个对象，则选择"<当前选定内容>"选项。

● 效果持续时间：定义出现此效果所需的时间，用毫秒表示。

● 选择要应用的效果："增大"或"收缩"。

● 增大自/收缩自：定义对象在效果开始时的大小。该值为百分比大小或像素值。

● 增大到/收缩到：定义对象在效果结束时的大小。该值为百分比大小或像素值。

● 如果为【增大自/收缩自】或【增大到/收缩到】框选择像素值，【宽/高】域就会可见。

元素将根据选择的选项相应地增大或收缩。

● 切换效果：勾选此复选框，效果是可逆的。

❹　单击【确定】按钮，添加行为，如图 7-60 所示。

图 7-60　添加行为

❺　保存文档，按 F12 键在浏览器中预览，效果如图 7-56 所示。

7.8.2　挤压效果

设置挤压效果的效果如图 7-61 所示，具体操作步骤如下。

图 7-61　挤压效果

原始文件	CH07/7.8.2/index.htm
最终文件	CH07/7.8.2/index1.htm

❶ 打开原始文件，选中图像，如图 7-62 所示。

图 7-62 打开原始文件

❷ 选择【窗口】|【行为】命令，打开【行为】面板，在行为面板中单击添加行为按钮 ﹢﹅，从弹出的菜单中选择【效果】|【挤压】选项，弹出【挤压】对话框，如图 7-63 所示。

图 7-63 【挤压】对话框

❸ 单击【确定】按钮，添加行为，如图 7-64 所示。保存文档，按 F12 键在浏览器中预览，效果如图 7-61 所示。

图 7-64 添加行为

7.8.3 晃动效果

设置晃动效果的效果如图 7-65 所示，具体操作步骤如下。

图 7-65 晃动的效果

原始文件	CH07/7.8.3/index.htm
最终文件	CH07/7.8.3/index1.htm

❶ 打开原始文件，选中图像，如图 7-66 所示。

❷ 打开【行为】面板，在行为面板中单击添加行为按钮 ﹢﹅，从弹出的菜单中选择【效果】|【晃动】选项，弹出【晃动】对话框，如图 7-67 所示。

图 7-66 打开原始文件

图 7-67 【晃动】对话框

❸ 单击【确定】按钮，添加行为，如图 7-68 所示。

图 7-68　添加行为

❹ 保存文档，按 F12 键在浏览器中预览，效果如图 7-65 所示。

提示

　　Dreamweaver 最有用的功能之一就是它的扩展性，即它为精通 JavaScript 的用户提供了编写 JavaScript 代码的机会，使他们可以通过代码扩展 Dreamweaver 的功能。如果读者需要更多的行为，可以到该站点以及第三方开发人员的站点上进行搜索并下载。

7.9　URL

　　【转到 URL】动作在当前窗口或指定的框架中打开一个新页面。下面通过实例讲述自动跳转页面的创建，页面跳转前的效果如图 7-69 所示。跳转后的效果如图 7-70 所示。具体操作步骤如下。

图 7-69　跳转前的效果

图 7-70　跳转后的效果

原始文件	CH07/7.9/index.htm
最终文件	CH07/7.9/index.htm

❶ 打开原始文件，如图 7-71 所示。

图 7-71　打开原始文件

❷ 在【行为】面板中单击【添加行为】按钮 ✛，在弹出的菜单中选择【转到 URL】命令，弹出【转到 URL】对话框，在对话框中单击【URL】文本框右边的【浏览】按钮，

图 7-72　【选择文件】对话框

❸ 弹出【选择文件】对话框，在对话框中选择文件 index1.htm，如图 7-73 所示。

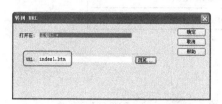

图 7-73　【转到 URL】对话框

【转到 URL】对话框中的各参数如下。

◉ 打开在：在其列表框中选择 URL 目标地址。

◉ URL：在其文本框中输入一个文件名，或单击【浏览】按钮在弹出的对话框中选择。

❹ 单击【确定】按钮，添加行为，如图 7-74 所示。

图 7-74　添加行为

❺ 保存文档，按 F12 键在浏览器中浏览效果，跳转前的效果如图 7-69 所示，跳转后的效果如图 7-70 所示。

7.10　课后练习

1．填空题

（1）行为是_____和由该事件触发的_____组合。在【行为】面板中可以先指定一个_____，然后指定触发_____，从而将行为添加到页面中。

（2）使用_____动作可以在一个新的窗口中打开网页，并且可以指定新窗口的属性、特征和名称。

参考答案：

（1）事件、动作、动作、该动作的事件

（2）打开浏览器窗口

2．操作题

（1）利用 JavaScript 实现打印功能，如图 7-75 和图 7-76 所示。

原始文件	CH07/操作题 1/index.htm
最终文件	CH07/操作题 1/index1.htm

图 7-75　原始文件

图 7-76　利用 JavaScript 实现打印功能

（2）利用行为对图片挤压效果，如图 7-77 和图 7-78 所示。

原始文件	CH07/操作题 2/index.htm
最终文件	CH07/操作题 2/index1.htm

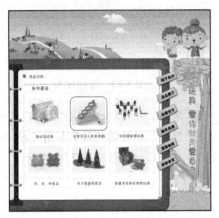

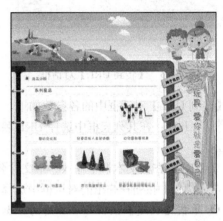

图 7-77　原始文件　　　　　　　　　　　　图 7-78　挤压效果

7.11　本章总结

有许多优秀的网页，不只包含文本和图像，还有许多其他交互式的效果，例如，当鼠标指针移动到某个图像或按钮上，特定位置便会显示出相关信息，又或者一个网页打开的同时，响起了优美的背景音乐等。在本章介绍的内容中，Dreamweaver 的另一大功能——行为，使用它，网页中将会实现许多精彩的交互效果。

对于"行为"本身，读者在使用时一定要注意确保合理和恰当，并且一个网页中不要使用过多的"行为"。只有这样，设计才能达到事半功倍的效果。

动态网页能够根据不同的时间、不同的访问者而显示不同的内容，如常见的 BBS、留言板和聊天室等就是用动态网页来实现的。动态网页技术的出现使得网站从展示平台变成了网络交互平台。Dreamweaver CS6 在集成了动态网页的开发功能后，就由网页设计工具变成了网站开发工具。本章就来介绍利用 Dreamweaver CS6 创建动态网页的基础知识。

学习目标

☑ 掌握使用表单对象的方法
☑ 了解创建 ASP 应用程序开发环境
☑ 了解数据库掌握编辑数据表记录的方法
☑ 掌握添加服务器行为的方法

8.1 插入交互式表单对象

表单在网页中用来给访问者填写信息，从而能收集客户端信息，使网页具有交互的功能。一般是将表单设计在一个 html 文档中，当用户填写完信息后提交，于是表单的内容就从客户端的浏览器传送到服务器上，经过处理后，再将用户所需信息传送回客户端的浏览器上。

8.1.1 插入表单域

一个完整的表单设计应该很明确地分为两个部分：表单对象部分和应用程序部分，它们分别由网页设计师和程序设计师来设计完成。其过程是这样的，首先由网页设计师制作出一个可以让浏览者输入各项资料的表单页面，这部分属于在显示器上可以看得到的内容，此时的表单只是一个外壳而已，不具有真正工作的能力，需要后台程序的支持。下面就创建一个基本的表单，具体操作步骤如下。

原始文件	CH08/8.1/index.htm
最终文件	CH08/8.1/index1.htm

❶ 打开原始文件，如图 8-1 所示。

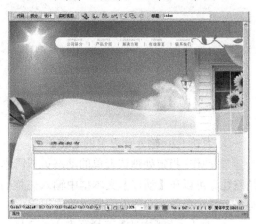

图 8-1　打开网页文档

❷ 将鼠标指针置于文档中要插入表单的

位置，选择【插入】|【表单】|【表单】命令，页面中就会出现红色的虚线，这虚线就是表单，如图 8-2 所示。

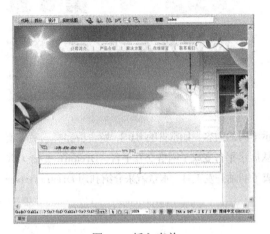

图 8-2 插入表单

❸ 选中表单，在【属性】面板中，【表单名称】设置为"form1"，如图 8-3 所示。

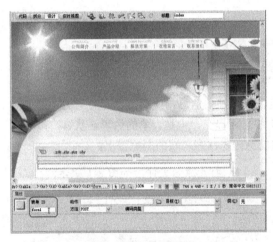

图 8-3 设置表单属性

在表单的【属性】面板中可以设置以下参数。

● 表单 ID：输入该表单的名称。

● 动作：指定处理该表单的动态页或脚本的路径。可以在【动作】文本框中输入完整的路径，也可以单击文件夹图标浏览应用程序。

● 方法：在【方法】下拉列表中，选择将表单数据传输到服务器的传送方式，包括 3 个

选项。

POST：用标准输入方式将表单内的数据传送给服务器，服务器用读取标准输入的方式读取表单内的数据。

GET：将表单内的数据附加到 URL 后面传送给服务器，服务器用读取环境变量的方式读取表单内的数据。

默认：用浏览器默认的方式，一般默认为GET。

● 编码类型：用来设置发送数据的 MIME 编码类型，一般情况下应选择"application/x-www-form-urlencoded"。

● 目标：使用【目标】下拉列表指定一个窗口，这个窗口中显示应用程序或者脚本程序将表单处理完成后所显示的结果。

8.1.2 插入文本域

文本域接受任何类型的字母数字输入内容。文本域可以是单行或多行显示，也可以是密码域的方式显示，在这种情况下，输入文本将被替换为星号或项目符号，以避免旁观者看到。

❶ 将鼠标指针置于表单域内，插入 8 行 2 列的表格，如图 8-4 所示。

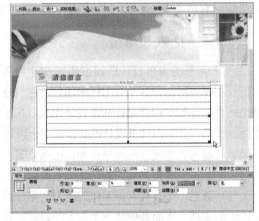

图 8-4 插入表格

❷ 将鼠标指针置于第 1 行第 1 列中，输入文字"公司名称："，如图 8-5 所示。

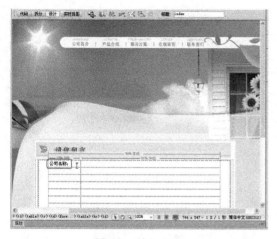

图 8-5　输入文字

❸ 将鼠标指针置于表格的第 1 行第 2 列中，选择【插入】|【表单】|【文本域】命令，插入文本域，如图 8-6 所示。

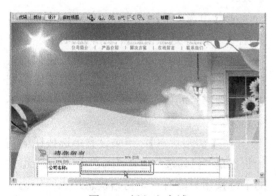

图 8-6　插入文本域

❹ 打开【属性】面板，在【属性】面板中将【字符宽度】设置为 "30"，【最多字符数】设置为 "20"，【类型】选择 "单行"，如图 8-7 所示。

在文本域【属性】面板中可以设置以下参数。

◉ 文本域：在【文本域】文本框中，为该文本域指定一个名称。每个文本域都必须有一个唯一名称，文本域名称不能包含空格或特殊字符，可以使用字母、数字、字符和下划线（_）的任意组合，所选名称最好与用户输入的信息要有所联系。

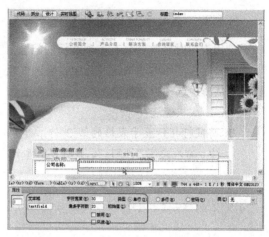

图 8-7　文本域属性面板

◉ 字符宽度：设置文本域一次最多可显示的字符数，它可以小于【最多字符数】。

◉ 最多字符数：设置单行文本域中最多可输入的字符数，使用【最多字符数】可以将邮政编码限制为 6 位数，将密码限制为 10 个字符等。如果将【最多字符数】文本框保留为空白，则用户可以输入任意数量的文本，如果文本超过域的字符宽度，文本将滚动显示，如果用户输入超过最大字符数，则表单产生警告声。

◉ 类型：文本域的类型，包括 "单行"、"多行" 和 "密码" 3 个选项。

选择 "单行" 将产生一个 type 属性设置为 text 的 input 标签。【字符宽度】设置映射为 size 属性，【最多字符数】设置映射为 maxlength 属性。

选择 "密码" 将产生一个 type 属性设置为 password 的 input 标签。【字符宽度】和【最多字符数】设置映射的属性与在单行文本域中的属性相同。当用户在密码文本域中输入时，输入内容显示为项目符号或星号，以保护它不被其他人看到。

选择 "多行" 将产生一个 textarea 标签。

◉ 初始值：指定在首次载入表单时文本域中显示的值，例如，通过包含说明或示例值，可以指示用户在域中输入信息。

8.1.3 插入单选按钮和复选框

使用表单时经常遇到有多项选择的问题，这就需要复选框和单选按钮。其中，复选框允许用户从一组选项中选择多个选项，在单选按钮组中，一次只能选择一个。

❶ 将鼠标指针置于表格的第 2 行第 1 列中，输入文字"性别:"，如图 8-8 所示。

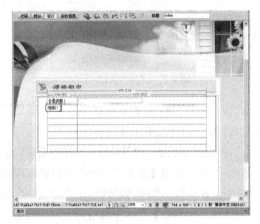

图 8-8　输入文字

❷ 将鼠标指针置于表格的第 2 列单元格中，选择【插入】|【表单】|【单选按钮】命令，插入单选按钮，并在单选按钮的右边输入文字，选中插入的单选按钮；在【属性】面板中【初始状态】设置为"未选中"，如图 8-9 所示。

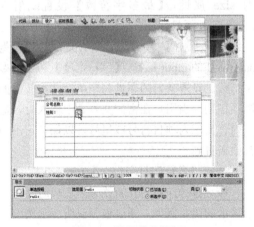

图 8-9　插入单选按钮

❸ 将鼠标指针置于文字的右边，插入其他

的单选按钮，并输入相应的文字，如图 8-10 所示。

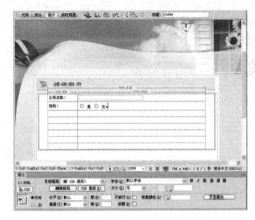

图 8-10　插入其他的单选按钮

在单选按钮【属性】面板中可以设置以下参数。

● 【单选按钮】：用来定义单选按钮的名字，所有同一组的单选按钮必须有相同的名字。

● 【选定值】：用来判断单选按钮被选定与否。它是提交表单时单选按钮传送给服务端表单处理程序的值，同一组单选按钮应设置不同的值。

● 【初始状态】：用来设置单选按钮的初始状态是"已勾选"还是"未选中"，同一组内的单选按钮只能有一个初始状态是"已勾选"的。

❹ 将鼠标指针置于第 3 行第 1 列中，输入文字"联系电话:"，如图 8-11 所示。

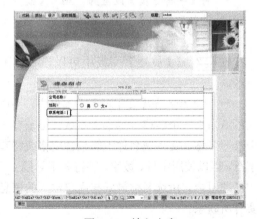

图 8-11　输入文字

❺ 将鼠标指针置于第 3 行第 2 列中，选择【插入】|【表单】|【复选框】命令，插入复选框，在【属性】面板中【初始状态】设置为"未选中"，并在复选框的右边输入文字，如图 8-12 所示。

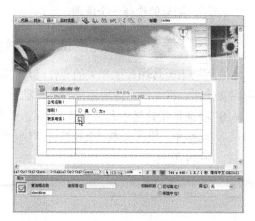

图 8-12 插入复选框

❻ 将鼠标指针置于文字的右边，插入其他的复选框，并输入相应的文字，如图 8-13 所示。

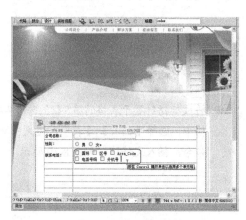

图 8-13 插入复选框

在复选框【属性】面板中可以设置以下参数。

● 【复选框名称】：为该对象指定一个名称。名称必须在该表单内唯一标识该复选框，此名称不能包含空格或特殊字符。输入的名称最好能体现出复选框对应的选项，这样在表单脚本中便于处理。

● 【选定值】：设置在该复选框被选中时发送给服务器的值。

● 【初始状态】：设置复选框的初始状态。

8.1.4 插入列表和菜单

表单中有两种类型的菜单：一种是单击时下拉的菜单，称为下拉菜单；另一种则显示为一个列有项目的可滚动列表，可从该列表中选择项目，称为列表。一个列表可以包括一个或多个项目。当页面空间有限但又需要显示许多菜单项时，该表单对象非常有用。

❶ 将鼠标指针置于第 4 行第 1 列中，输入文字"所在城市:"，如图 8-14 所示。

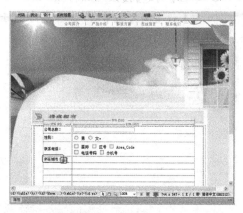

图 8-14 输入文字

❷ 将鼠标指针置于表格的第 2 列单元格中，选择【插入】|【表单】|【选择（列表/菜单）】，插入列表/菜单，如图 8-15 所示。

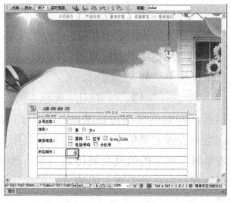

图 8-15 插入列表/菜单

❸ 选中插入的列表/菜单，在【属性】面板中单击 列表值... 按钮，弹出【列表值】对话框，在对话框中单击 ➕ 按钮，添加内容，如图 8-16 所示。

图 8-16 【列表值】对话框

❹ 单击【确定】按钮，添加列表/菜单，【类型】设置为"菜单"，如图 8-17 所示。

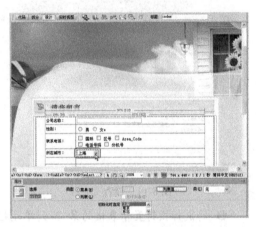

图 8-17 添加列表/菜单

在列表/菜单【属性】面板中可以设置以下参数。

● 【列表菜单】：设置列表/菜单的名称，这个名称是必需的，必须是唯一的。

● 【类型】：指的是将当前对象设置为下拉菜单还是滚动列表。

● 单击 列表值... 按钮，弹出【列表值】对话框，在对话框中可以增减和修改列表/菜单。当列表或者菜单中的某项内容被选中，提交表单时它对应的值就会被传送到服务器端的表单处理程序；若没有对应的值，则传送标签本身。

● 【初始化时选定】：此文本框首先显示【列表/菜单】对话框内的列表菜单内容，然后可在其中设置列表/菜单的初始选择，方法是单击要作为初始选择的选项。若【类型】选项为"列表"，则可初始选择多个选项；若【类型】选项为"菜单"，则只能选择一个选项。

8.1.5 插入文件域、图像域和按钮

在网络上上传图像或相关的文件时，需要用到文件域，将文件上传到相应的服务器。

❶ 将鼠标指针置于表格的第 5 行第 1 列单元格中，输入文本"上传照片："，如图 8-18 所示。

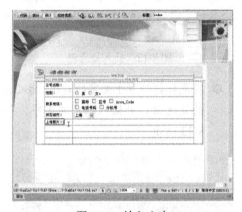

图 8-18 输入文本

❷ 将鼠标指针置于表格的第 5 行第 2 列单元格中，选择【插入】|【表单】|【文件域】命令，插入文件域，如图 8-19 所示。

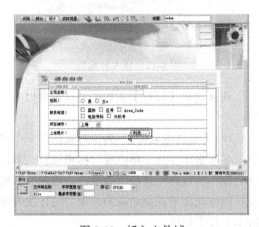

图 8-19 插入文件域

在文件域【属性】面板中可以设置以下参数。

○ 【文件域名称】：设置选定文件域的命名。

○ 【字符宽度】：设置文件域里面文本框的宽度。

○ 【最多字符数】：设置文件域里面的文本框可输入的最多字符数量。

❸ 将鼠标指针置于按钮的右边，选择【插入】|【表单】|【图像域】命令，弹出【选择图像源文件】对话框，在对话框中选择相应的图像文件，如图 8-20 所示。

图 8-20 【选择图像源文件】对话框

❹ 单击【确定】按钮，插入图像域，选中插入的图像域，打开属性面板，如图 8-21 所示。

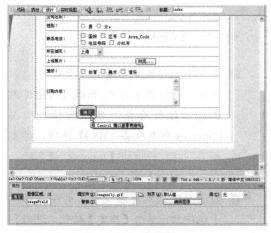

图 8-21 插入图像域

提示 如果普通按钮视觉效果不太好，那么可以使用图像域将一幅图像作为一个按钮。

❺ 用同样的方法插入其他图像域，如图 8-22 所示。

图 8-22 插入图像域

❻ 将鼠标指针置于表格的第 12 行第 2 列单元格中，选择【插入】|【表单】|【按钮】命令，插入按钮，如图 8-23 所示。

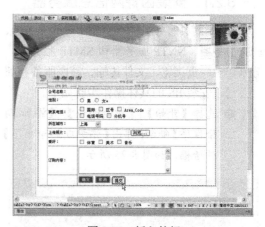

图 8-23 插入按钮

❼ 选中按钮，在【属性】面板中的【值】文本框中输入"预览"，【动作】设置为"提交表单"，如图 8-24 所示。

○ 【按钮名称】：在文本框中设置按钮的名称，如果想对按钮添加功能效果，则必须命名然后采用脚本语言来控制执行。

○ 【值】：在【值】文本框中输入文本，它为在按钮上显示的文本内容。

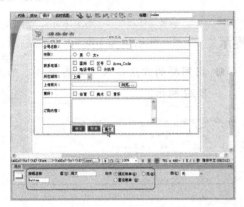

图 8-24　设置按钮属性

● 【动作】：有 3 个选项，分别是"提交表单"、"重设表单"和"无"。

8.2　搭建动态应用程序开发环境

对于静态网页，直接用浏览器打开它就可以完成测试，但是对于动态网页无法直接用浏览器打开，因为它属于应用程序，必须有一个执行 Web 应用程序的开发环境才能进行测试。

8.2.1　安装因特网信息服务器

IIS 是网页服务组件，它包括 Web 服务器、FTP 服务器、NNTP 服务器和 SMTP 服务器，分别用于网页浏览、文件传输、新闻服务和邮件发送。安装 IIS 的具体操作步骤如下。

❶ 选择【开始】|【控制面板】|【添加/删除程序】命令，弹出【添加或删除程序】对话框，如图 8-25 所示。

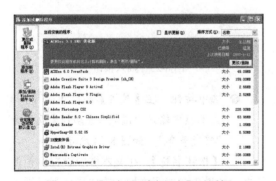

图 8-25　【添加或删除程序】对话框

❷ 在对话框中单击【添加/删除 Windows 组件】选项，弹出【Windows 组件向导】对话框，如图 8-26 所示。

图 8-26　【Windows 组件向导】对话框

❸ 在每个组件之前都有一个复选框□，若该复选框显示为☑，则代表该组件内还有子组件存在，可以选择。双击【Internet 信息服务（IIS）】选项，弹出如图 8-27 所示的【Internet 信息服务（IIS）】对话框。

❹ 当选择完成所有希望使用的组件以及子组件后，单击【确定】按钮，返回到【Windows 组件向导】对话框，单击【下

一步】按钮，弹出如图 8-28 所示的复制文件的窗口。

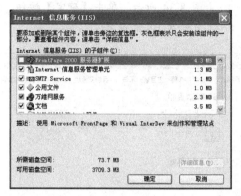

图 8-27　【Internet 信息服务（IIS）】对话框

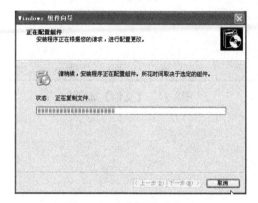

图 8-28　复制文件的窗口

❺ 复制文件完成后，安装完成，如图 8-29 所示。

图 8-29　安装完成

8.2.2　设置因特网信息服务器（IIS）

设置 IIS 的目的是为了发布和测试动态网页，设置 IIS 的具体操作步骤如下。

❶ 选择【开始】|【控制面板】|【性能和维护】|【管理工具】|【Internet 信息服务】命令，弹出【Internet 信息服务】对话框，如图 8-30 所示。

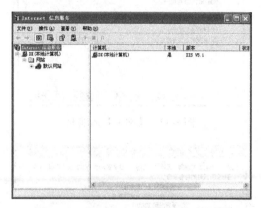

图 8-30　【Internet 信息服务】对话框

❷ 在对话框中右键单击【默认网站】选项，在弹出的菜单中选择【属性】选项，如图 8-31 所示。

图 8-31　选择【属性】选项

❸ 弹出【默认网站属性】对话框，在对话框中切换到【网站】选项卡，在【IP 地址】中输入 IP 地址，如图 8-32 所示。

❹ 在对话框中切换到【主目录】选项卡，单击【本地路径】文本框右边的【浏览】按钮，选择路径，如图 8-33 所示。

图 8-32 【网站】选项卡

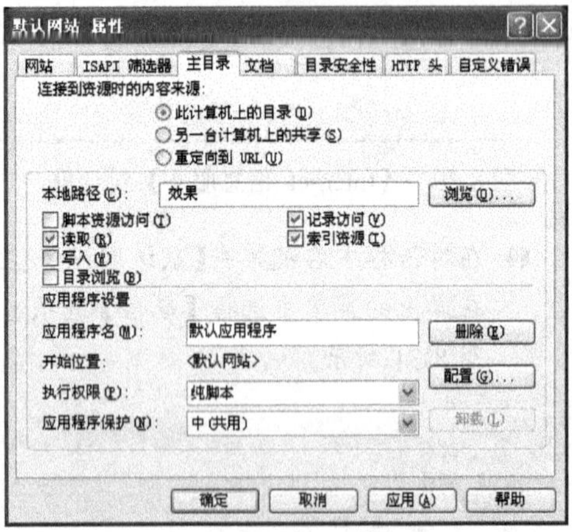

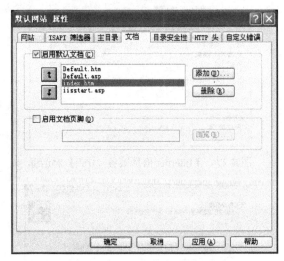

❺ 在对话框中切换到【文档】选项卡，可以修改浏览器默认主页及调用顺序，如图 8-34 所示。单击【确定】按钮，即可完成 IIS 的设置。

图 8-34 【文档】选项卡

图 8-33 【主目录】选项卡

8.3 设计数据库

创建数据库时，应该根据数据的类型和特性，将它们分别保存在各自独立的存储空间中，这些空间称为表。表是数据库的核心，一个数据库可包含多个表，每个表具有唯一的名称，这些表可以是相关的，也可以是彼此独立的。创建数据库的具体操作步骤如下。

❶ 启动 Microsoft Access 2003，选择【文件】|【新建】命令，打开【新建文件】面板，如图 8-35 所示。

图 8-35 【新建文件】面板

❷ 在面板中单击【空数据库】选项，弹出【文件新建数据库】对话框，选择保存数据的位置，在对话框中的【文件名】文本框中输入数据库名称，如图 8-36 所示。

图 8-36 【文件新建数据库】对话框

❸ 单击【创建】按钮，弹出如图 8-37 所示的对话框，在对话框中双击【使用设计器创建表】选项。

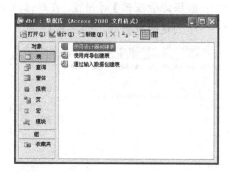

图 8-37 双击【使用设计器创建表】选项

❹ 弹出【表】窗口，在窗口中设置【字段名称】和【数据类型】，如图 8-38 所示。

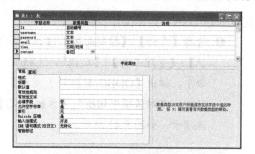

图 8-38 【表】窗口

❺ 将鼠标指针放置在字段 ID 中，单击右键，在弹出的菜单中选择【主键】选项，如图 8-39 所示，即可将该字段设为主键。

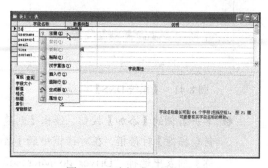

图 8-39 选择【主键】选项

❻ 选择【文件】|【保存】命令，弹出【另存为】对话框，在对话框中的【表名称】文本框中输入表的名称，如图 8-40 所示。

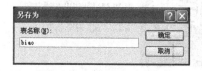

图 8-40 【另存为】对话框

8.4 建立数据库连接

数据库的连接就是对需要连接的数据库的一些参数进行设置，否则应用程序将不知道数据库在哪里和如何与数据库建立连接。

8.4.1 定义系统 DSN

在使用数据库绑定将动态内容添加到网页之前，必须建立一个数据库连接，否则 Dreamweaver CS6 将无法使用数据库作为动态页面的数据源，而在建立数据库连接之前必须定义系统 DSN，具体操作步骤如下。

❶ 选择【开始】|【控制面板】|【性能和维护】|【管理工具】|【数据源（ODBC）】命令，弹出【ODBC 数据源管理器】对话框，在对话框中切换到【系统 DNS】选项卡，如图 8-41 所示。

图 8-41　【系统 DNS】选项卡

❷ 单击右侧的【添加】按钮，弹出【创建新数据源】对话框，在对话框中的【名称】列表中选择"Driver do Microsoft Access（*mdb）"选项，如图 8-42 所示。

图 8-42　【创建新数据源】对话框

❸ 单击【完成】按钮，弹出【ODBC Microsoft Access 安装】对话框，在对话框中的【数据源名】文本框中输入数据源名称，单击【选择】按钮，弹出【选择数据库】对话框，如图 8-43 所示。

❹ 在对话框中选择数据库的路径，单击【确定】按钮，如图 8-44 所示。

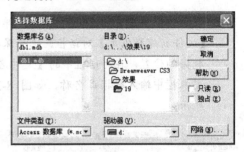

图 8-43　【选择数据库】对话框

图 8-44　【ODBC Microsoft Access 安装】对话框

❺ 单击【确定】按钮，返回到【ODBC 数据源管理器】对话框，在对话框中显示创建的数据源，如图 8-45 所示。

图 8-45　【ODBC 数据源管理器】对话框

❻ 单击【确定】按钮，即可创建数据源（ODBC）。

8.4.2　建立系统 DSN 连接

数据源建立以后，通过定义网站使用的数据库连接，这个网站才能通过数据库连接来存取数据库里的信息。上一节已经设置好了系统 DSN，下面就来建立系统 DSN 连接，具体操作步骤如下。

❶ 选择【窗口】|【数据库】命令，打开【数据库】面板，如图 8-46 所示。在【数据库】面板中，列出了 4 步操作，前 3 步是准备工作，都已经打上了对钩，说明这 3 步已经完成了。如果没有完成，那必须在完成后才能连接数据库。

图 8-46　【数据库】面板

❷ 在面板中单击按钮 ，在弹出的菜单中选择【数据源名称（DSN）】选项，如图 8-47 所示。

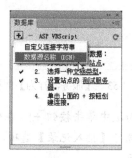

图 8-47　选择【数据源名称（DSN）】选项

❸ 弹出【数据源名称（DSN）】对话框，在对话框中的【连接名称】文本框中输入"conn"，【数据源名称（DSN）】下拉列表中选择"liuyan"，如图 8-48 所示。

图 8-48　【数据源名称（DSN）】对话框

❹ 单击【确定】按钮，即可成功链接，此时【数据库】面板如图 8-49 所示。

图 8-49　【数据库】面板

8.5　编辑数据表记录

动态网页最主要的特点就是结合后台数据库自动更新网页，离开了数据库也就谈不上动态网页了。数据是通过创建记录集来实现它在网页上的绑定的，而不是直接使用数据库。

8.5.1　查询并显示记录

动态网页在使用后台数据库时，必须创建一个储存检索数据的记录集。记录集在存储内容的数据库和生成页面的应用程序服务器之间起一种桥梁的作用。记录集由数据库查询返回的数据组成，并且临时储存在应用程序服务器的内存中，以便进行快速数据检索，当服务器不再需要记录集时，就会将其丢弃。查询并显示记录的具体操作步骤如下。

❶ 选择【窗口】|【绑定】命令，打开【绑

167

定】面板，在面板中单击按钮⊞，在弹出的菜单中选择【记录集（查询）】选项，如图 8-50 所示。

图 8-50　选择【记录集（查询）】选项

❷ 弹出【记录集】对话框，在对话框中的【名称】文本框中输入记录集的名称，【连接】下拉列表中选择"conn"，【表格】下拉列表中选择"liuyan"，【列】勾选【全部】单选按钮，如图 8-51 所示。

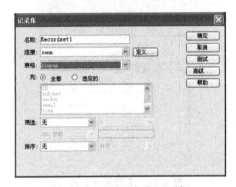

图 8-51　【记录集】对话框

❸ 单击【确定】按钮，即可创建记录集，如图 8-52 所示。

图 8-52　创建记录集

8.5.2　插入记录

一般来说，要通过 ASP 页面向数据库中添加记录，需要提供用户输入数据的页面，利用 Dreamweaver CS6 的【插入记录】服务器行为，就可以添加记录，具体操作步骤如下。

❶ 打开要插入记录的页面，该页面应该包含具有【提交】按钮的 HTML 表单。

❷ 将鼠标指针放置在表单中，选择菜单中的【窗口】|【服务器行为】命令，打开【服务器行为】面板，如图 8-53 所示。

图 8-53　【服务器行为】面板

❸ 在面板中单击按钮⊞，在弹出的菜单中选择【插入记录】选项，如图 8-54 所示。

图 8-54　选择【插入记录】选项

❹ 选择选项后，弹出【插入记录】对话框，

如图 8-55 所示。

图 8-55 【插入记录】对话框

❺ 在对话框中设置完毕后，单击【确定】按钮，即可插入记录。

8.5.3 更新记录

动态网站中可能包含更新记录的页面，更新记录的页面执行两种不同的操作：首先，它显示已存在的数据，这些数据可以被修改；其次，它更新数据库以反映所进行的修改。更新记录具体操作步骤如下。

❶ 选择【窗口】|【服务器行为】命令，打开【服务器行为】面板，在面板中单击按钮⊞，在弹出的菜单中选择【更新记录】选项，如图 8-56 所示。

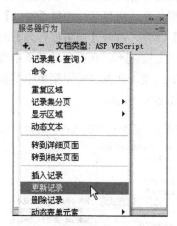

图 8-56 选择【更新记录】选项

❷ 弹出【更新记录】对话框，如图 8-57 所示。

❸ 在对话框中进行相应的设置，单击【确定】按钮，即可创建更新记录服务器行为。

图 8-57 【更新记录】对话框

8.5.4 删除记录

利用【删除记录】服务器行为，可以在页面中实现删除记录的操作。删除记录的页面执行两种不同的操作，首先显示已存在的数据，可以选择将要被删除的数据；其次从数据库中删除此记录以反映选择记录删除的结果。

❶ 选择【窗口】|【服务器行为】命令，打开【服务器行为】面板，在面板中单击按钮⊞，在弹出的菜单中选择【删除记录】选项，如图 8-58 所示。

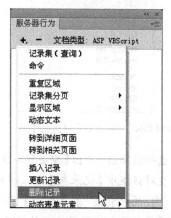

图 8-58 选择【删除记录】选项

❷ 弹出【删除记录】对话框，如图 8-59 所示。

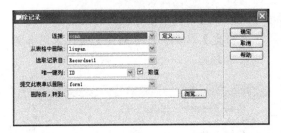

图 8-59　【删除记录】对话框

❸　在对话框中进行相应的设置，单击
　　【确定】按钮，即可创建删除记录服
　　务器行为。

8.6　添加服务器行为

如果想显示从数据库中取得的多条或者所有记录，则必须添加一条服务器行为，这样就会按要求连续地显示多条或者所有的记录。

8.6.1　插入重复区域

❶　选中要创建重复区域的部分，选择【窗
　　口】|【服务器行为】命令，打开【服
　　务器行为】面板，在面板中单击按钮
　　![icon]，在弹出的菜单中选择【重复区域】
　　选项，如图 8-60 所示。

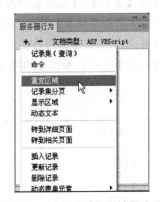

图 8-60　选择【重复区域】选项

❷　选择选项后，弹出【重复区域】对话框，
　　在对话框中【记录集】下拉列表中选择
　　相应的记录集，在【显示】区域中指定
　　页面的最大记录数，默认值为 10 个记
　　录，如图 8-61 所示。

❸　单击【确定】按钮，即可插入重复区域。

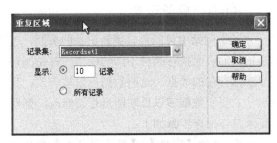

图 8-61　【重复区域】对话框

8.6.2　插入显示区域

需要显示某个区域时，Dreamweaver CS6
可以根据条件动态显示。选择【窗口】|【服务
器行为】命令，打开【服务器行为】面板，在
面板中单击按钮![icon]，在弹出的菜单中选择【显
示区域】选项，在弹出的子菜单中根据需要选
择，如图 8-62 所示。

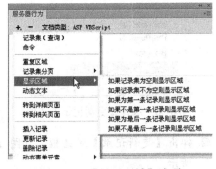

图 8-62　【显示区域】选项

8.6.3 记录集分页

在应用重复区域服务器时,指定在一页中可以显示的最大记录条数。当记录的总数大于页面中显示的记录条数时,可以通过记录集导航条显示在多个页面中。

选择【窗口】|【服务器行为】命令,打开【服务器行为】面板,在面板中单击按钮 ,选择【记录集分页】选项,在弹出子菜单中根据需要选择,如图 8-63 所示。

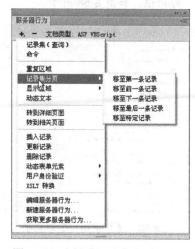

图 8-63 选择【记录集分页】选项

8.6.4 转到详细页面

在 Dreamweaver CS6 中,参数是以 HTML 表单的形式进行收集并且以某种方式传递的。如果表单用 POST 方式把信息传递到服务器,那么参数作为传递体的一部分也被传递。如果表单用 GET 方式传递,参数则被附加到 URL 上,在表单的 Action 属性中指定。

❶ 在列表页面中,选中要设置为指向详细页上的动态内容。

❷ 选择【窗口】|【服务器行为】命令,打开【服务器行为】面板,在面板中单击按钮 ,在弹出的菜单中选择【转到详细页面】选项,弹出【转到详细页面】对话框,如图 8-64 所示。

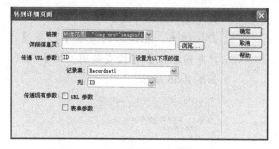

图 8-64 【转到详细页面】对话框

8.6.5 转到相关页面

建立一个链接打开另一个页面而不是它的子页面,并且传递信息到该页面,这种页面与页面之间进行参数传递的两个页面,称为相关页。

❶ 在要传递参数的页面中,选中要实现相关页跳转的文字。

❷ 选择菜单中的【窗口】|【服务器行为】命令,打开【服务器行为】面板,在面板中单击按钮 ,在弹出的菜单中选择【转到相关页面】选项,弹出【转到相关页面】对话框,如图 8-65 所示。

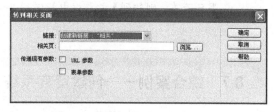

图 8-65 【转到相关页面】对话框

8.6.6 用户身份验证

为了能更有效地管理共享资源的用户,需要规范化访问共享资源的行为。通常采用注册(新用户取得访问权)→登录(验证用户是否合法并分配资源)→访问授权的资源→退出(释放资源)这一行为模式来实施管理。

❶ 在定义检查新用户名之前需要先定义一个插入记录服务器行为。其实【检查新用户名】行为是限制【插入记录】的行为,它用来验证插入记录的指定字段的值在记录集中是否唯一。

❷ 打开【服务器行为】面板，在面板中单击按钮，在弹出的菜单中选择【用户身份验证】|【检查新用户名】选项，如图 8-66 所示。

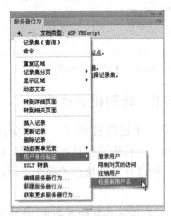

图 8-66　选择【检查新用户名】选项

❸ 弹出【检查新用户名】对话框，如图 8-67 所示，在对话框中【用户名字段】下拉列表中选择需要验证的记录字段（验证该字段在记录集中是否唯一），如果字段的值已经存在，那么可以在【如果已存在，则转到】文本框中指定引导

用户所去的页面。

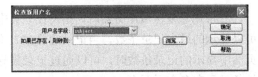

图 8-67　【检查新用户名】对话框

❹ 单击【服务器行为】面板中的按钮，在弹出的菜单中选择【用户身份验证】|【登录用户】选项，弹出【登录用户】对话框，如图 8-68 所示。

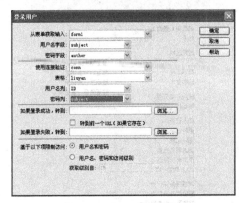

图 8-68　【登录用户】对话框

8.7　综合案例——创建留言系统

留言系统分为发表留言、留言显示列表和留言详细信息等几个模块。用户首先看到的页面是留言列表页面，然后可以选择查看留言的详细信息，留言者还可以自己发表留言。留言和其他 Web 应用程序一样，都是对数据库进行相关操作。例如，发表留言就是插入记录，显示留言就是提取记录，回复留言就是更新记录，删除留言就是删除记录。

添加留言页面 tianjia.asp，如图 8-69 所示。通过该页面，访问者能自由发表留言，留言提交后，会在留言列表页面及时地显示出留言的主题。

图 8-69　添加留言页面

留言列表页面 liebiao.asp,如图 8-70 所示,也是留言系统的主页,显示了留言的主题列表。

图 8-70　留言列表页面

留言详细页面 xiangxi.asp,如图 8-71 所示,显示出某一条留言的详细内容。

图 8-71　留言详细页面

8.7.1　创建数据库

在制作具体网站动态功能页面前,首先做一个最重要的工作,就是创建数据库表,用来存放留言信息所用。创建数据库的具体操作步骤如下。

❶ 启动 Microsoft Access,选择【文件】|【新建】命令,打开【新建文件】面板,在面板中单击【空数据库】,如图 8-72 所示。

图 8-72　【新建文件】面板

❷ 弹出【文件新建数据库】对话框,在对话框中选择要保存的数据库的路径,在【文件名】文本框中输入"liuyan",如图 8-73 所示。

图 8-73　【文件新建数据库】对话框

❸ 单击【创建】按钮,弹出如图 8-74 所示的对话框,在对话框中双击【使用设计器创建表】选项。

图 8-74　双击【使用设计器创建表】选项

❹ 弹出【表1】窗口，在窗口中输入字段名称并设置数据类型，如图8-75所示。

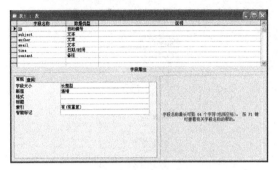

图8-75 【表1】窗口

❺ 将鼠标指针置于字段名称ID中，单击鼠标右键，在弹出的菜单中选择【主键】选项，如图8-76所示，将其设置为主键。

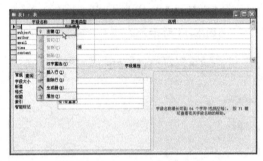

图8-76 选择【主键】选项

❻ 选择【文件】|【保存】命令，弹出【另存为】对话框，在对话框中的【表名称】文本框中输入"liuyan"，如图8-77所示。

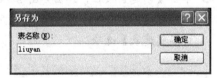

图8-77 【另存为】对话框

❼ 单击【确定】按钮，即可完成数据库的创建。

8.7.2 创建数据库连接

要在 Dreamweaver CS6 中使用数据库，必须先为站点建立数据库连接，具体操作步骤如下。

❶ 选择【窗口】|【数据库】命令，打开【数据库】面板，如图8-78所示。

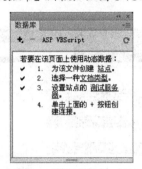

图8-78 【数据库】面板

❷ 在面板中单击按钮 ，在弹出的菜单中选择【数据源名称（DSN）】选项，如图8-79所示。

图8-79 选择【数据源名称（DSN）】选项

❸ 弹出【数据源名称（DSN）】对话框，单击【定义】按钮，弹出【ODBC 数据源管理器】对话框，在对话框中切换到【系统DNS】选项卡，如图8-80所示。

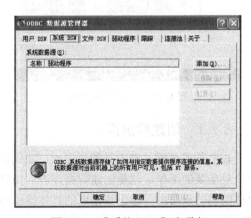

图8-80 【系统DNS】选项卡

❹ 在对话框中单击右侧的【添加】按钮,弹出【创建新数据源】对话框,在对话框中的【名称】列表框中选择 "Driver do Microsoft Access(*.mdb)" 选项,如图 8-81 所示。

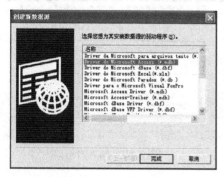

图 8-81 【创建新数据源】对话框

❺ 单击【完成】按钮,弹出【ODBC Microsoft Access 安装】对话框,单击【选择】按钮,弹出【选择数据库】对话框,选择数据库的路径,如图 8-82 所示。

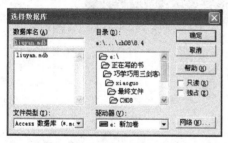

图 8-82 【选择数据库】对话框

❻ 单击【确定】按钮,在对话框中的【数据源名】文本框中输入 "liuyan",如图 8-83 所示。

图 8-83 【ODBC Microsoft Access 安装】对话框

❼ 单击【确定】按钮,返回到【ODBC 数据源管理器】对话框,在对话框中显示创建的数据源,如图 8-84 所示。

图 8-84 【ODBC 数据源管理器】对话框

❽ 单击【确定】按钮,返回到【数据源名称(DSN)】对话框,在对话框中的【连接名称】文本框中输入 "liuyan",【数据源名称(DSN)】下拉列表中选择 "liuyan",如图 8-85 所示。

图 8-85 【数据源名称(DSN)】对话框

❾ 单击【确定】按钮,即可成功连接,此时【数据库】面板如图 8-86 所示。

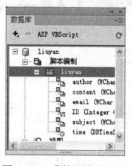

图 8-86 【数据库】面板

8.7.3 制作留言发表页面

添加留言页面效果如图 8-87 所示，添加留言页面主要利用插入表单对象和【插入记录】服务器行为来实现，具体操作步骤如下。

原始文件	CH8/8.7/index.htm
最终文件	CH8/8.7/tianjia.asp

❶ 打开网页文档 index.htm，将其另存为 tianjia.asp，将鼠标指针置于相应的位置，选择【插入】|【表单】|【表单】命令，插入表单，如图 8-88 所示。

图 8-87　添加留言页面

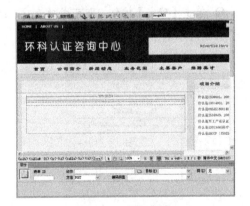

图 8-88　插入表单

❷ 将鼠标指针置于表单中，选择【插入】|【表格】命令，插入 5 行 2 列的表格，

在【属性】面板中将【对齐】设置为"居中对齐"，如图 8-89 所示。

图 8-89　插入表格

❸ 在第 1 列单元格中分别输入文字，在【属性】面板中将【大小】设置为"13""像素"，如图 8-90 所示。

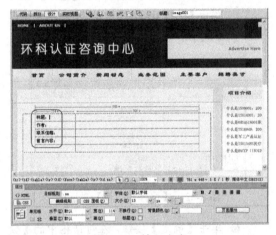

图 8-90　输入文字

❹ 将鼠标指针置于第 1 行第 2 列单元格中，插入文本域，在【属性】面板中的【文本域名称】文本框中输入"subject"，【字符宽度】设置为"35"，【类型】设置为"单行"，如图 8-91 所示。

❺ 将鼠标指针置于第 2 行第 2 列单元格中，插入文本域，在【属性】面板中的【文本域名称】文本框中输入"author"，【字符宽度】设置为"25"，如图 8-92 所示。

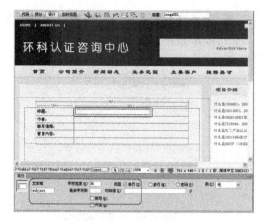

图 8-91 插入文本域

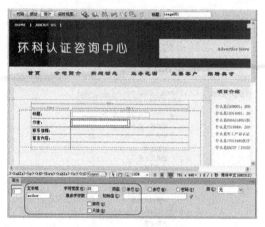

图 8-92 插入文本域

⑥ 将鼠标指针置于第3行第2列单元格中，插入文本域，在【属性】面板中的【文本域名称】文本框中输入"email"，【字符宽度】设置为"30"，如图8-93所示。

图 8-93 插入文本域

⑦ 将鼠标指针置于第 4 行第 2 列单元格中，选择【插入】|【表单】|【文本区域】命令，插入文本区域，在【属性】面板中的【文本域名称】文本框中输入"content"，【字符宽度】设置为 "45"，【行数】设置为 "8"，【类型】设置为 "多行"，如图 8-94 所示。

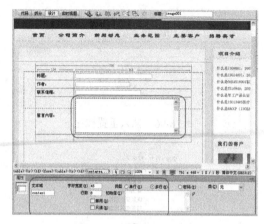

图 8-94 插入文本区域

⑧ 将鼠标指针置于第 5 行第 2 列单元格中，选择【插入】|【表单】|【按钮】命令，插入提交按钮，如图 8-95 所示。

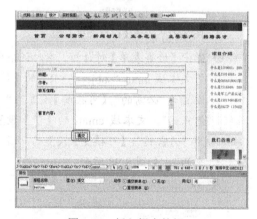

图 8-95 插入提交按钮

⑨ 将鼠标指针置于提交按钮的后面，选择【插入】|【表单】|【按钮】命令，插入重置按钮，如图 8-96 所示。

⑩ 选择【窗口】|【行为】命令，打开【行为】面板，在面板中单击按钮+，在

弹出的菜单中选择【检查表单】选项，如图 8-97 所示。

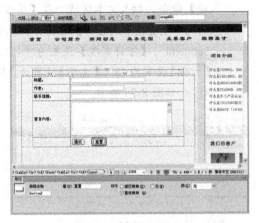

图 8-96　插入重置按钮

图 8-97　选择【检查表单】选项

⑪ 弹出【检查表单】对话框，在对话框中将文本域 input "subject"（R）的【值】设置为 "必需的"，【可接受】设置为 "任何东西"。文本域 email 的【值】设置为 "必需的"，【可接受】设置为 "任何东西"，如图 8-98 所示。

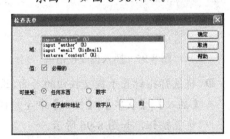

图 8-98　【检查表单】对话框

⑫ 单击【确定】按钮，添加行为，如图 8-99 所示。

图 8-99　添加行为

⑬ 单击【服务器行为】面板中的按钮 ，在弹出的菜单中选择【插入记录】选项，如图 8-100 所示。

图 8-100　选择【插入记录】选项

⑭ 弹出【插入记录】对话框，在对话框中的【连接】下拉列表中选择 "liuyan"，【插入到表格】下拉列表中选择 "liuyan"，【插入后，转到】文本框中输入 "liebiao.asp"，如图 8-101 所示。

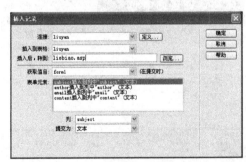

图 8-101　【插入记录】对话框

⑮ 单击【确定】按钮，创建【插入记录】服务器行为，如图 8-102 所示。

图 8-102　创建插入记录服务器行为

8.7.4　制作留言列表页面

留言列表页面主要是利用创建记录集，定义重复区域、绑定动态数据和转到详细页等服务器行为来实现，如图 8-103 所示的留言列表页面。具体操作步骤如下。

图 8-103　留言列表页面

原始文件	CH8/8.7/index.htm
最终文件	CH8/8.7/liebiao.asp

❶ 打开网页文档 index.htm，将其另存为 liebiao.asp，将鼠标指针置于相应的位

置，选择【插入】|【表格】命令，插入 3 行 1 列的表格 1，如图 8-104 所示。

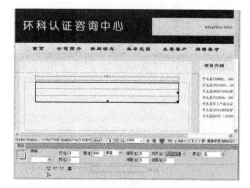

图 8-104　插入表格 1

❷ 在单元格中分别输入相应的文字，在【属性】面板中将【大小】设置为 14 px，如图 8-105 所示。

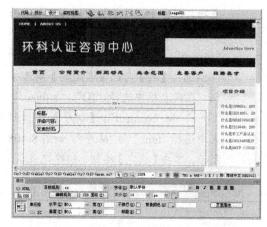

图 8-105　输入文字

❸ 将鼠标指针置于表格 1 的右边，插入 1 行 4 列的表格 2，如图 8-106 所示。

图 8-106　插入表格 2

❹ 分别在单元格中输入文字，如图 8-107 所示。

图 8-107　输入文字

❺ 选择【窗口】|【绑定】命令，打开【绑定】面板，在面板中单击按钮，在弹出的菜单中选择【记录集（查询）】选项，弹出【记录集】对话框，在对话框中的【连接】下拉列表中选择"liuyan"，【表格】下拉列表中选择"liuyan"，【列】勾选【选定的】单选按钮，在列表框中选择"ID"、"subject"、"time" 和 "content"，【排序】下拉列表中选择"time" 和 "降序"，如图 8-108 所示。单击【确定】按钮，创建记录集。

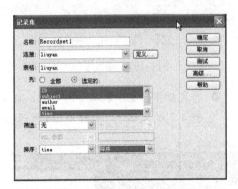

图 8-108　【记录集】对话框

❻ 将鼠标指针置于表格 1 的第 1 行中，在【绑定】面板中展开创建的记录集 Recordset1，选中 subject 字段，单击右下角的【插入】按钮，绑定字段，如图

8-109 所示。

图 8-109　绑定字段

❼ 按照步骤❻的方法，将 content 和 time 字段进行绑定，如图 8-110 所示。

图 8-110　绑定字段

❽ 选中第 2 行单元格，选择【窗口】|【服务器行为】命令，打开【服务器行为】面板，在面板中单击按钮，在弹出的菜单中选择【重复区域】选项，弹出【重复区域】对话框，在对话框中的【记录集】下拉列表中选择 "Recordset1"，【显示】勾选 "10" 记录单选按钮，如图 8-111 所示。单击【确定】按钮，创建重复区域服务器行为。

❾ 选中文字 "首页"，单击【服务器行为】面板中的按钮，在弹出的菜单中选

择【记录集分页】|【移至第一条记录】选项，弹出【移至第一条记录】对话框，在对话框中的【记录集】下拉列表中选择"Recordset1"，如图 8-112 所示。

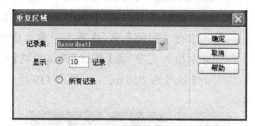

图 8-111　【重复区域】对话框

图 8-112　【移至第一条记录】对话框

⓾ 单击【确定】按钮，创建移至第一条记录服务器行为。按照步骤❾的方法，分别对文字"上一页"创建移至前一条记录服务器行为，"下一页"创建移至下一条记录服务器行为，"最后页"创建移至最后一条记录服务器行为，如图 8-113 所示。

图 8-113　创建服务器行为

⓫ 选中文字"首页"，单击【服务器行为】

面板中的按钮⊞，在弹出的菜单中选择【显示区域】|【如果不是第一条记录则显示区域】选项，弹出【如果不是第一条记录则显示区域】对话框，在对话框中的【记录集】下拉列表中选择"Recordset1"，如图 8-114 所示。

图 8-114　【如果不是第一条记录则显示区域】对话框

⓬ 单击【确定】按钮，创建如果不是第一条记录则显示区域服务器行为。分别对文字"上一页"创建如果为最后一条记录则显示区域服务器行为，"下一页"创建如果为第一条记录则显示区域服务器行为，"最后页"创建如果不是最后一条记录则显示区域服务器行为，如图 8-115 所示。

图 8-115　创建服务器行为

⓭ 选中"{Recordset1.subject}"，单击【服务器行为】面板中的⊞按钮，在弹出的菜单中选择【转到详细页面】选项，弹出【转到详细页面】对话框，在对话框中的【详细信息页】文本框中输入"xiangxi.asp"，如图 8-116 所示。单击【确定】按钮，创建转到详细页面服务器行为。

图 8-116 【转到详细页面】对话框

⓮ 将 {Recordset1.content} 字段在代码中修改为 " <%=left((Recordset1.Fields. Item ("content"). Value),200)%>"，如图 8-117 所示。

图 8-117 修改代码

8.7.5 制作留言显示页面

留言显示页面中的数据是从留言表 liuyan 中读取的，利用 Dreamweaver 创建记录集，然后绑定相关数据字段，留言显示页面如图 8-118 所示。具体操作步骤如下。

图 8-118 留言显示页面

原始文件	CH8/8.7/index.htm
最终文件	CH8/8.7/xiangxi.asp

❶ 打开网页文档 index.htm，将其另存为 xiangxi.asp，将鼠标指针置于相应的位置，选择【插入】|【表格】命令，插入 5 行 2 列的表格，在第 1 列单元格中分别输入文字，在【属性】面板中将【大小】设置为 "14 px"，如图 8-119 所示。

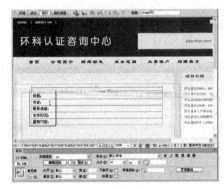

图 8-119 输入文字

❷ 单击【绑定】面板中的按钮➕，在弹出的菜单中选择【记录集（查询）】选项，弹出【记录集】对话框，在对话框中的【连接】下拉列表中选择 "liuyan"，【表格】下拉列表中选择 "liuyan"，【列】勾选【全部】单选按钮，【筛选】下拉列表中分别选择 "ID"、" = "、"URL 参数" 和 "ID"，如图 8-120 所示。单击【确定】按钮，创建记录集。

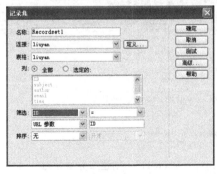

图 8-120 创建记录集

❸ 将鼠标指针置于第 1 行第 2 列单元格中，

在【绑定】面板中展开记录集 Recordset1，选中 subject 字段，单击右下角的【插入】按钮，绑定字段，如图 8-121 所示。

❹ 按照步骤❸的方法，对 author、email、time 和 content 字段进行绑定，如图 8-122 所示。

图 8-121　绑定字段

图 8-122　绑定字段

8.8　课后练习

1．填空题

（1）IIS 是网页服务组件，包括_____服务器、_____服务器、_____服务器和_____服务器，分别用于网页浏览、文件传输、新闻服务和邮件发送等。

（2）定义数据源之后，就要根据需要向页面指定位置添加动态数据，在 Dreamweaver 中通常把添加动态数据称为_____。

参考答案：

（1）Web、FTP、NNTP、SMTP

（2）动态数据的绑定

2．操作题

根据本章所讲述知识，制作一个留言系统，要求具有添加留言页面、留言列表页面和留言详细内容页面，如图 8-123～图 8-126 所示。

原始文件	CH08/操作题/动画.fla
最终文件	CH08/操作题/动画.swf

图 8-123　原始文件

图 8-124　留言列表页面

图 8-125　留言发布页面

图 8-126　留言详细页面

8.9　本章总结

　　Dreamweaver CS6 将 Web 应用程序的开发环境同可视化创作环境结合起来，能够帮助用户快速进行 Web 应用程序的开发。它具有最优秀的可视化操作环境，又整合了最常见的服务器端数据库操作能力，能够快速生成专业的"动态"页面。无论是 Web 设计师，还是数据库开发者或者是 Web 程序员，都可以在 Dreamweaver CS6 的强大操作环境下设计出功能完善的动态网页。不懂动态开发语言的读者，也能利用 Dreamweaver 在不需要或者只需要修改少量代码的情况下就能制作出动态网页。

　　在网站中，表单是实现网页上数据传输的基础，其作用就是实现访问者与网站之间的交互功能。本章最后通过一个完整的留言系统讲述了动态网页的开发过程。

第二部分

Flash 动画设计篇

第 9 章
Flash 基础知识

Flash 是一款非常优秀的动画制作软件，利用它可以制作出丰富多彩的动画、创建网页交互程序；可以将音乐、声效、动画以及富有新意的界面融合在一起，以制作出高品质的 Flash 动画。Flash 动画节省了文件的大小，提高了网络传送的速度，大大增强了网站页面的视觉冲击力，吸引了越来越多的浏览者访问网站。本章就来学习 Flash 的基础知识、Flash 的工作界面、Flash 的新增功能和 Flash 动画的测试与发布。

学习目标
☐ Flash 概述
☐ 熟悉 Flash CS6 的工作界面
☐ 了解 Flash CS6 的新增功能
☐ 掌握 Flash 动画的测试与发布

9.1 Flash 概述

Flash 是一种创作工具，设计人员和开发人员可使用它来创建演示文稿、应用程序和其他允许用户交互的内容。Flash 可以包含简单的动画、视频内容、复杂演示文稿和应用程序，以及介于它们之间的任何内容。通常，使用 Flash 创作的各个内容单元称为应用程序，即使它们可能只是很简单的动画。Flash 也可以通过添加图片、声音、视频和特殊效果，构建包含丰富媒体的 Flash 应用程序。

Flash 特别适用于创建通过 Internet 提供的内容，因为它的文件非常小。Flash 是通过广泛使用矢量图形做到这一点的。与位图图形相比，矢量图形需要的内存和存储空间小很多，因为它们是以数学公式而不是大型数据集来表示的。位图图形之所以更大，是因为图像中的每个像素都需要一组单独的数据来表示。

Flash 之所以能如此风靡全球，是因为它具

有许多优异的特点。下面以其中最重要的 5 个特点进行讲述。

1. 文件占用空间小，传输速度快

Flash 动画的图形系统是基于矢量技术的，因此下载一个 Flash 动画文件很快。矢量技术只需存储少量数据就可以描述一个相对复杂的对象，与以往采用的位图相比，其数据量大大下降了，只有原先的几千分之一，因此比较适合在因特网中使用，它有效地解决了多媒体与大数据量之间的矛盾。

2. 矢量绘图，传播广泛

一般的网页动画图像是基于点阵技术的位图图像，这个图像由大量的像素点构成，比较逼真，但灵活性较差，并且在对图像进行放大时，由于点与点之间距离的增加，图像的品

质会有较大幅度的降低，会产生锯齿状的像素块。而 Flash 最重要的特点之一便是能用矢量绘图，只需要少量的矢量数据就可以很好地描述一个复杂的对象。其次，由于位图图像是由像素组成的，因此其体积非常大；而矢量图像仅由线条和线条所封闭的填充区域组成，体积非常小。此外，Flash 动画采用"流式"播放技术，在观看动画时可以不必等到动画文件全部下载到本地后才能观看，而可以边观看边下载，从而减少了等待的时间。

3．动画的输出格式

Flash 是一个优秀的图形动画文件的格式转换工具，它可以将动画以 GIF、QuickTime 和 AVI 的文件格式输出，也可以以帧的形式将动画插入到 Director 中去。

4．强大的交互功能

在 Flash 中，高级交互事件的行为控制使 Flash 动画的播放更加精确并容易控制。设计者可以在动画中加入滚动条、复选框、下拉菜单和拖动物体等各种交互组件。Flash 动画甚至可以与 Java 或其他类型的程序融和在一起，在不同的操作平台和浏览器中播放。Flash 还支持表单交互，使得包含 Flash 动画表单的网页可应用于流行的电子商务领域。

5．可扩展性

通过第三方开发的 Flash 插件程序，可以方便地实现一些以往需要非常繁琐的操作才能实现的动态效果，大大地提高了 Flash 影片制作的工作效率。

9.2　Flash CS6 工作界面

要正确、高效地运用 Flash CS6 软件来制作动画，必须了解 Flash CS6 的工作界面及各部分功能。Flash CS6 的工作界面由菜单栏、工具箱、属性面板、时间轴、舞台和面板组等组成，如图 9-1 所示。

菜单栏 工具箱 属性面板 时间轴 舞台 面板组

图 9-1　Flash CS6 工作界面

9.2.1　菜单栏

菜单栏是最常见的界面要素，它包括【文件】、【编辑】、【视图】、【插入】、【修改】、【文本】、【命令】、【控制】、【调试】、【窗口】和【帮助】等一系列的菜单，如图 9-2 所示。根据不同的功能类型，可以快速地找到所要使用的各项功能选项。

文件(F)　编辑(E)　视图(V)　插入(I)　修改(M)　文本(T)　命令(C)　控制(O)　调试(D)　窗口(W)　帮助(H)

图 9-2　菜单栏

● 【文件】菜单：用于文件操作，如创建、打开和保存文件等。

● 【编辑】菜单：用于动画内容的编辑操作，如复制、剪切和粘贴等。

● 【视图】菜单：用于对开发环境进行外观和版式设置，包括放大、缩小、显示网格及辅助线等。

● 【插入】菜单：用于插入性质的操作，如新建元件、插入场景和图层等。

● 【修改】菜单：用于修改动画中的对象、场景甚至动画本身的特性，主要用于修改动画中各种对象的属性，如帧、图层、场景及动画本身等。

● 【文本】菜单：用于对文本的属性进行

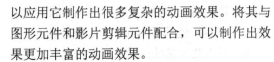

设置。

- 【命令】菜单：用于对命令进行管理。
- 【控制】菜单：用于对动画进行播放、控制和测试。
- 【调试】菜单：用于对动画进行调试。
- 【窗口】菜单：用于打开、关闭、组织和切换各种窗口面板。
- 【帮助】菜单：用于快速获得帮助信息。

9.2.2 工具箱

工具箱中包含一套完整的绘图工具，位于工作界面的左侧，如图9-3所示。如果想将工具箱变成浮动工具箱，可以拖动工具箱最上方的位置，这时屏幕上会出现一个工具箱的虚框，释放鼠标即可将工具箱变成浮动工具箱。

- 【选择】工具：用于选定对象、拖动对象等操作。
- 【部分选取】工具：用于选取对象的部分区域。
- 【任意变形】工具：对选取的对象进行变形。

图9-3 工具箱

- 【3D 旋转】工具：3D 旋转功能只能对影片剪辑发生作用。
- 【套索】工具：可以选择一个不规则的图形区域，并且还可以处理位图图形。
- 【钢笔】工具：用于绘制曲线。
- 【文本】工具：在舞台上添加文本，或者编辑现有的文本。
- 【线条】工具：用于绘制各种形式的线条。
- 【矩形】工具：用于绘制矩形和正方形。
- 【铅笔】工具：用于绘制折线和直线等。
- 【Deco】工具：Deco 工具是 Flash 中一种类似"喷涂刷"的填充工具，使用 Deco 工具可以快速完成大量相同元素的绘制，也可

以应用它制作出很多复杂的动画效果。将其与图形元件和影片剪辑元件配合，可以制作出效果更加丰富的动画效果。

- 【骨骼】工具：可以像 3D 软件一样，为动画角色添加骨骼，可以很轻松地制作各种动作的动画。
- 【刷子】工具：用于绘制填充图形。
- 【墨水瓶】工具：用于编辑线条的属性。
- 【颜料桶】工具：用于编辑填充区域的颜色。
- 【滴管】工具：用于将图形的填充颜色或线条属性复制到别的图形线条上，还可以采集位图作为填充内容。
- 【橡皮擦】工具：用于擦除舞台上的内容。
- 【手形】工具：当舞台上的内容较多时，可以用该工具平移舞台及各个部分的内容。
- 【缩放】工具：用于缩放舞台中的图形。
- 【笔触颜色】工具：用于设置线条的颜色。
- 【填充颜色】工具：用于设置图形的填充区域。

9.2.3 【时间轴】面板

【时间轴】面板是 Flash 界面中重要的部分，它用于组织和控制文档内容在一定时间内播放的图层数和帧数，如图9-4所示。

图9-4 时间轴

在【时间轴】面板中，左侧的几个按钮被用于调整图层的状态和创建图层。在帧区域中，其顶部的标题指示了帧编号，动画播放头指示了舞台中当前显示的帧。

时间轴状态显示在【时间轴】面板的底部，它包括若干用于改变帧显示的按钮，指示当前帧编号、帧频和到当前帧为止的播放时间等。其中，帧频直接影响动画的播放效果，其单位是"帧/秒（fps）"，默认值是 24 帧/秒。

9.2.4　舞台

舞台是放置动画内容的区域，可以在整个场景中绘制或编辑图形，但是最终动画仅显示场景白色区域中的内容，而这个区域就是舞台。舞台之外的灰色称为工作区，在播放动画时不显示此区域，如图 9-5 所示。

图 9-5　舞台

舞台中可以放置的内容包括矢量插图、文本框、按钮和导入的位图图形或视频剪辑等。工作时，可以根据需要改变舞台的属性和形式。

9.2.5　【属性】面板

【属性】面板的内容取决于当前选定的内容，可以显示当前文档、文本、元件、形状、位图、视频、帧或工具的信息和设置。当选择工具箱中的【文本】工具时，在【属性】面板中将显示有关文本的一些属性设置，如图 9-6 所示。

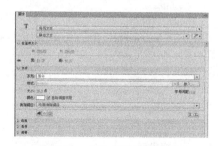

图 9-6　文本【属性】面板

9.2.6　面板组

Flash 以面板的形式提供了大量的操作选项，通过一系列的面板可以编辑或修改动画对象。Flash CS6 的面板分为许多种，最主要的面板有【库】面板和【颜色】面板。

1.【库】面板

选择【窗口】|【库】命令或按 F11 键即可打开【库】面板，如图 9-7 所示。在【库】面板中可以方便快捷地查找、组织及调用资源，【库】面板提供了动画中数据项的许多信息。库中存储的元素被称为"元件"，可以重复利用。

图 9-7　【库】面板

2.【颜色】面板

选择【窗口】|【颜色】命令即可打开【颜色】面板，如图 9-8 所示。使用【颜色】面板可以创建、编辑纯色和渐变填充，调制出大量的颜色，以设置笔触、填充色及透明度等。如果已经在舞台中选定了对象，那么在【颜色】面板中所做的颜色更改就会被应用到该对象。

图 9-8　【颜色】面板

9.3　Flash CS6 的新增功能

Adobe Flash CS6 软件是用于创建动画和多媒体内容的强大的创作平台。设计身临其境、而且在台式计算机和平板电脑、智能手机和电视等多种设备中都能呈现一致效果的互动体验。新版 Flash Professional CS6 附带了可生成 sprite 表单和访问专用设备的本地扩展。可以锁定最新的 Adobe Flash Player 和 air 运行时以及 Android 和 iOS 设备平台。

1．新增 H5 支持

使用 Flash Pro 设计出来的动画及交互性应用，已经不再局限于在 Flash 运行。通过 Adobe 官方提供的 Toolkit-for-CreateJS 扩展工具，我们可以把动画及交互性应用输出成基于 CreateJS 的 HTML5 的内容。这相当于为 Web 开发提供了一个更完善的工作流——把 SWF 动画过渡到 HTML5 动画。

由于设备和平台的多样化，要创建出满足更多受众要求的丰富内容就变得更具挑战。Adobe® Flash® Professional Toolkit for CreateJS 是一款适用于 Flash Professional CS6 版本的免费扩展工具，可让用户在向创建 HTML5 标准的内容进行过渡时，充分利用 Flash Professional CS6 丰富的动画和绘图功能。

单击 Publish 按钮导出 HTML5 内容。通过这个面板，用户可以完成一些基本的设置，如是否循环、输出路径及输出目录结构等，如图 9-9 所示。

图 9-9　新增 HTML5 支持

2．生成 Sprite 表单

导出元件和动画序列，以快速生成 Sprite 表单，协助改善游戏体验、工作流程和性能。

3．广泛的平台和设备支持

锁定最新的 Adobe Flash Player 和 AIR 运行时，能针对 Android 和 IOS 平台进行设计，如图 9-10 所示。

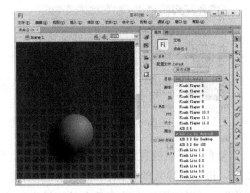

图 9-10　广泛的平台和设备支持

4．高效处理代码片断

用户可便捷调用实现跳转、动画及多点触控手势等常用功能的预设代码片断，加速开发进程，如图 9-11 所示。

图 9-11　高效处理代码片断

5. Adobe AIR 移动设备模拟

使用预先封装的 Adobe AIR captive 运行时创建和发布应用程序。简化应用程序的测试流程，使终端用户无需额外下载即可运行内容。模拟屏幕方向、触控手势和加速计等常用的移动设备应用互动来加速测试流程，如图 9-12 所示。

图 9-12　Adobe AIR 移动设备

Adobe AIR 经过发展演进，已经超越了最初作为桌面应用程序平台的目标。现在，它支持跨移动、桌面和数字家用设备的独立应用程序开发。AIR 是一种极富吸引力的开发平台，

部分原因在于其广泛的覆盖面。与此同时，这些环境中的每一种环境都给移动应用程序开发与设计带来的独特的要求。

6. 锁定 3D 场景

使用直接模式作用于针对硬件加速的 2D 内容的开源 Starling Framework，从而增强渲染效果。

7. ActionScipt 编辑器

内置 ActionScript 编辑器提供自定义类代码提示和代码自动填充功能，简化开发过程，能更有效地引用自有或外部代码库。

8. 与 Flash Builder 集成

与项目开发成员更紧密合作，使用 Adobe Flash Builder 对设计师创建的 FLA 项目更有效地进行调试、发布。

9.4　Flash 动画的测试与发布

当动画制作完成后，就可以将动画作为文件导出，供其他的应用程序使用或将动画作为作品发布出来供人观看，但动画在发布和导出之前必须进行测试和优化，测试是为了检查动画是否能正常播放，优化是为了减少文件的大小，加快动画的下载速度。

9.4.1　测试 Flash 作品

Flash 动画制作完成后，就可以将其导出了。在导出或发布动画之前应该对动画文件进行测试，以检查动画能否正常播放。

测试不仅可以发现影响影片播放的错误，而且可以检测影片中片段和场景的转换是否流畅、自然等。测试时应该按照影片剧本分别对影片中的元件、场景和完成影片等分步测试，这样有助于发现问题。

在测试 Flash 动画时应从以下 3 个方面考虑。

● Flash 动画的体积是否处于最小状态，能否更小一些。

● Flash 动画是否按照设计思路达到预期的效果。

● 在网络环境下，是否能正常地下载和观看动画。

测试 Flash 影片可以按 Ctrl+Enter 组合键或选择【控制】|【测试影片】|【测试】命令，对

Flash 动画进行测试，如图 9-13 所示。

图 9-13　测试影片

Flash 不仅可以测试影片的全部内容，还可以测试影片的部分场景。测试场景可以按 Ctrl+Alt+Enter 组合键或者选择【控制】|【测试场景】命令，对 Flash 的场景进行测试，如图 9-14 所示。

图 9-14　测试场景

提示　　通过场景测试可以对所制作的影片进行预览，对于那些有很多场景组成的影片来说，利用场景测试的方法可以节省很多时间，不必等很长的时间就可以预览修改效果。

9.4.2　优化动画

在 Flash 动画的制作过程中，就应该注意对动画的优化。动画制作过程的优化主要有以下几个方面。

● 将动画中相同的对象转换为元件，只需保存一次，就可以重复使用多次，可以很好地减少动画的数据量。

● 制作动画时应尽量减少逐帧动画的使用，而要尽量使用补间动画。

● 调用素材时最好使用矢量图，应少使用或不使用位图。

● 尽量使用组合元素，使用层米组织不同时间、不同元素的对象。

● 影片中的音频最好采用 MP3 格式的文件。

● 尽量减少使用字体和字样的数量。

● 尽量减少使用渐变色和 Alpha 透明度。

9.4.3　发布动画

Flash 动画制作完成以后，发布动画是很重要的一个环节。利用 Flash 提供的发布功能，可以将完成的 Flash 作品输出成动画、图像以及 HTML 文件等。发布动画的具体操作步骤如下。

❶ 动画制作完成以后，保存 Flash 文档。按 Ctrl+Enter 组合键测试动画。查看制作的动画是否符合要求，如果不符合要求，那么就在舞台中继续对动画进行编辑。

❷ 选择【文件】|【发布设置】命令，弹出【发布设置】对话框，如图 9-15 所示。

❸ 在对话框中对要发布的动画进行设置，单击【确定】按钮。选择【文件】|【发布预览】|【Flash】命令，即可完成对动画的发布预览，如图 9-16 所示。

图 9-15　【发布设置】对话框

图 9-16　发布预览

9.5　课后练习

1．填空题

（1）Flash CS6 的工作界面由菜单栏、_____、_____、时间轴、舞台和面板等组成。

（2）测试 Flash 影片可以按_____组合键或选择【控制】|【测试影片】|【测试】命令，对 Flash 动画进行测试。

参考答案：

（1）工具箱、属性面板

（2）Ctrl+Enter

2．操作题

打开动画，发布与测试动画，如图 9-17 所示。

原始文件	CH09/操作题/动画.fla
最终文件	CH09/操作题/动画.swf

图 9-17　插入图像效果

9.6　本章总结

本章主要讲述了 Flash 的基础知识、Flash 的工作界面、Flash CS6 的新增功能和 Flash 动画的测试与发布。希望对这些新特性的介绍能激发起读者对 Flash 的兴趣。

第 10 章
绘制图形和编辑对象

作为一款优秀的交互性矢量动画制作软件，丰富的矢量绘图和编辑功能是必不可少的。在 Flash 中，创建和编辑矢量图形主要是通过绘图工具箱提供的绘图工具来进行的，工具箱中的工具可以绘制、涂色、选择和修改图形，并且可以更改舞台的视图。Flash 自身的矢量绘图功能很强大，可以方便、快捷地绘制出各种各样的图形。

学习目标
- 掌握绘制图形对象的方法
- 掌握填充图形对象的方法
- 掌握对象的基本操作
- 掌握文本工具的基本使用

10.1 绘制图形对象

Flash CS6 的绘图工具都集中在舞台左侧的工具箱中，可以通过在工具按钮上单击鼠标左键的方式选择相应的工具。工具箱中的工具可以绘制、涂色、选择和修改图形，并且可以更改舞台的视图。

在 Flash 中进行绘制、填充和对图形的相关编辑，会影响到同图层的其他形状。这里所指的形状是广义的，包括线条、图形、纯色填充、位图填充、过渡填充，以及任何被分离的对象或元件。

10.1.1 使用线条工具

【线条】工具 是 Flash CS6 中最基本、最简单的工具，【线条】工具的主要功能是绘制直线。使用该工具可以轻松地绘制出平滑的直线，具体操作步骤如下。

原始文件	CH10/10.1.1/线条工具.jpg
最终文件	CH10/10.1.1/线条工具.fla

❶ 选中工具箱中的【线条】工具 ，在舞台上按住鼠标左键进行拖动，松开鼠标即可绘制线条，如图 10-1 所示。

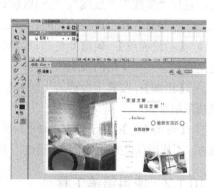

图 10-1 绘制线条

❷ 在【线条】工具的【属性】面板中可以

设置不同的颜色、笔触和样式，如图10-2 所示。

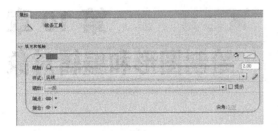

图 10-2　线条属性

❸ 在【属性】面板中单击【样式】后面的【编辑笔触样式】按钮 ✏，弹出【笔触样式】对话框，如图 10-3 所示。

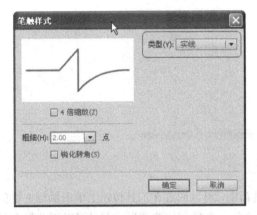

图 10-3　【笔触样式】对话框

在【笔触样式】对话框中可以设置以下参数。

◉ 【类型】：在其下拉列表中选择笔触的类型，包括"实线"、"虚线"、"点状线"、"锯齿状"、"点刻状"和"斑马线"6 个选项。

◉ 【4 倍缩放】：勾选此复选框，可以将自定义笔触样式以 4 倍的大小显示。

◉ 【粗细】：在其下拉列表中输入数值来设置线形粗细。

◉ 【锐化转角】：用于设置在画出锐角笔触的地方，不使用预设的圆角呈现，而改用尖角。

10.1.2　使用铅笔工具

【铅笔】工具 ✐ 可以更自由地绘制线条，使用【线条】工具只能绘制出直线，而使用【铅笔】工具可以绘制任意形状的线条。

选择【铅笔】工具 ✐ 会出现【铅笔模式】附属工具选项，通过它可以选择 Flash 修改所绘笔触的模式，有 3 种模式可供选择，如图 10-4 所示。

图 10-4　附属工具

◉ 【伸直】模式：使绘制的线条趋向于规则的图形。选择这种模式后，使用铅笔工具绘制图形时，只要按事先预想的轨迹描绘，Flash CS6 会自动将曲线调整。

◉ 【平滑】模式：适用于绘制平滑图形，在绘制过程中会自动将所绘图形的棱角去掉，转换成平滑曲线，使绘制的图形趋于平滑、流畅。

◉ 【墨水】模式：可随意地绘制各类线条，这种模式不对笔触进行任何修改。

使用铅笔工具 ✐ 绘制的效果如图 10-5 所示。

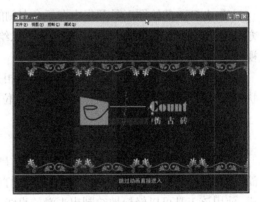

图 10-5　使用铅笔工具

原始文件	CH10/10.1.2/铅笔工具.jpg
最终文件	CH10/10.1.2/铅笔工具.fla

使用【铅笔】工具绘制图形的具体操作步骤如下。

❶ 在工具箱中选择【铅笔】工具 ✐，在

铅笔模式中选择【伸直】模式,按住鼠标左键绘制相应的线条,如图10-6所示。

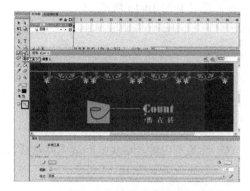

图 10-6 【伸直】模式

❷ 在铅笔模式中选择【平滑】模式,按住鼠标左键绘制相应的线条,如图 10-7 所示。

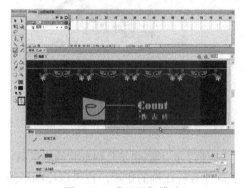

图 10-7 【平滑】模式

❸ 在铅笔模式中选择【墨水】模式,按住鼠标左键绘制相应的线条,如图 10-8 所示。

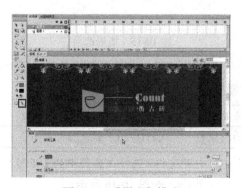

图 10-8 【墨水】模式

10.1.3 使用钢笔工具

【钢笔】工具 用于绘制路径,可以创建直线或曲线段,然后调整直线段的角度和长度,以及曲线段的斜率,是比较灵活的形状创建工具。

选择工具箱中【钢笔】工具 ,在舞台上单击确定一个锚记点,继续单击添加相连的线段。直线路径上或曲线路径结合处的锚记点被称为转角点,以小方形显示,如图 10-9 所示。

原始文件	CH10/10.1.3/钢笔工具.jpg
最终文件	CH10/10.1.3/钢笔工具.fla

> **提示** 【钢笔】工具只能为使用其绘制的曲线添加或删除节点,不能直接为使用【铅笔】工具绘制的曲线添加或删除节点。

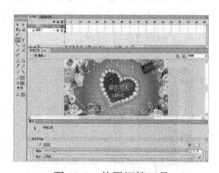

图 10-9 使用钢笔工具

10.1.4 使用椭圆工具

使用【椭圆】工具 可以绘制椭圆或圆形,绘制出的图形包括轮廓线与填充色,如图 10-10 所示。

图 10-10 使用椭圆工具

如果不想使用默认的绘制属性进行绘制，可以对绘制属性进行设置。根据需要，设置绘制参数，包括所绘出椭圆的轮廓色、填充色、椭圆轮廓的粗细和椭圆的轮廓类型。椭圆的轮廓色和填充色可以在工具箱的颜色面板中设置，也可以在属性面板中设置；而椭圆轮廓的粗细和椭圆的轮廓类型只能在【属性】面板中设置。

原始文件	CH10/10.1.4/椭圆工具.jpg
最终文件	CH10/10.1.4/椭圆工具.fla

使用【椭圆】工具 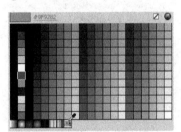 绘制椭圆的具体操作步骤如下。

❶ 单击工具箱中的【椭圆】工具 。

❷ 单击工具箱中的【颜色】选项中的【笔触颜色】 按钮，在弹出的颜色框中设置相应的颜色。单击【填充颜色】 按钮，在弹出的颜色框中设置填充颜色，如图 10-11 所示。

图 10-11 设置颜色

❸ 按住鼠标左键在舞台上进行拖动，在拖动到合适的大小后松开鼠标，即可绘制一个椭圆，如图 10-12 所示。

图 10-12 绘制椭圆

❹ 在椭圆的【属性】面板中设置不同的笔触颜色、边框粗细、边框线性和填充颜色，如图 10-13 所示。

图 10-13 【属性】面板

❺ 设置不同的边框属性和填充颜色后，图形的效果如图 10-14 所示。

图 10-14 设置属性后的效果

10.1.5 使用矩形工具

【矩形】工具 也是几何形状绘制工具，它用于创建各种比例的矩形，也可以绘制不同大小的正方形，其操作步骤和使用【椭圆】工具绘制椭圆相似。不同的是，在矩形面板中可以设置矩形的边角半径，如图 10-15 所示。

图 10-15 矩形选项

使用【矩形】工具 绘制图形的具体操作步骤如下。

原始文件	CH10/10.1.5/矩形工具.jpg
最终文件	CH10/10.1.5/矩形工具.fla

❶ 打开文档，选择工具箱中的【矩形】工具 ，如图 10-16 所示。

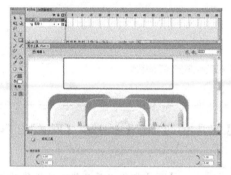

图 10-16　选择【矩形】工具

❷ 在属性面板中可以设置矩形属性选项，单击并拖动鼠标即可绘制矩形，如图10-17所示的圆角矩形。

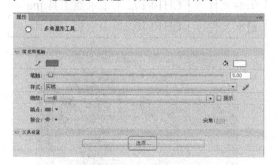

图 10-17　绘制矩形

10.1.6　使用多角星形工具绘制星星

【多角星形】工具◎的用法与【矩形】工具□基本一样，不同的是，在【属性】面板中多了一个【选项】按钮，如图10-18所示。

图 10-18　【属性】面板

单击【属性】面板中的【选项】按钮，弹出【工具设置】对话框，如图10-19所示。在对话框中可以自定义多边形的各种属性。

在【工具设置】对话框中主要有以下参数设置。

● 样式：在下拉列表中可以选择多边形或

者星形。

图 10-19　【工具设置】对话框

● 边数：设置多边形的边数，其选取范围为3～32。

● 星形顶点大小：输入 0～1 的数字以指定星形顶点的深度。此数字越接近 0，创建的顶点就越深。

下面讲述利用【多角星形】工具绘制多边形和星形，如图10-20所示。具体操作步骤如下。

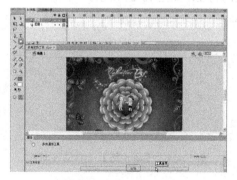

图 10-20　绘制星形

原始文件	CH10/10.1.6/多角星形工具.jpg
最终文件	CH10/10.1.6/多角星形工具.fla

❶ 选择工具箱中的【多角星形】工具◎，并设置填充颜色和笔触颜色，在属性面板中单击【选项】，如图10-21所示。

图 10-21　绘制多边形

❷ 弹出【工具设置】对话框，在对话框中的【样式】下拉列表中选择"星形"，如图 10-22 所示。

图 10-22　【工具设置】对话框

图 10-23　绘制星形

❸ 单击【确定】按钮，在舞台中单击并拖动鼠标，即可绘制星形，如图 10-23 所示。

10.2　填充图形对象

【填充】工具主要有【墨水瓶】工具 ，、【颜料桶】工具 ，、【滴管】工具 ，、【刷子】工具 、和【渐变变形】工具 5 种，下面分别进行介绍。

10.2.1　使用墨水瓶工具给图片添加边框

【墨水瓶】工具 用于创建形状边缘的轮廓，并可设定轮廓的颜色、宽度和样式，此工具仅影响形状对象。

要添加轮廓设置，可先在【铅笔】工具中设置笔触属性，再使用【墨水瓶】工具 。

如果不希望使用默认设置，就要修改【墨水瓶】工具的属性设置。当选中【墨水瓶】工具时，属性面板上将出现与【墨水瓶】工具有关的属性，如图 10-24 所示。

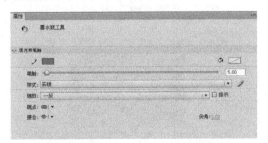

图 10-24　【墨水瓶】工具属性面板

> **提示**　【墨水瓶】工具只能为位图修改轮廓线，无法修改矢量图轮廓线。要想修改矢量图的轮廓线，必须先将其打散。

下面讲述【墨水瓶】工具的使用，如图 10-25 所示。

原始文件	CH10/10.2.1/墨水瓶工具.jpg
最终文件	CH10/10.2.1/墨水瓶工具.fla

图 10-25　使用【墨水瓶】工具的效果

使用【墨水瓶】工具的具体操作步骤如下。

❶ 新建一个空白文档，导入图像 "墨水瓶工具.jpg"，如图 10-26 所示。

❷ 选择导入的图像，按 Ctrl+B 组合键将图像打散，如图 10-27 所示。

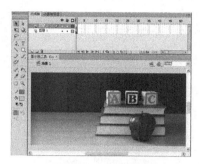

图 10-26　导入图像

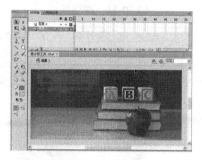

图 10-27　打散图像

❸ 在工具箱中选择【墨水瓶】工具 🖈，在【属性】面板中进行相应的设置，单击形状的填充区域，填充的轮廓如图 10-28 所示。

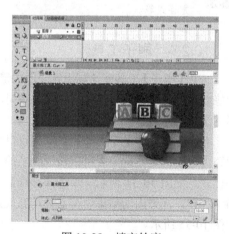

图 10-28　填充轮廓

10.2.2　颜料桶工具

使用【颜料桶】工具 🖈 可以为封闭区域填充颜色，还可以更改已涂色区域的颜色。这里可以使用纯色、渐变填充和位图填充涂色。使用【颜料桶】工具 🖈 可以填充未完全封闭的区域。

选择【颜料桶】工具 🖈 后，在工具箱的下部会出现【空隙大小】附属工具选项，如图 10-29 所示。

图 10-29　【空隙大小】附属工具

● 【不封闭空隙】：不允许有空隙，只限于封闭区域。

● 【封闭小空隙】：如果所填充区域不是完全封闭的，但是空隙很小，则 Flash 会近似地将其判断为完全封闭而进行填充。

● 【封闭中等空隙】：如果所填充区域不是完全封闭的，但是空隙大小中等，则 Flash 会近似地将其判断为完全封闭而进行填充。

● 【封闭大空隙】：如果所填充区域不是完全封闭的，而且空隙尺寸比较大，则 Flash 会近似的将其判断为完全封闭而进行填充。

使用【颜料桶】工具的具体操作步骤如下。

原始文件	CH10/10.2.2/颜料桶工具.jpg
最终文件	CH10/10.2.2/颜料桶工具.fla

❶ 选择【颜料桶】工具 🖈，在附属工具选项中选择需要的空隙模式。

❷ 将鼠标指针移到舞台中，将发现它变成了一个颜料桶，在填充区域内部单击，填充颜色，或者在轮廓内单击填充，如图 10-30 所示。

图 10-30　【颜料桶】工具填充颜色

10.2.3　使用滴管工具

【滴管】工具 🖋 是吸取某种对象颜色的管状工具。【滴管】工具的作用是采集某一对象的色彩特征，以便应用到其他对象上。

单击工具箱中的【滴管】工具 🖋，一旦选中，鼠标指针就会变成一个滴管状，表明此时已经激活了【滴管】工具，可以拾取某种颜色了。接着移动到目标对象上，再单击左键，这样，刚才所采集的颜色就被填充到目标区域了。

原始文件	CH10/10.2.3/滴管工具.jpg
最终文件	CH10/10.2.3/滴管工具.fla

下面介绍【滴管】工具 🖋 的使用方法。

❶ 新建一个空白文档，导入一张图像，如图 10-31 所示。

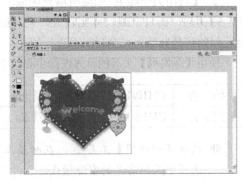

图 10-31　导入图像

❷ 选择【修改】|【分离】命令，将图像打散，使用工具箱中的【滴管】工具 🖋。

❸ 将【滴管】工具放置在要复制其属性的填充（包括渐变和分离的位图）上，这时在【滴管】工具 🖋 的旁边出现了一个刷子图标。单击填充，则将形状信息采样到填充工具中，如图 10-32 所示。

🔄 **提示**　如果将位图分离，就可以用【滴管】工具 🖋 取得图像并用于填充形状。

❹ 使用工具箱中的【矩形】工具，在舞台中绘制一个矩形，该矩形将具有【滴管】工具所提取的填充属性，如图 10-33 所示。

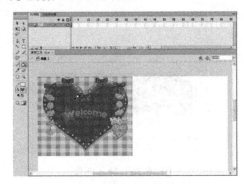

图 10-32　滴管填充

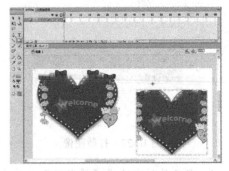

图 10-33　使用滴管填充矩形

🔄 **提示**　使用【滴管】工具采集到的样式一般包含笔触颜色、笔触高度、填充颜色和填充样式等。

10.2.4　刷子工具

使用【刷子】工具能绘制出刷子般的笔触，就好像在涂色一样。它可以创建特殊效果，包括书法效果。

使用工具箱中的【刷子】工具 🖋 可以随意地画出色块，在其选项中可以设置刷子的大小和样式，如图 10-34 所示。单击【选项】区中的 🔍 按钮，在弹出的菜单中有 5 种填充模式，如图 10-35 所示。

图 10-34　【刷子】大小　　图 10-35　填充模式

● 标准绘画：使用工具箱中的【刷子】工具，将【填充颜色】设置为"#ff99ff"，将鼠标指针移动到舞台上，在舞台中按住鼠标左键在舞台上进行拖动。

● 颜料填充：它只影响填色的内容，不会遮住线条。

● 后面绘画：在图形上画，它只会在图形的后面，不会影响前面的图像。

● 颜料选择：使用【选择】工具选择图形的一部分区域，再使用刷子工具绘制。

● 内部绘画：在绘画时，画笔的起始点必须是在轮廓线以内，而且画布的范围也只作用在轮廓线以内。

使用【刷子】工具的具体操作步骤如下。

原始文件	CH10/10.2.4/刷子工具.jpg
最终文件	CH10/10.2.4/刷子工具.fla

❶ 在工具箱中选择【刷子】工具，在附属工具选项中选择需要的刷子模式、大小和形状。

❷ 将鼠标指针移到舞台中，按住鼠标左键即可绘制相应的色块，如图 10-36 所示。

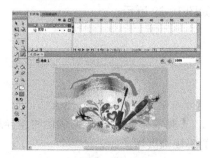

图 10-36　绘制色块

提示　刷子的特点是刷子大小在更改舞台的缩放比率级别时也可以保持不变，所以当舞台缩放比率降低时，同一个刷子大小就会显得太大。例如，用户将舞台缩放比率设置为 100%，并使用刷子工具以最小的刷子大小涂色，然后将缩放比率更改为 50%并用最小的刷子大小再绘制一次，此时绘制的新笔触就比以前的笔触显得粗 50%（更改舞台的缩放比率并不更改现有刷子笔触的粗细）。

10.2.5　渐变变形工具

使用【渐变变形】工具可以改变图形中的填充渐变效果。使用【渐变变形】工具可以单击工具箱中的【渐变变形】工具按钮。当图形填充为背景渐变色，使用工具箱中的【渐变变形】工具时，将鼠标指针移动到图形上，单击鼠标左键出现了 4 个控制点和 1 个圆形外框，如图 10-37 所示，向圆形外框水平拖动方向水平渐变区域。

原始文件	CH10/10.2.5/渐变变形工具.jpg
最终文件	CH10/10.2.5/渐变变形工具.fla

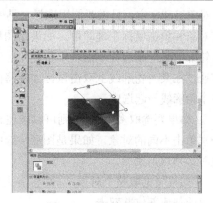

图 10-37　使用渐变变形

10.3　对象的基本操作

移动对象的操作方法包括：在舞台中拖动对象，使用菜单命令剪切并粘贴对象，按方向键移动对象，或使用属性面板为对象指定确切的位置；还可以用剪贴板在 Flash 和其他应用程序之间移动对象。移动对象时属性面板会显示其新位置。

10.3.1　使用选择工具选择对象

通常需要选择将要处理的对象，然后对这些对象进行处理，而选择对象的工具通常就是【选择】工具。【选择】工具是工具箱中最常用的工具之一。利用【选择】工具可以方便地选取利用 Flash 所绘制出的图形对象。当某一图形对象被选中后，图像的边框由实变虚，表示图形被选中，如图 10-38 所示。

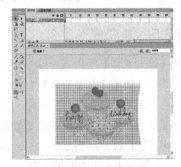

图 10-38　选择对象

在工作区中使用【选择】工具选择或编辑对象时，有 7 种主要的用法，介绍分别如下。

● 如果只想选某一个对象，如线段、图形、对象组和文字，只需要使用选择工具指向该对象并单击鼠标左键即可。如果是图形，单击轮廓的某一条边并不能选中整个轮廓线，只有通过在某一轮廓线上双击鼠标才能将图形的整个轮廓线一起选中。

● 如果要选取多个对象，则可以按住 Shift 键分别单击不同的对象。如果是图形，选中轮廓线时必须双击鼠标。

● 如果要选取整个对象，只需将箭头指向该对象的任何部位并双击。

● 如果要选取某一区域内的对象，将箭头移到该区域，按住鼠标左键并向该区域右下方拖动，这时将出现一个矩形框。只要释放鼠标左键，这个矩形框内的对象都将被选中。如果被选区域包括某一互相连接的实体的一部分，被选中的实体将与原实体断开连接而成为独立的对象。

● 如果要移动图中的某一拐角点，可以将箭头移到该拐角点的区域，当箭头下方出现一个小直角样的拐角标志，说明拐角已被选中。按住左键并拖动鼠标，该拐角点将跟随鼠标指针移动。当拐角点移动到指定位置后，释放鼠标左键即可。Flash 会调整线段的曲度来适应移动点的新位置。

● 如果想改变某一线段的曲线形状，可将箭头移向该线段，当箭头下方出现一个小弧样的曲线标志，表示该线段已被选中。按住左键并拖动鼠标，该线段将随着鼠标鼠标指针的移动而改变形状，当形状达到要求时，释放鼠标左键完成相应的操作。如果在改变复杂线条的形状时遇到困难，可以把它处理得平滑，去除一些细节，这样就会使形状改变相对容易一些。提高缩放比例也可以使形状改变更方便且更准确。

● 如果要增加一个拐角，可以将箭头移到任意一个线段上，当箭头下方出现一个小弧样的曲线标志，按住 Ctrl 键拖动鼠标，到适当位置后释放鼠标，即可增加一个拐角。

10.3.2　使用套索工具选择对象

【套索】工具是比较灵活的选取工具，使用【套索】工具可以自由选定要选择的区域。选择【套索】工具会出现 3 个附属工具选项，如图 10-39 所示。

图 10-39　附属工具

● 【魔术棒】：根据颜色的差异选择对象的不规则区域。

● 【多边形模式】：选择多边形区域及不规则区域。

● 【魔术棒设置】：调整魔术棒工具的设置，单击此按钮，弹出【魔术棒设置】对话框，如图 10-40 所示。

图 10-40　【魔术棒设置】对话框

【阈值】：用来设置所选颜色的近似程度，只能输入 0～200 的整数，数值越大，差别大的其他邻接颜色就越容易被选中。

【平滑】：与所选颜色近似程度的单位，默认为"一般"。

使用【套索】工具 的具体操作步骤如下。

原始文件	CH10/10.3.2/套索工具.jpg
最终文件	CH10/10.3.2/套索工具.fla

❶ 新建 Flash 文档，导入图像文件，按 Ctrl + B 组合键分离图像，如图 10-41 所示。

图 10-41　分离图像

❷ 在工具箱中选择【套索】工具 ，单击【多边形模式】按钮 ，将鼠标指针置于要圈选的位置，按住鼠标左键不放拖动，直到全部将显示器圈选，释放鼠标即可将鼠标拖动的区域选中，如图 10-42 所示。

图 10-42　圈选显示器

10.3.3　使用任意变形工具

对形状进行变形是应用比较广泛的技巧，其作用是调整形状在舞台中的比例，协调与其他形状的关系。【任意变形】工具 主要用于对各种对象进行变形处理，如拉伸、压缩、旋转、翻转和自由变形等。

选择【任意变形】工具 会出现 4 个附属工具选项，如图 10-43 所示。

图 10-43　附属工具

● 【旋转与倾斜】 ：对选中对象进行旋转或倾斜操作。

● 【缩放】 ：对选中对象进行放大或缩小操作。

● 【扭曲】 ：对选中对象进行扭曲操作，只有在将对象分离后，此功能才有效，并且只对四角的控制点有效。

● 【封套】 ：当选中此功能后，当前被选中的对象四周会出现更多的控制点，可以方便地对对象进行精确地变形操作。

使用【任意变形】工具 的具体操作步骤如下。

原始文件	CH10/10.3.2/任意变形工具.jpg
最终文件	CH10/10.3.2/任意变形工具.fla

❶ 打开图像文件，如图 10-44 所示。

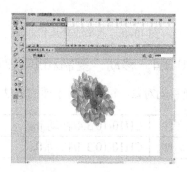

图 10-44　打开图像文件

❷ 在工具箱中选择【任意变形】工具 ，此时图像四周出现控制点，将鼠标指针置于编辑对象的角上，然后单击并拖动鼠标，既可以顺时针方向也可以逆时针方向旋转对象，如图 10-45 所示。

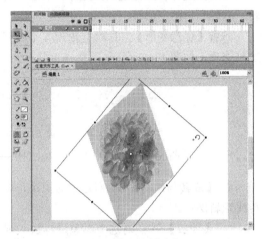

图 10-45　旋转对象

❸ 将鼠标指针置于边上的一个手柄，然后单击并拖动鼠标，根据手柄所在的边，可以在水平或垂直方向上扭曲对象，如图 10-46 所示。

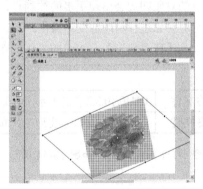

图 10-46　水平或垂直扭曲

10.3.4　移动、复制和删除对象

要移动对象，可以使用下面的方法。

原始文件	CH10/10.3.4/移动.jpg
最终文件	CH10/10.3.4/移动.fla

❶ 打开 Flash 文档，在舞台中选择一个对象，如图 10-47 所示。

图 10-47　选择对象

❷ 选择工具箱中的【选择】工具，将指针放在对象上，要仅移动对象，将其拖到新位置即可，如图 10-48 所示。

图 10-48　移动对象

提示
⬤　要复制对象并移动副本，可以按 Alt 键拖动。
⬤　要使对象移动后偏 45° 的倍数，可以按住 Shift 键拖动。
⬤　若要一次移动 1 个像素，按想要对象移动的方向键。
⬤　同时按 Shift 键和方向键可以让所选对象一次移动 10 个像素。

当需要在层、场景或多个动画之间移动对象时，上面介绍的几种方法就不适用了。这时候可以用粘贴来移动或复制对象。

❶ 打开 Flash 文档，选择一个对象，如图 10-49 所示。

图 10-49　选择对象

❷ 选择【编辑】|【复制】命令，如图 10-50 所示。

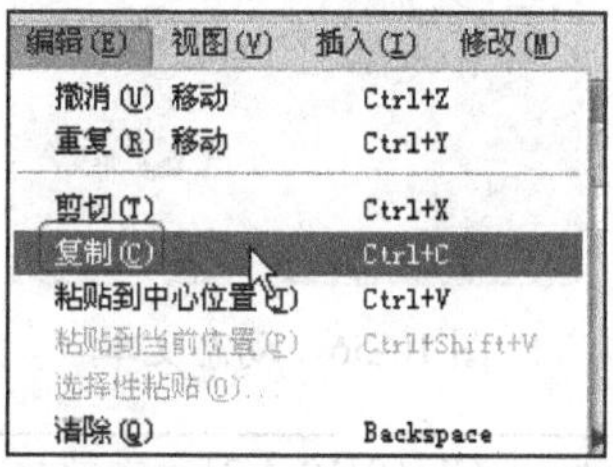

图 10-50　选择【复制】命令

❸ 选择其他层、场景或文件，然后选择【编辑】|【粘贴到中心位置】，将所选

内容粘贴到舞台的中心位置，如图 10-51 所示。

图 10-51　粘贴到中心位置

当在工作区中不再需要某些对象时，可以将其删除。要删除对象有以下方法。

（1）按下 Delete 键或 Backspace 键。

（2）选择【编辑】|【清除】命令删除。

（3）选择【编辑】|【剪切】命令删除。

（4）右击鼠标，并在弹出的列表中选择【剪切】命令。

10.4　文本工具的基本使用

在 Flash CS6 中，文本类型，分为静态文本、动态文本和输入文本 3 种。这 3 种文本类型的切换与设置可以通过【属性】面板中的列表选项来实现。

10.4.1　创建静态文本

静态文本是在动画制作阶段创建的，在动画播放阶段不能改变文本。在静态文本框中，可以创建横排或竖排文本。输入静态文本的效果如图 10-52 所示，具体操作步骤如下。

图 10-52　静态文本

原始文件	CH10/10.4.1/静态文本.jpg
最终文件	CH10/10.4.1/静态文本.fla

❶ 新建空白文档，导入相应的图像，选择工具箱中的【文本】工具 T，如图 10-53 所示。

❷ 打开【属性】面板，从【文本引擎】下拉列表中选择"传统文本"；从【文本类型】下拉列表中选择"静态文本"；【文本方向】设置为【垂直】，【大小】设置为 50，如图 10-54 所示。

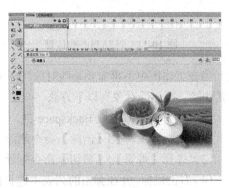

图 10-53　选择【文本】工具

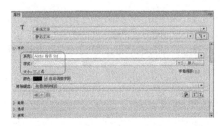

图 10-54　设置文本属性

❸ 在舞台上单击并输入相应的文本，如图 10-55 所示。

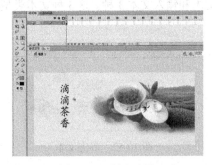

图 10-55　输入文本

 提示　输入静态文本时，在【属性】面板中单击【改变文本方向】按钮，在弹出的下拉列表中可以选择输入文本的方向。

10.4.2　创建动态文本

动态文本框用来显示动态可更新的文本，如动态显示日期、时间及天气预报信息等。下面通过实例讲述动态文本的创建，效果如图 10-56 所示，具体操作步骤如下。

图 10-56　动态文本

原始文件	CH10/10.4.2/动态文本.jpg
最终文件	CH10/10.4.2/动态文本.fla

❶ 新建空白文档，导入相应的图像。选择工具箱中的【文本】工具 T，在【属性】面板中的【文本类型】下拉列表中选择"动态文本"选项，如图 10-57 所示。

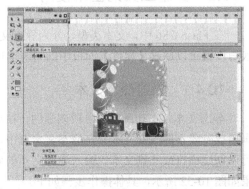

图 10-57　设置【文本类型】

❷ 在文档中单击不放并拖出一个文本输
入框，如图 10-58 所示。

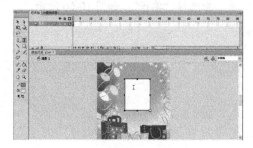

图 10-58　拖出文本框

❸ 单击【选择】工具按钮，在【变量】文
本框中输入"sh"，如图 10-59 所示。

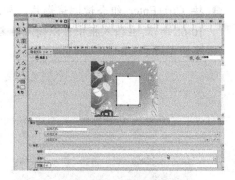

图 10-59　设置变量

💡 提示　变量的命名规则是：以字母和下划线
开头，不能以数字开头，但是中间可以包
含数字。

❹ 单击时间轴的第一帧，选择【窗口】|
【动作】命令，打开【动作】面板，如
图 10-60 所示。

图 10-60　【动作】面板

❺ 选择【全局函数】|【浏览器/网络】菜单
项，在其下列函数中双击"loadVariables-
Num"选项，该命令添加到【动作】面
板中，如图 10-61 所示。

图 10-61　添加函数命令

❻ 将鼠标指针放置在命令行的括号中，补
充"("D:/巧学巧用三剑客 CS6/xiaoguo/
原始文件/CH10/sh.txt",0);"，如图 10-62
所示。

❼ 在所保存的文件夹中新建一个 sh.txt 文
档，打开文档并输入文本，如图 10-63
所示。

图 10-62　添加内容

图 10-63　sh.txt 文档

❽ 选择【文件】|【保存】命令，弹出【另
存为】对话框，在【文件名】文本框中
输入相应的名称，单击【保存】按钮。
然后双击保存在文件夹中发布的文档
即可，如图 10-56 所示。

10.4.3 创建输入文本

输入文本在动画设计中被作为一个输入
文本框来使用，在动画播放时，输入的文本可
以展现更多信息。下面通过图 10-64 所示的实
例讲述输入文本的使用，具体操作步骤如下。

原始文件	CH10/10.4.3/输入文本.jpg
最终文件	CH10/10.4.3/输入文本.fla

❶ 选择工具箱中的【文本】工具，在文档
中输入静态文本，如图 10-65 所示。

图 10-64 输入文本

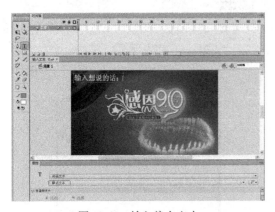

图 10-65 输入静态文本

❷ 选择工具箱中的【文本】工具，在【属

性】面板中的【文本类型】下拉列表中
选择"输入文本"，在【行为】下拉列表
中选择"单行"，如图 10-66 所示。

图 10-66 设置文本属性

❸ 在文档中单击鼠标左键并拖出一个文
本框，如图 10-67 所示。

❹ 按 Ctrl+Enter 组合键测试影片，如图
10-68 所示。在输入框中可以输入姓名，
如图 10-64 所示。

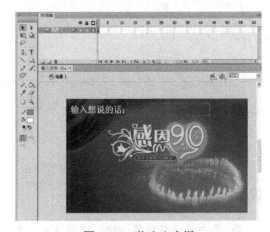

图 10-67 拖出文本框

图 10-68 测试影片

10.4.4 制作空心文字

空心文字就是删除文字笔画内部填充色，留下笔画的轮廓构成的文字。下面使用 Flash 制作空心文字，效果如图 10-69 所示，具体操作步骤如下。

图 10-69 空心文字

原始文件	CH10/10.4.4/空心文字.jpg
最终文件	CH10/10.4.4/空心文字.fla

❶ 新建空白文档，选择【文件】|【导入】|【导入到舞台】命令，弹出【导入】对话框，在对话框中选择图像文件，如图 10-70 所示。

图 10-70 【导入】对话框

❷ 单击【打开】按钮，导入到舞台中。选择【修改】|【文档】命令，弹出【文档设置】对话框，如图 10-71 所示。

图 10-71 【文档设置】对话框

❸ 在对话框中的【匹配】选项中单击【内容】单选按钮，调整文档的大小，单击【确定】按钮，修改文档并调整图像的位置，如图 10-72 所示。

图 10-72 调整图像的位置

❹ 新建图层 2，选择工具箱中的【文本】工具，在图像上输入文字"新年快乐"，如图 10-73 所示。

图 10-73 输入文字

❺ 选中输入的文本，执行两次【修改】|【分离】命令，将所有的文本分离为图形，如图 10-74 所示。

图 10-74　分离文本

❻ 取消文档中文字的选择,选择工具箱中的【墨水瓶】工具❷,在【属性】面板中调整文字轮廓的颜色和线条粗细等属性,如图 10-75 所示。

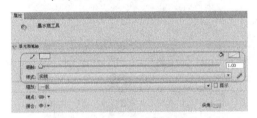

图 10-75　设置属性

❼ 选中分离为图形的文本,选择【墨水瓶】工具❷单击已被分离的文字的轮廓线,为轮廓线描边,如图 10-76 所示。

图 10-76　为文字描边

❽ 保存文档,按 Ctrl+Enter 组合键测试影片,效果如图 10-69 所示。

10.5　综合案例

本章主要讲述了基本绘图工具的使用,本章的内容在于熟,而不只停留在会,这些内容没有过高的理论知识,最重要的是练习、练习再练习。只有熟练掌握了才能绘制出精美的图形。

10.5.1　绘制标志

下面通过实例讲述使用【椭圆】工具❷和【颜料桶】工具❷绘制标志。绘制标志效果如图 10-77 所示。

图 10-77　标志效果

最终文件	CH10/10.5.1/标志.fla

❶ 新建空白文档,选择工具箱中的【椭圆】工具❷,在【属性】面板中将【填充颜色】设置为"#33CCFF",绘制椭圆,如图 10-78 所示。

❷ 选择工具箱中的【椭圆】工具❷,在【属性】面板中将【笔触颜色】设置为"#FFFFFF",【笔触高度】设置为"1",绘制椭圆,并使用【任意变形】工具进行旋转,如图 10-79 所示。

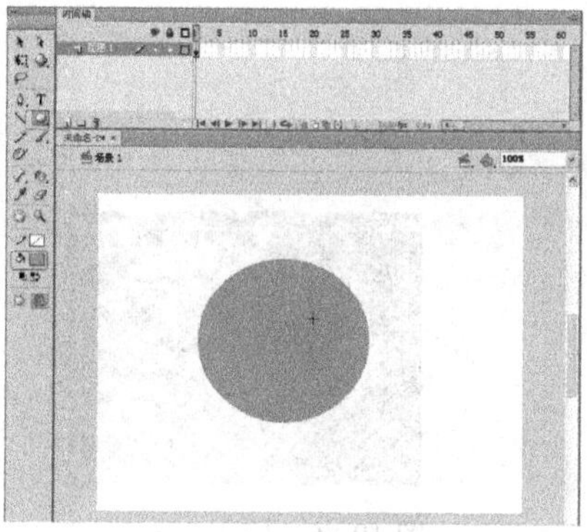

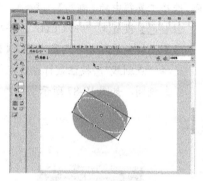

图 10-78 绘制椭圆

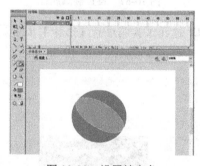

图 10-79 调整椭圆

❸ 选择工具箱中的【颜料桶】工具🖌，将【填充颜色】设置为"#00CC66"，在要填充颜色的位置单击，如图 10-80所示。

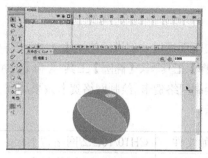

图 10-81 绘制椭圆

❺ 选择【窗口】|【颜色】命令，在【颜色】面板的【类型】下拉列表中选择"线性"选项，将第 1 个色标设置为 "#ADFF00"，第 2 个色标设置为 "#FFFF74"，如图 10-82 所示。

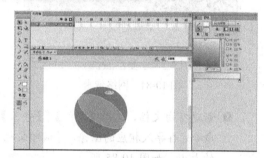

图 10-82 调整颜色

❻ 选择工具箱中的【文本】工具，在【属性】面板中调整文本样式、大小和颜色等属性，如图 10-83 所示。

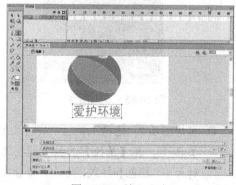

图 10-80 设置填充色

❹ 选择工具箱中的【椭圆】工具⭕，绘制椭圆，如图 10-81 所示。

图 10-83 输入文本

❼ 保存文档，按 Ctrl+Enter 组合键测试影片，效果如图 10-77 所示。

10.5.2 绘制网络贺卡

下面通过实例讲述使用【文本】工具 T 、【选择】工具 、【椭圆】工具 和【滤镜】属性绘制网络贺卡。绘制网络贺卡效果如图 10-84 所示。

原始文件	CH10/10.5.2/网络贺卡.jpg
最终文件	CH10/10.5.2/网络贺卡.fla

图 10-84　网络贺卡

❶ 新建空白文档，选择【文件】|【导入】命令，再导入相应的图像，并调整文档的大小，如图 10-85 所示。

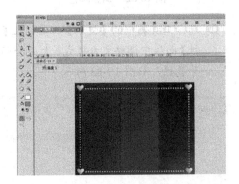

图 10-85　导入图像

❷ 新建图层 2，选择工具箱中的【文本】工具 T ，在【属性】面板中设置文本的大小、颜色和样式，然后在舞台中输入相应的文本，如图 10-86 所示。

图 10-86　输入文本

❸ 选择工具箱中的【椭圆】工具 ，将【笔触颜色】设置为 "#FFCC00"，并在【属性】面板中笔触大小设置为 12，【样式】选择 "点刻线"，按住鼠标左键在舞台中绘制椭圆，如图 10-87 所示。

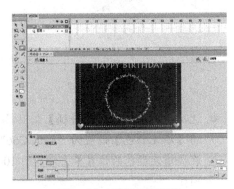

图 10-87　设置椭圆属性

❹ 选择工具箱中的【选择】工具 ，调整为心形状，如图 10-88 所示。

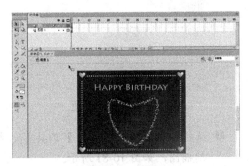

图 10-88　调整形状

❺ 选择工具箱中的【文本】工具 T ，在【属性】面板中设置相应的字体样式、

大小和颜色，如图 10-89 所示。

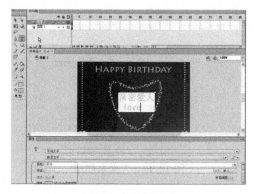

图 10-89　输入文本

❻ 选择工具箱中的【文本】工具 T，输入相应的文本，如图 10-90 所示。

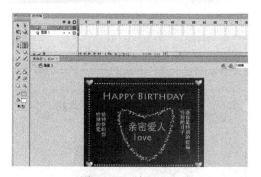

图 10-90　输入文本

❼ 在【属性】面板中单击底部的【添加滤镜】按钮 🗇，添加【投影】效果，将投影颜色设置为红色，如图 10-91 所示。

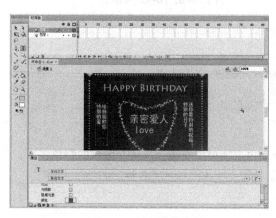

图 10-91　设置滤镜

❽ 保存文档，按 Ctrl+Enter 组合键测试影片，效果如图 10-84 所示。

10.5.3　制作立体文字

本实例制作的文字呈现出立体的形状，效果如图 10-92 所示，具体操作步骤如下。

图 10-92　立体文字

原始文件	CH10/10.5.3/立体文字.jpg
最终文件	CH10/10.5.3/立体文字.fla

❶ 新建空白文档，导入相应的图像，如图 10-93 所示。

❷ 新建图层 2，选择工具箱中的【文本】工具 T，在【属性】面板中设置文本的大小、颜色和样式，然后在舞台中输入相应的文本，如图 10-94 所示。

图 10-93　导入图像

215

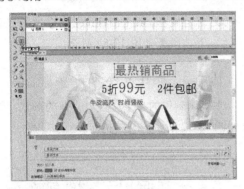

图 10-94　输入文本

❸ 选中输入的文本，按两次 Ctrl+B 组合键，将文本分离成图形，如图 10-95 所示。

图 10-95　分离文本

❹ 选择工具箱的【墨水瓶】工具，在【属性】面板中设置【墨水瓶】工具属性，选择分离成图形的文本，利用【墨水瓶】工具为文本描边，如图 10-96 所示。

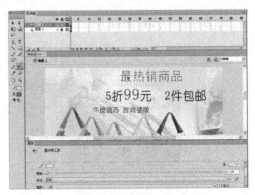

图 10-96　为文本描边

❺ 将文本适当放大，按 Ctrl+A 组合键全部选中，然后按住 Alt 键拖动，复制一份并调整适当的位置，如图 10-97 所示。

图 10-97　复制并调整位置

❻ 保存文档，按 Ctrl+Enter 组合键测试影片，如图 10-92 所示。

10.6　课后练习

1. 填空题：

（1）使用【颜料桶】工具可以为封闭区域填充颜色，还可以更改_____区域的颜色。

（2）在 Flash CS6 中，文本类型分为_____、_____和_____3 种。

参考答案：

（1）已涂色

（2）静态文本、动态文本、输入文本

2．操作题：

（1）创建静态文本，如图 10-98 和图 10-99 所示。

原始文件	CH10/操作题/操作题 1.jpg
最终文件	CH10/操作题/操作题 1.fla

图 10-98　原始文件

图 10-99　创建文本效果

（2）创建立体文字效果，如图 10-100 和图 10-101 所示。

原始文件	CH10/操作题/操作题 2.jpg
最终文件	CH10/操作题/操作题 2.fla

图 10-100　原始文件

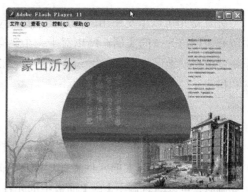

图 10-101　创建立体文字效果

10.7　本章总结

本章主要介绍了 Flash 矢量绘图工具的使用。熟练掌握绘图工具的使用也是 Flash 学习的关键。在学习和使用过程中，应当清楚各种工具的用途，例如，使用椭圆和钢笔工具可以绘制椭圆。灵活运用这些工具，可以绘制出形象生动的矢量图，为后面的动画制作做好准备工作。

元件是存放在库中可以重复使用的图形、按钮或动画。使用元件可以使编辑动画变得更简单，使创建交互动画变得更加容易。将元件从库中取出并且拖放到舞台上，就生成了该元件的一个实例。真正在舞台上表演的是实例，而元件本身仍在库中。

学习目标
- ▨ 掌握元件的创建和使用
- ▨ 掌握实例的应用
- ▨ 掌握库的应用

11.1 元件

元件是指可以重复使用的图形、按钮或动画。因为对元件的编辑和修改可以直接应用于动画中所有应用该元件的实例，所以对于一个具有大量重复元素的动画来说，只要对元件进行修改，系统就将自动地更新所有使用元件的实例。在 Flash CS6 中，元件的类型分为图形元件影片剪辑元件和按钮元件 3 种。

11.1.1 元件的类型

元件存放在 Flash 影片文件的【库】面板中，【库】面板具备强大的元件管理功能。在制作动画时，可以随时调用【库】面板中的元件。

按照功能和类型的不同，元件可以分为以下 3 种类型。

● 图形元件：通常用于存放静态的图像，也能用来创建动画；在动画中可以包含其他元件实例，但不能添加交互控制和声音效果。

● 影片剪辑元件：一个独立的动画片段可以包含交互控制、音效，甚至其他的影片剪辑实例。

● 按钮元件：对鼠标事件做出响应的交互按钮，它无可替代地使用户与动画更贴近，也

就是利用它可以实现交互动画。

提示　　元件允许嵌套，例如，可以将图像放入影片剪辑，而影片间距可以放入按钮中；一个影片剪辑可以放入另外一个影片剪辑，但是一个元件不能放入自己本身。

11.1.2 创建图形元件

图形元件主要用于创建动画中的静态图像或动画片段。图形元件与主时间轴同步进行。交互式控件和声音在图形元件动画序列中不起作用。创建图形元件的具体操作步骤如下。

原始文件	CH11/11.1.2/图形元件.jpg
最终文件	CH11/11.1.2/图形元件.fla

❶ 选择【插入】|【新建元件】命令或者按 Ctrl+F8 组合键，弹出【创建新元件】对话框，如图 11-1 所示。

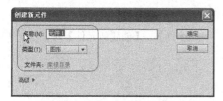

图 11-1　【创建新元件】对话框

提示

单击【库】面板底部的【新建元件】按钮 🔳 ，也可以弹出【创建新元件】对话框。

单击【库】面板的顶部右边的 🔻 ，在弹出的菜单中选择【新建元件】命令，也可以弹出【创建新元件】对话框。

❷ 在对话框的【名称】文本框中输入元件的名称，【类型】设置为"图形"，单击【确定】按钮，进入图形元件的编辑模式，如图 11-2 所示。

图 11-2　图形元件编辑模式

❸ 在图形元件的编辑模式中从外部导入对象，效果如图 11-3 所示。

❹ 完成元件内容的制作后，选择【编辑】|【编辑文档】命令，或者在左上角单击 📄 场景1 图标，退出图形元件编辑模式并返回场景；在【库】面板中显示创建的图形元件，可以将【库】面板中的元件拖动到舞台中，如图 11-4 所示。

图 11-3　导入图像

图 11-4　图形元件

提示

被选取的对象仍然在舞台上，但已成为元件的实例。被选取的对象还会复制一个新的元件放置在【库】面板中。如果要对已创建的元件进行编辑，可以在【库】面板中双击这个元件，进入元件编辑模式。

11.1.3　将对象转换为图形元件

将对象转换为图形元件的具体操作步骤如下。

❶ 选取舞台上的对象，选择【修改】|【转换为元件】命令。

提示

选中舞台中的对象，按 F8 键也可以弹出【转换为元件】对话框。

❷ 弹出【转换为元件】对话框，在对话框中设置元件的名称，【类型】设置为"图形"，如图 11-5 所示。单击【确定】按钮，将对象转换为图形元件。

图 11-5 【转换为元件】对话框

11.1.4 将动画转换为影片剪辑元件

将动画转换为影片剪辑元件的具体操作步骤如下。

原始文件	CH11/11.1.4/转换.jpg
最终文件	CH11/11.1.4/转换.fla

❶ 选中时间轴上想使用舞台上的动画的每一个层中的每一帧，如图 11-6 所示。

图 11-6 选中时间轴上的帧

❷ 单击鼠标右键，在弹出的菜单中选择【复制帧】选项，如图 11-7 所示。

图 11-7 选择【复制帧】选项

❸ 选择【插入】|【新建元件】命令，弹出【创建新元件】对话框，如图 11-8 所示。

❹ 在对话框中设置元件的名称，【类型】设置为"影片剪辑"，单击【确定】按钮，切换到元件编辑模式，如图 11-9 所示。

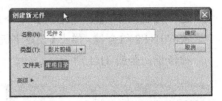

图 11-8 【创建新元件】对话框

图 11-9 切换到元件编辑模式

❺ 选中图层 1 的第 1 帧，单击鼠标右键，在弹出的菜单中选择【粘贴帧】选项，这样就把时间轴上复制的帧(包括所有图层和图层名)都粘贴到该影片剪辑上了，如图 11-10 所示。选择【编辑】|【编辑文档】命令，返回场景。

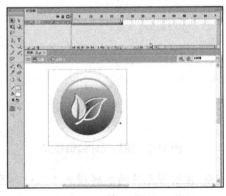

图 11-10 粘贴帧

> **提示**　这时粘贴帧的引导层和原图层之间的引导关系还没有建立，需要用户手动建立。

11.2 实例的应用

每个实例都有其自身独立于元件的属性，可以改变实例的色彩、透明度和亮度；重新定义实例的类型；使用其他元件替换实例；设置图形类动画的播放模式等。此外，还可以在不影响元件的情况下对实例进行倾斜、旋转或缩放处理。

11.2.1 创建实例

1．创建图形元件实例

创建图形元件的具体操作步骤如下。

❶ 选择【窗口】|【库】命令，打开【库】
面板，如图 11-11 所示。

图 11-11 【库】面板

❷ 选择【库】面板中的图形元件，将其拖曳到舞台中，如图 11-12 所示。

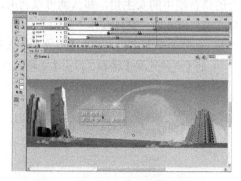

图 11-12 拖曳元件

❸ 选中该实例，此时【属性】面板效果如图 11-13 所示。

图 11-13 【属性】面板

【属性】面板中主要有以下参数设置。

⬤ X 和 Y：设置实例在舞台中的位置。

⬤ 宽和高：设置实例的宽度和高度。

⬤ 色彩效果：设置实例的明亮度、色调和透明度。

⬤ 循环：按照当前实例占用的帧数来循环包含在实例内的所有动画序列。

第一帧：指定动画从哪一帧开始。

2．创建按钮元件实例

创建按钮元件的具体操作步骤如下。

❶ 选择【窗口】|【库】命令，打开【库】
面板，如图 11-14 所示。

图 11-14 【库】面板

❷ 选择【库】面板中的按钮元件，将其拖曳到舞台中，如图 11-15 所示。

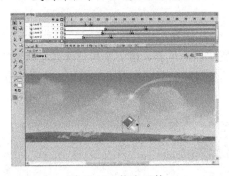

图 11-15　拖曳元件

❸ 选中该实例，此时【属性】面板效果如图 11-16 所示。

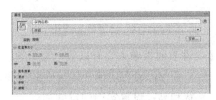

图 11-16　【属性】面板

【属性】面板中主要有以下参数设置。

● 实例名称：在文本框中为实例设置一个新的名称。

● X 和 Y：设置实例在舞台中的位置。

● 宽和高：设置实例的宽度和高度。

3．创建影片剪辑元件

创建影片剪辑元件的具体操作步骤如下。

❶ 选择【窗口】|【库】命令，打开【库】面板，如图 11-17 所示。

图 11-17　【库】面板

❷ 选择【库】面板中的影片剪辑元件，将其拖曳到舞台中，如图 11-18 所示。

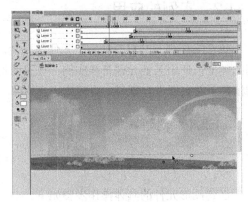

图 11-18　拖曳元件

❸ 选中该实例，此时【属性】面板效果如图 11-19 所示。

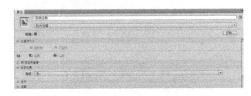

图 11-19　【属性】面板

影片剪辑【属性】面板中的选项作用和图形【属性】面板相同，这里不再复述。

11.2.2　交换元件

加入 Flash 影片，制作过半后，发现有了更适合的舞台剧中的女主角，那么就可以利用这个功能来替换元件，具体操作步骤如下。

❶ 选中舞台中实例，单击【属性】面板中的【交换元件】按钮，弹出【交换元件】对话框，如图 11-20 所示。

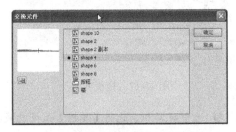

图 11-20　【交换元件】对话框

❷ 在对话框中选择要交换的元件，单击
【确定】按钮。

❸ 若要复制该元件，单击对话框左下角的
【复制元件】![icon]按钮，弹出【直接复制
元件】对话框，如图 11-21 所示。单击
【确定】复制元件。

图 11-21 【直接复制元件】对话框

11.2.3 改变实例的颜色和透明度

每个实例都有自己的颜色和透明度，要修
改它们，可先在舞台中选择实例，然后修改【属
性】面板中的相关属性。

在舞台中选中实例，在【属性】面板中的
【色彩效果】下拉列表中根据需要进行选择样
式，如图 11-22 所示。

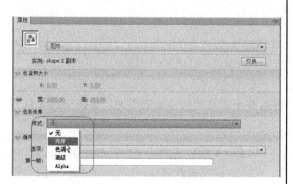

图 11-22 【属性】面板

○ 无：什么效果也没有。

○ 亮度：用于调整实例的明暗对比度。可
以直接输入数值，也可以拖动下面的滑块来设
置数值，如图 11-23 所示。

图 11-23 【属性】面板

○ 色调：用于为实例增加颜色，可以拖动
下面的滑块来调整色调，如图 11-24 所示。

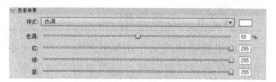

图 11-24 【属性】面板

○ 高级：选中舞台中的实例，在【高级效
果】对话框中设置各个选项的数值，如图 11-25
所示。

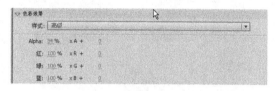

图 11-25 【高级效果】对话框

○ Alpha：设置实例的透明度，如图 11-26
所示。可以直接输入数值，也可以拖动下面的
滑块来设置数值，图 11-26 所示是设置了 84%
的效果。

图 11-26 【属性】面板

> **提示** 实例的属性是和实例保存在一起
> 的，如果对元件进行了编辑或者将实例
> 重新链接到其他元件，任何已修改过的
> 实例属性依然作用于实例本身。

11.2.4 改变实例类型

在【属性】面板中的左上角显示了实例的
元件类型，在下拉列表中选择"影片剪辑"、"按
钮"或"图形"选项，如图 11-27 所示。选择
选项后，就可以改变实例的元件类型。

图 11-27 【属性】面板

11.2.5 分离实例

如果想要修改某个实例的颜色，但是又不想对元件造成任何影响，就需要将实例分离，切断它与元件的联系。分离实例的具体操作步骤如下。

❶ 选中舞台中的实例，如图 11-28 所示。

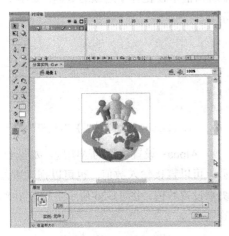

图 11-28 选择实例

❷ 选择【修改】|【分离】命令或者按 Ctrl+B 组合键将其打散，如图 11-29 所示。

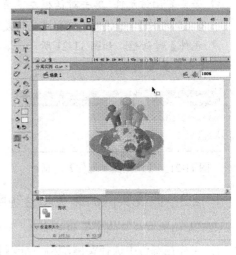

图 11-29 分离实例

这时再对实例进行修改就不会影响到元件及舞台上其他元件的实例。

11.3 库的应用

库文件可以反复出现在影片的不同画面中，并对整个影片的尺寸影响不大，被拖曳到舞台的元件就成为了实例。

11.3.1 库面板的组成

选择【窗口】|【库】命令，或者按 Ctrl+L 组合键，打开【库】面板，如图 11-30 所示。

图 11-30 【库】面板

【库】面板主要由下面几部分组成。

● 库元素的名称：库元素的名称与源文件的文件名称对应。

● 选项菜单：单击右上角的按钮 ，在弹出菜单中选择相应的选项。

● 预览窗口：顶部视窗为预览窗口，如果元件是由多帧组成的动画，预览窗口中会出现两个按钮，单击带有向右箭头的按钮 ，播放动画；单击带方块的按钮 ，停止播放动画。

● 元件排列顺序按钮：箭头朝上的按钮 ，代表当前的排列是升序排列；箭头朝下的按钮 代表当前的排列是降序排列。单击相应的栏目按钮，就可以按名称、使用次数、链接和修改日期进行分类排列。

11.3.2 编辑库项目

1．分类存放库中的元件

将库中的元件按性质、用途或自己的方式分类管理无疑是一个好习惯，它可以让【库】面板清爽悦目，从而提高创建速度和工作效率。将库元件分类存放的具体操作步骤如下。

❶ 单击【库】面板中底部的按钮，创建一个新文件夹，如图 11-31 所示。

图 11-31　新建文件夹

❷ 重新命名文件夹，将要保存在这个文件夹中的元件拖动到这个文件夹上，松开鼠标左键即可。

2．清理库中的元件

在创建 Flash 动画时，常会有创建了元件又不用的情况，这些废弃的元件会增大文件的体积，因此在动画创作完毕后，应该清理库中不使用的元件。

❶ 单击【库】面板中的按钮，在弹出的菜单中选择【选择未用项目】命令，如图 11-32 所示。

图 11-32　选择未用项目

❷ Flash 会自动检查库中没有应用的元件，即可选中查到的元件，如图 11-33 所示。

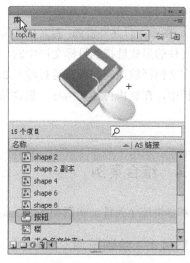

图 11-33　选中查到的元件

❸ 如果确认这些元件是没有用的，单击【库】面板中删除按钮，即可删除没有用处的元件，如图 11-34 所示。

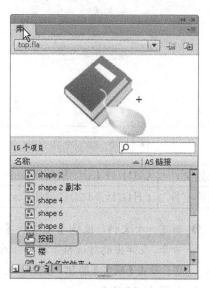

图 13-34　删除元件

提示　按 Delete 键，也可删除没有用处的元件。

11.3.3 使用共享库资源

共享库资源，用户可以在多个目标文档中使用源文档的资源，在 Flash CS6 中，可以使用两种不同的方法来共享库资源。

● 在运行时共享资源：源文档的资源是以外部文件的形式链接到目标文档中的。运行时资源在文档回放期间（即在运行时）加载到目标文档中，在制作目标文档时，包含共享资源的源文档并不需要在本地网络上可供使用。

● 在创作期间的共享资源：可以用本地网络上任何其他可用元件来更新或替换正在创作的文档中的任何元件。在创建文档时可以更新目标文档中的元件。目标文档的元件保留了原始名称和属性，但其内容会被更新或替换为用户所选择元件的内容。

使用共享库资源可以通过各种方式优化用户的工作流程和文档资源管理。

11.4 综合案例

本章讲述了元件、实例和库的基本使用方法，下面通过两个实例，巩固所学的知识。

11.4.1 绘制草原

本例制作的草原最终效果如图 11-35 所示。

图 11-35 绘制草原

原始文件	CH11/11.4.1/绘制草原.jpg
最终文件	CH11/11.4.1/绘制草原.fla

❶ 新建一个文档，选择【文件】|【导入】命令，在弹出的对话框中选择相应的图像，单击【确定】按钮，即可导入图像，如图 11-36 所示。

❷ 选择【插入】|【新建元件】命令，弹出【创建新元件】对话框，【类型】设置为"图形"选项，在【名称】文本框输入"小草"，如图 11-37 所示。

图 11-36 导入图像

图 11-37 【创建新元件】对话框

❸ 单击【确定】按钮，进入小草图形元件编辑模式，如图 11-38 所示。

图 11-38 元件编辑模式

❹ 选择工具箱中的【刷子】工具 ✎，选
择刷子的大小和形状，并设置填充颜
色，然后在舞台中绘制小草的形状，效
果如图 11-39 所示。

图 11-39 绘制小草

❺ 同步骤❹绘制另外一颗小草，如图
11-40 所示。

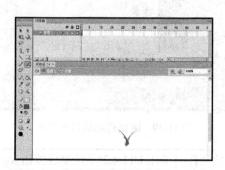

图 11-40 绘制小草

❻ 选择【插入】|【新建元件】命令，弹
出【创建新元件】对话框，【类型】设置

为 "影片剪辑" 选项，【名称】输入 "草
动"，单击【确定】按钮，进入影片剪辑
编辑模式，如图 11-41 所示。

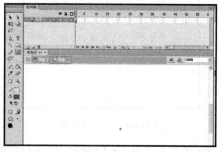

图 11-41 元件编辑模式

❼ 在影片剪辑编辑模式中，在【库】面板中
选中制作好的图像影片剪辑 "小草" 拖入
到舞台的第 1 帧，如图 11-42 所示。

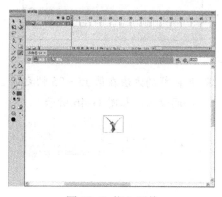

图 11-42 拖入元件

❽ 选中第 15 帧，按 F6 键插入关键帧，
并将元件向左移动一定的距离，如图
11-43 所示。

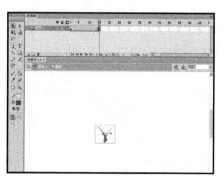

图 11-43 插入关键帧

⑨ 选中第 25 帧，按 F6 键插入关键帧，并将元件向右移动一定的距离，如图 11-44 所示。

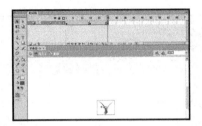

图 11-44　插入关键帧

⑩ 鼠标右击第 1～15 帧的任意一帧，在弹出的菜单中选择【创建传统补间】命令，如图 11-45 所示。

图 11-45　创建传统补间

⑪ 用同样的方法在第 15～25 帧之间创建补间动画，如图 11-46 所示。

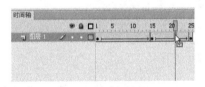

图 11-46　创建补间动画

⑫ 单击场景 1 按钮，返回主场景中，选择【插入】|【时间轴】|【图层】命令，新建图层 2，如图 11-47 所示。

图 11-47　新建图层 2

⑬ 选中库面板中的影片剪辑元件，将其拖入到舞台中相应的位置，如图 11-48 所示。

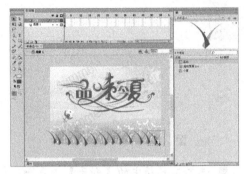

图 11-48　拖入影片

⑭ 选择【控制】|【测试影片】命令，测试影片的效果如图 11-35 所示。

提示

Flash 自带了包含按钮、图形和影片剪辑的公用库，可以将这些元素添加到文档中，也可以打开其他 Flash 文档的库或创建永久的库，将库资源应用于当前文档。

11.4.2　随着鼠标缩放按钮

随着鼠标缩放按钮的效果如图 11-49 所示，具体操作步骤如下。

图 11-49　随鼠标缩放按钮效果

原始文件	CH11/11.4.2/鼠标缩放按钮.jpg
最终文件	CH11/11.4.2/鼠标缩放按钮.fla

❶ 新建一个空白文档，导入图像"鼠标缩放按钮.jpg"，如图 11-50 所示。

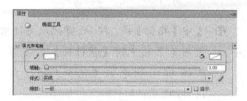

图 11-50　导入图像

❷ 选择工具箱中的【椭圆】工具，在【属性】面板中将【笔触大小】设置为"3"，【笔触颜色】设置为"白色"，【填充颜色】设置为"无"，如图 11-51 所示。

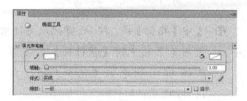

图 11-51　设置属性

❸ 新建一个图层，按住 Shift 键在图像上绘制一个椭圆，如图 11-52 所示。

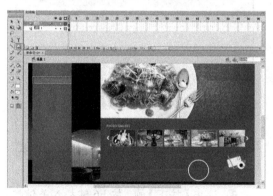

图 11-52　绘制椭圆

❹ 选中椭圆，单击鼠标右键，在弹出的菜单中选择【复制】选项，将其复制，选择【插入】|【新建元件】命令，弹出【创建新元件】对话框，【类型】设置为【按钮】，如图 11-53 所示。

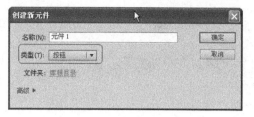

图 11-53　【创建新元件】对话框

❺ 单击【确定】按钮，进入元件编辑模式，选中按钮的【指针】帧，按 F6 键插入关键帧，选择【编辑】|【粘贴到中心位置】命令，粘贴椭圆，如图 11-54 所示。

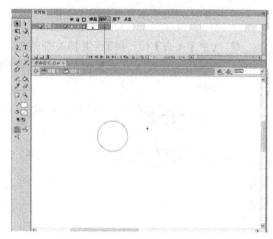

图 11-54　粘贴椭圆

❻ 选中椭圆，选择【修改】|【形状】|【将线条转换为填充】命令；再次选择【修改】|【形状】|【柔化填充边缘】命令，弹出【柔化填充边缘】对话框，如图 11-55 所示。

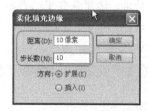

图 11-55　【柔化填充边缘】对话框

❼ 在对话框中进行相应的设置，单击【确定】按钮，得到的效果如图 11-56 所示。

229

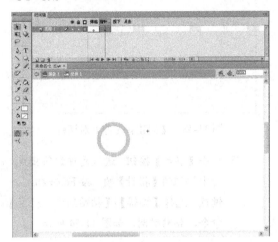

图 11-56　设置柔化填充边缘效果

❽ 选中【点击】帧，按 F5 键插入普通帧，将椭圆延续到【点击】帧，如图 11-57 所示。

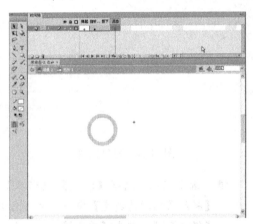

图 11-57　插入普通帧

❾ 选择【编辑】|【编辑文档】命令，返回场景。选中舞台中的椭圆，按 F8 键弹出【转换为元件】对话框，如图 11-58 所示。

图 11-58　【转换为元件】对话框

❿ 将【类型】设置为"按钮"，单击【确

定】按钮，将舞台中的椭圆转换为按钮元件。在【库】面板中，选中元件 2，双击鼠标进入元件编辑模式，如图 11-59 所示。

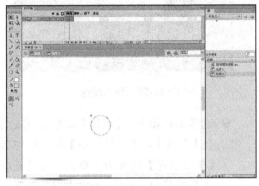

图 11-59　元件编辑模式

⓫ 选中【指针】帧，按 F6 键插入关键帧，使用工具箱中的【颜料桶】工具 为椭圆填充颜色设置 #33CC00，如图 11-60 所示。

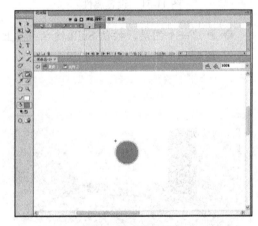

图 11-60　填充颜色

⓬ 选中【按下】帧，按 F6 键插入关键帧，使用工具箱中的【颜料桶】工具 为椭圆填充颜色 #FFCC00，如图 11-61 所示。

⓭ 选中【指针】帧，单击鼠标右键，在弹出的菜单中选择【复制帧】命令；再次选择【弹起】帧，单击鼠标右键，在弹出的菜单中选择【粘贴帧】命令，将【指

针经过】帧的内容复制到【弹起】帧中，如图 11-62 所示。

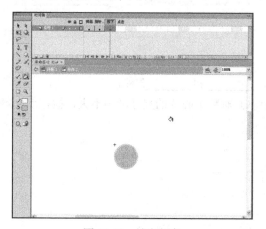

图 11-61 填充颜色

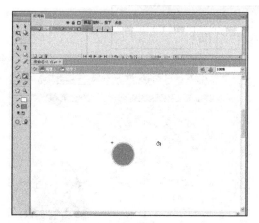

图 11-62 返回场景

❶ 选择【编辑】|【编辑文档】命令，返回场景，将元件 1 拖入到舞台中，如图 11-63 所示。

图 11-63 拖入元件

❶ 选中按钮元件，选择【窗口】|【变形】命令，打开【变形】面板，在面板中设置相应的参数，如图 11-64 所示。

图 11-64 【变形】面板

❶ 连续单击【变形】面板右下方的【重置选区和变形】按钮，如图 11-66 所示。

图 11-65 复制的效果

❶ 按 Ctrl+Enter 组合键测试动画效果，如图 11-49 所示。

11.5 课后练习

1. 填空题

（1）在 Flash CS6 中，元件的类型分为_____、_____和_____3 种。

（2）库文件可以反复出现在影片的不同画面中，并对整个影片的尺寸影响不大，被拖曳到舞台的元件就成为了_____。

参考答案：

（1）影片剪辑元件、按钮元件、图形元件

（2）实例

2. 操作题

利用元件和库制作动画，如图 11-66 和图 11-67 所示。

原始文件	CH11/操作题/操作题.jpg
最终文件	CH11/操作题/操作题.fla

图 11-66 原始文件

图 11-67 动画

11.6 本章总结

实例是动画最基本的元素之一，所有的动画都是由一个又一个实例组织起来的。而元件能够重复使用而几乎不增加动画文件的大小，这个特性使得 Flash 动画在网络上普及起来，大大地丰富了因特网的内容，增加了网络对人们的吸引力，也引发了一次又一次的 Flash 热潮。库则是管理元件最常用的工具，通过库的管理使元件的应用更加灵活了。

学完本章读者应该重点对元件的创建和编辑进行练习，这是在以后的动画制作中会反复使用到的内容。特别是影片剪辑元件，要结合脚本语言中动画层次来理解影片剪辑在动画中是如何应用的。对于按钮元件而言，掌握各帧之间的关系，这对于以后使用脚本命令时选择鼠标事件是非常重要的。

■ ■ ■ ■ ■ ■ **第12章**
使用时间轴和帧创建基本
Flash 动画

在 Flash CS6 中，可以轻松地创建丰富多彩的动画效果，并且只需要通过更改时间轴每一帧中的内容，就可以在舞台上创作出移动对象、增加或减小对象大小、更改颜色、旋转、淡入淡出或更改形状的效果。本章通过详细的例子，介绍 Flash 中几种简单动画的创建方法。内容包括逐帧动画、补间动画、声音动画和视频动画。补间动画包含了动画补间动画和形状补间动画两大类动画效果，也包含了引导动画和遮罩动画这两种特殊的动画效果。

学习目标了解时间轴
- ■ 熟悉帧的基本操作
- ■ 掌握创建逐帧动画的方法
- ■ 掌握创建补间动画的方法
- ■ 掌握创建声音动画的方法
- ■ 掌握创建视频动画的方法

12.1 时间轴

时间轴是 Flash 中最重要、最核心的部分，所有的动画顺序、动作行为、控制命令和声音等都是在时间轴中编排的。

时间轴是帧和图层操作的地方，它显示在 Flash 工作界面的上部，位于编辑区的上方。时间轴用于组织和控制动画在一定时间内播放的层数和帧数，图层和帧中的内容随时间的变化而发生变化，从而产生了动画。时间轴主要由图层、帧和播放头组成，如图 12-1 所示。

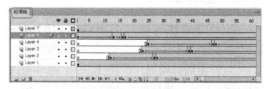

图 12-1　时间轴

12.2 帧的基本操作

帧是组成动画的基本元素，任何复杂的动画都是由帧构成的。通过更改连续帧内容，可以在

Flash 文档中创建动画，可以让一个对象移动经过舞台、增加或减小大小、旋转、改变颜色、淡入淡出或改变形状等，这些效果可以单独实现，也可以同时实现。

12.2.1　选择帧和帧列

1．选择帧

● 若要选择一个帧，只需单击该帧即可。

● 若要选择一个帧或多个图层的一组连续帧，则选中该帧的第 1 个帧，按住 Shift 键单击该组帧的最后一帧即可，如图 12-2 所示。

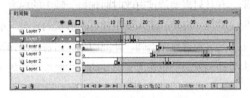

图 12-2　选择多个连续帧

● 若要选择一组非连续帧，则按住 Ctrl 键，然后单击选择的帧即可，如图 12-3 所示。

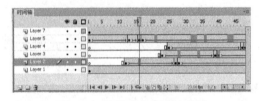

图 12-3　选择多个非连续的帧

● 若要选择当前场景中的全部帧，选择【编辑】|【时间轴】|【选择所有帧】命令即可。

2．选择帧列

● 若要选择帧列，单击该帧列的图层即可。

● 若要选择帧列，则按住 Shift 键单击该帧列的第 1 帧，然后单击该帧列的最后一帧，即可选择该帧列，如图 12-4 所示。

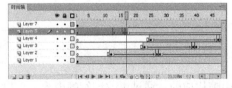

图 12-4　选择帧列

12.2.2　插入帧

在【时间轴】面板中插入帧，有以下几种方法。

● 若要插入帧，首先单击选中要插入帧的位置，选择【插入】|【时间轴】|【帧】命令，或者按 F5 键插入帧。也可以在要插入帧的位置单击右键，在弹出的菜单中选择【插入帧】命令。

● 若要插入关键帧，首先单击选中要插入关键帧的位置，选择【插入】|【时间轴】|【关键帧】命令，或者按 F6 键插入关键帧。也可以在要插入关键帧的位置单击鼠标右键，在弹出菜单中选择【插入关键帧】命令。

● 若要插入空白关键帧，首先单击选中要插入空白关键帧的位置，选择【插入】|【时间轴】|【空白关键帧】命令，或者按 F7 键插入空白关键帧。也可以在要插入空白关键帧的位置单击鼠标右键，在弹出的菜单中选择【插入空白关键帧】命令。

12.2.3　复制、粘贴与移动单帧

1．复制帧

在制作动画时，有时需要对所创建的帧进行复制，复制帧有以下几种方法。

● 选中单个帧，单击鼠标右键，在弹出的菜单中选择【复制帧】选项即可。

● 选中要复制的单个帧，按 Ctrl+C 组合键复制帧。

● 选中单个帧，选择【编辑】|【复制帧】命令复制帧。

2．粘贴帧

在制作动画时，经常对复制后的帧进行粘贴，粘贴帧有以下几种方法。

● 选中要粘贴帧的位置，单击鼠标右键，

在弹出的菜单中选择【粘贴帧】命令。

⬤ 选中要粘贴帧的位置，选择【编辑】| 【粘贴帧】命令，粘贴帧。

3．移动帧

在制作动画时，有时需要对所创建的帧进行移动，移动帧有以下几种方法。

⬤ 选中要移动的帧，单击鼠标左键将其拖动到需要的目标位置即可。

⬤ 选中要移动的帧后，单击鼠标右键，在弹出的菜单中选择【剪切帧】命令，然后在目标位置单击鼠标右键，在弹出的菜单中选择【粘贴帧】命令来移动帧。

12.2.4 删除帧

在制作动画时，有时创建的帧不符合要求或不需要，就可以将该帧删除，删除帧有以下几种方法。

⬤ 选中要删除的帧，单击鼠标右键，在弹出的菜单中选择【删除帧】选项即可。

⬤ 选中要删除的帧，按 Delete 键即可。

12.2.5 清除帧

清除帧可以将有内容的帧转换为空白关键帧，将关键帧转换为普通帧，清除帧有以下几种方法。

⬤ 选中要清除的帧，单击鼠标右键，在弹出的菜单中选择【清除帧】命令即可。

⬤ 选中要清除的帧，选择【编辑】|【清除帧】命令清除帧。

⬤ 选中要清除的帧，按 BackSpace 键即可。

12.2.6 将帧转换为关键帧

将帧转换为关键帧有以下几种方法。

⬤ 选中要转换为关键帧的帧，单击鼠标右键，在弹出的菜单中选择【转换为关键帧】命令即可。

⬤ 选中要转换为关键帧的帧，选择【修改】|【时间轴】|【转换为关键帧】命令。

⬤ 选中要转换为关键帧的帧，按 F6 键进行转换。

12.2.7 将帧转换为空白关键帧

将帧转换为空白关键帧有以下几种方法。

⬤ 选中要转换为空白关键帧的帧，单击鼠标右键，在弹出的菜单中选择【转换为空白关键帧】命令即可。

⬤ 选中要转换为空白关键帧的帧，选择【修改】|【时间轴】|【转换为空白关键帧】命令。

⬤ 选中要转换为空白关键帧的帧，按 F7 键进行转换。

12.3 创建逐帧动画

逐帧动画是最基本的动画方式，与传统动画制作方式相同，通过向每帧中添加不同的图像来创建简单的动画，每一帧都有内容。

12.3.1 逐帧动画的创建原理

逐帧动画是一种非常简单的动画方式，不设置任何补间，直接将连续的若干帧都设置为关键帧，然后在其中分别绘制内容，在连续播放的时候就会产生动画效果了。使用逐帧动画可以制作出复杂且出色的效果，但制作逐帧动画需要给出动画中每一帧的具体内容，因此用这种方法制作动画，其工作量非常大。

12.3.2 创建简单逐帧动画

下面利用【文本】工具和逐帧动画来制

作一个一个字显示出来的打字效果，如图 12-5 所示。

图 12-5　利用逐帧动画制作打字文字

原始文件	CH12/12.3.2/逐帧动画.jpg
最终文件	CH12/12.3.2/逐帧动画.fla

❶ 新建一个空白文档，导入图像"逐帧动画.jpg"，调整文档的大小并调整图像位置，如图 12-6 所示。

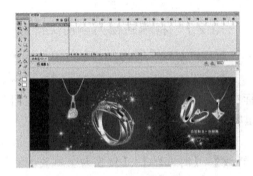

图 12-6　导入图像

❷ 新建图层 2，选择工具箱中的【文本】工具 ，设置文本的相应属性，在文档中输入文本，如图 12-7 所示。

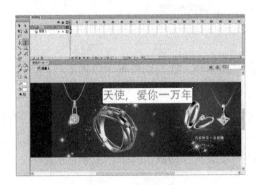

图 12-7　输入文本

❸ 选中输入的文本，按 Ctrl+B 组合键，将文本打散，如图 12-8 所示。

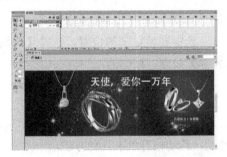

图 12-8　打散文本

❹ 在【时间轴】面板中选中图层 1 中的第 10 帧，按 F5 键插入帧；选中图层 2 中的第 10 帧，按 F6 键插入关键帧，如图 12-9 所示。

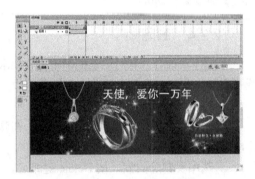

图 12-9　插入帧和关键帧

❺ 在图层 2 中的第 2~8 帧，按 F6 键插入关键帧；选中第 1 帧，将"天"以后所有的文字删除，如图 12-10 所示。

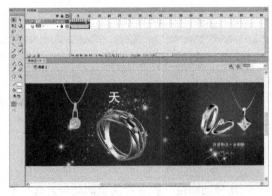

图 12-10　插入关键帧并删除相应内容

❻ 选中第 2 帧，将"使"字以后的文字删除，如图 12-11 所示。

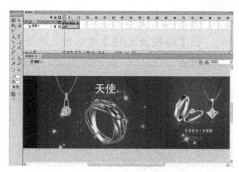

图 12-11　删除文字

❼ 选中第 3 帧，将 "，" 以后的文字删除，如图 12-12 所示。

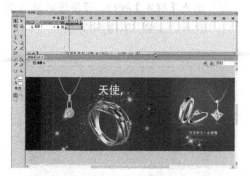

图 12-12　删除文字

❽ 按照步骤❻~❼的方法，选中相应的关键帧，并删除相应文字，如图 12-13 所示。

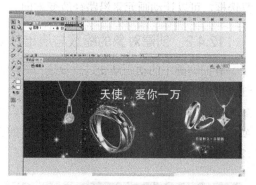

图 12-13　删除文字

❾ 保存文档，按 Ctrl+Enter 组合键测试影片，效果如图 12-5 所示。

12.4　创建动画补间动画

补间动画所处理的动画必须是舞台上的组件实例，多个图形组合、文字和导入的素材对象。利用这种动画，可以实现对象的大小、位置、旋转、颜色及透明度等变化的设置。

12.4.1　动画补间动画的创建原理

动画补间动画先在一点定义实例（或者组、文本块）的属性，如位置、大小等，然后在另一点改变属性。另外，Flash 还可以对实例和字体进行颜色的渐变设置，或者制作出淡入淡出的效果。在这类动画中，Flash 只需定义引起变化的关键帧而不是整个序列，因此文件的尺寸很小。动画补间的【属性】面板如图 12-14 所示。

在【属性】面板中可以设置以下参数。

● 　【帧】：给选中的帧添加标签名。

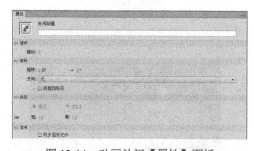

图 12-14　动画补间【属性】面板

● 　【缓动】：设置补间动画的缓动大小。

● 　【旋转】：使对象在运动时同时产生旋转。在【旋转】下拉列表中，设置选项，在后

237

面的文本框中可以设置旋转的次数。如果不设置旋转次数，对象将不会旋转。

　　⬤ 【调整到路径】：选择【调整到路径】复选框，可以让动画元素沿路径改变方向。

12.4.2 创建对象的缩放与淡出效果

　　补间动画中的动画渐变过程很连贯，制作过程也比较简单，只需要建立动画的第一个画面和最后一个画面即可。下面利用元件和设置 Alpha 透明度制作渐隐渐显的动画效果，如图 12-15 所示。

图 12-15　渐隐渐显动画

原始文件	CH12/12.4.2/淡出.jpg
最终文件	CH12/12.4.2/淡出.fla

　　❶ 新建空白文档，选择【文件】|【导入】|【导入到舞台】命令，导入图像"淡出.jpg"到舞台，如图 12-16 所示。

图 12-16　导入图像

　　❷ 选中导入的图像，选择【修改】|【转

换为元件】命令，或者按 F8 键，弹出【转换为元件】对话框，如图 12-17 所示。

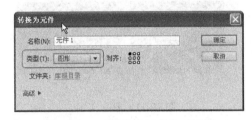

图 12-17　【转换为元件】对话框

　　❸ 将对话框中的【类型】设置为"图形"，单击【确定】按钮，将图像转换为图形元件，如图 12-18 所示。

图 12-18　转换图形元件

　　❹ 分别选中第 20 帧、第 30 帧和第 50 帧，按 F6 键插入关键帧，如图 12-19 所示。

图 12-19　插入关键帧

　　❺ 选中第 1 帧，选中图形元件，在【属性】面板中的【颜色】下拉列表中选择"Alpha"选项，将 Alpha 的透明度设置

为 20%，如图 12-20 所示。

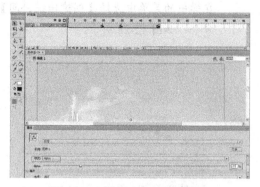

图 12-20　设置 Alpha 的透明度

❻ 选择第 30 帧，选择工具箱中的【任意变形】工具，将图像缩小，如图 12-21 所示。

图 12-21　缩小图像

❼ 将鼠标指针放置在第 1～20 帧的任意一帧，单击鼠标右键，在弹出的菜单中选择【创建传统补间】命令，创建补间动画，如图 12-22 所示。

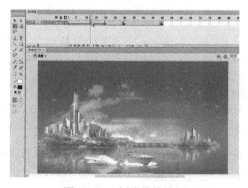

图 12-22　创建传统补间

❽ 在其他的帧之间创建补间动画效果，如图 12-23 所示。

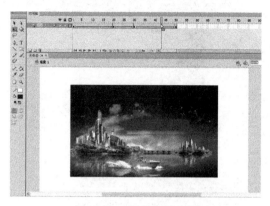

图 12-23　创建补间动画

❾ 保存文档，按 Ctrl+Enter 组合键测试影片，效果如图 12-15 所示。

12.4.3　创建旋转动画

创建旋转动画的最终效果如图 12-24 所示。主要利用补间动画【属性】面板中的【顺时针】旋转制作的。

图 12-24　旋转动画

原始文件	CH12/12.4.3/旋转动画.jpg
最终文件	CH12/12.4.3/旋转动画.fla

❶ 新建一个空白文档，导入图像"旋转动画.jpg"，如图 12-25 所示。

❷ 新建图层 2，导入另一幅图像文件"1.png"，如图 12-26 所示。

❸ 分别在图层 1 和图层 2 的第 40 帧按 F6 键插入关键帧，如图 12-27 所示。

图 12-25　导入图像

图 12-26　导入图像

图 12-27　插入关键帧

❹ 在图层 2 的第 1～40 帧单击任意一帧，在弹出的菜单中选择【创建传统补间】命令，如图 12-28 所示。

图 12-28　选择【创建传统补间】命令

❺ 在第 1～40 帧单击任意一帧，在【属性】面板中的【旋转】下拉列表中选择"顺时针"选项，如图 12-29 示。

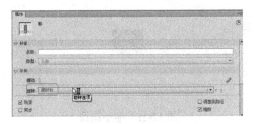

图 12-29　设置旋转

❻ 选择【控制】|【测试影片】命令，测试影片的效果如图 12-24 所示。

12.5　创建形状补间动画

形状补间动画适用于图形对象。在两个关键帧之间可以制作出图形变形效果，让一种形状可以随时间变化而发生变化，还可以使形状的位置、大小和颜色进行渐变。

12.5.1　形状补间动画的创建原理

在某一帧中绘制对象，再在另一个帧中修改对象或者重新绘制其他对象，然后由 Flash 计算两个帧之间的差距，插入变形帧，这样当连续播放时会出现形状补间效果。对于形状补间动画，要为一个关键帧中的形状指定属性，然后在后续关键帧中修改形状或者绘制另一个形状。正如动画补间动画一样，Flash 在关键帧之间的帧中创建补间动画。

12.5.2　创建形状补间动画

通过形状补间，可以创建类似于形状渐变的效果，使一个形状可以渐变成另一个形状。下面通过实例来讲述形状补间动画的制作。图 12-30 所示为补间形状动画。

图 12-30　补间形状动画

原始文件	CH12/12.5.2/形状补间.jpg
最终文件	CH12/12.5.2/形状补间.fla

❶ 选择【文件】|【新建】命令，新建空白文档，并导入图像"形状补间.jpg"，如图 12-31 所示。

图 12-31　导入图像

❷ 单击【时间轴】左下角的【新建图层】按钮，新建图层 2，选择工具箱中的【多角星形】工具，在【属性】面板中单击【选项】按钮，如图 12-32 所示。

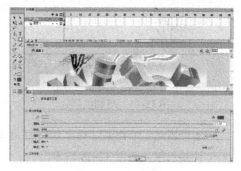

图 12-32　新建图层

❸ 单击以后弹出【工具设置】对话框，在该对话框中【样式】设置为【星形】，【边数】设置为 5，如图 12-33 所示。

图 12-33　【工具设置】对话框

❹ 单击【确定】按钮，设置选项，在文档中绘制星形，如图 12-34 所示。

图 12-34　绘制星形

❺ 选中绘制的星形，按住 Alt 键，复制并移动出另外两个星形，如图 12-35 所示。

图 12-35　复制星形

❻ 选中图层1和图层2的第55帧，按F5
键插入帧，如图12-36所示。

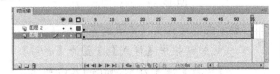

图 12-36　插入帧

❼ 选中图层2的第40帧，按F6键插入
关键帧，选择工具箱中的【文本】工具，
在绘制的星形中输入文字，并将星形删
除，如图12-37所示。

图 12-37　输入文字并删除图形

❽ 选中文字，按两次 Ctrl+B 组合键，将
文本分离，如图12-38所示。

❾ 将鼠标指针放置在图层2的第 1~40
帧的任意一帧，单击鼠标右键，在弹出
的菜单中选择【创建补间形状】命令，
如图12-39所示。

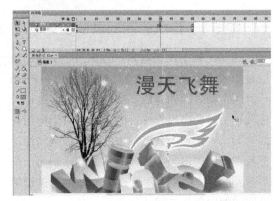

图 12-38　分离文本

图 12-39　选择【创建补间形状】命令

❿ 选择命令后即可创建形状补间，如图
12-40所示。

图 12-40　创建形状补间

⓫ 保存文档，按 Ctrl+Enter 组合键测试影
片，效果如图12-30所示。

12.6　创建声音动画

Flash 是多媒体动画制作软件，声音是多媒体中不可缺少的重要部分，因此一款制作软件的优秀与否，与其对声音的支持度相关。Flash 对声音的支持非常出色，可以在 Flash 中导入各种声音文件。

12.6.1　导入声音

将图文声像融和在一起可以产生美妙的动画效果。要向动画中添加声音，必须先将声音文件导入当前文件的库中。Flash 在库中保存声音及位图和组件。导入声音的具体操作步骤如下。

原始文件	CH12/12.6.1/yin.wma
最终文件	CH12/12.6.1/导入声音.fla

❶ 新建一个空白文档。选择【文件】|【导入】|【导入到库】命令，弹出【导入到库】对话框，如图 12-41 所示。

图 12-41　【导入到库】对话框

❷ 在对话框中选择要导入的声音文件，单击【打开】按钮，即可将声音文件导入库中，如图 12-42 所示。

图 12-42　导入声音

12.6.2　添加声音

将声音导入到库中，然后就可以将声音文件添加到动画中，具体操作步骤如下。

❶ 打开要添加声音的动画文件，选择要添加声音的图层。

❷ 选中【库】面板中的声音，将其拖曳到舞台中，在时间轴中添加声音的帧中只能看到一条横线，这是声音的波形，因为只有一帧没有办法看到所有的波形，如图 12-43 所示。

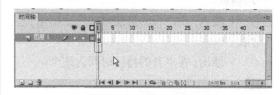

图 12-43　时间轴中声音的帧

❸ 只要在添加声音图层的帧的后方添加一个关键帧就可以看到其波形了。

❹ 如果在声音播放的整个过程中播放动画，就要设置声音所需的最大帧。1 分钟需要占用 60 秒 × 12 帧/秒 = 720 帧。

❺ 按 Ctrl+Enter 组合键测试动画效果。

12.6.3　编辑声音

Flash 提供了编辑声音的功能，可以对导入的声音编辑、剪裁和改变音量，还可以使用 Flash 预置的多种声效对声音进行编辑。

在声音所在的【属性】面板中可以设置声音的属性，如图 12-44 所示。在【属性】面板中可以选择声音文件、改变播放效果和播放类型等。

【效果】：在下拉列表中选择一种播放效果，有如下几种效果。

● 无：没有声音效果。

图 12-44　声音【属性】面板

● 左声道：控制声音在左声道播放。

● 右声道：控制声音在右声道播放。

● 向右淡出：降低左声道的声音，同时提高右声道的声音，控制声音从左声道过渡到右声道播放。

● 向左淡出：控制声音从右声道过渡到左声道播放。

● 淡入：在声音的持续时间内逐渐增强其幅度。

● 淡出：在声音的持续时间内逐渐减小其幅度。

● 自定义：允许创建自定义的声音效果，可以从【编辑封套】对话框中进行编辑，如图

12-45 所示。

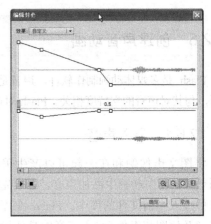

图 12-45　【编辑封套】对话框

【同步】：可从下拉列表选择一个同步类型。

● 开始：如果选择的声音实例已在时间轴上的其他地方播放过了，Flash 将不会再播放这个实例。

● 停止：使指定的声音停止。

提示　　即使影片停止了，循环的事件声音也将按设定的循环继续播放，输入一个较大的数值。

● 数据流：流声音，用于网站播放的声音同步。

12.7　创建视频动画

在 Flash 中常用的视频文件格式是*.AVI。引用 *.AVI 格式的视频文件后不需要类似 Windows Media Player 等软件的支持就可以播放，而且效果也不错，如图 12-46 所示。添加视频的具体操作步骤如下。

图 12-46　视频动画

原始文件	CH12/12.7/视频.flv
最终文件	CH12/12.7/视频动画.fla

❶ 新建文档，选择【文件】|【导入】|【导入视频】命令，弹出【导入视频】对话框，如图 12-47 所示。

❷ 单击【文件路径】文本框后面的【浏览】按钮，弹出【打开】对话框，在对话框中选中要导入的视频文件，如图 12-48 所示。

❸ 选中要导入的视频，单击【打开】按钮，返回【导入视频】对话框的选择视频界

面，已经选择了视频文件，所以在文件路径后面的文本框就会显示视频文件的路径，单击【下一步】按钮，进入【设定外观】界面，如图 12-49 所示。

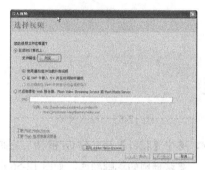

图 12-47　【导入视频】对话框

图 12-48　【打开】对话框

图 12-49　【设定外观】界面

❹ 在【设定外观】界面中设置完成以后，单击【下一步】按钮，进入【完成视频导入】界面，如图 12-50 所示。

图 12-50　【完成视频导入】界面

❺ 单击【完成】按钮，即可将视频导入到舞台中，如图 12-51 所示。

图 12-51　导入视频

❻ 按 Ctrl+Enter 组合键测试动画效果，如图 12-46 所示。

12.8　综合案例

　　对时间轴的操作是动画中最基本的操作，是必需要掌握的基础。简短的帧注解和帧标签能帮助用户更好地读懂动画，养成良好的制作习惯是提高自己动画制作效率的好方法。下面通过实例巩固本章所学的知识。

12.8.1 制作带音效的按钮

Flash 提供了多种使用声音的方法，可以连续播放声音，可以把音轨与动画同步起来，可以为按钮添加声音使其更有吸引力，还可以使优雅的音乐淡入淡出，使用共享库中的声音可以从一个库中把声音联接到多个电影中。本例制作的带音效的按钮的最终效果如图 12-52 所示。

原始文件	CH12/12.8.1/带音效的按钮.jpg
最终文件	CH12/12.8.1/带音效的按钮.fla

图 12-52 带音效的按钮效果

❶ 新建一个空白文档，导入一幅图像，如图 12-53 所示。

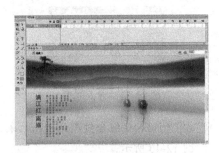

图 12-53 导入图像

❷ 新建一个按钮元件，在【属性】面板中设置相应的笔触颜色和填充颜色，在舞台中绘制一个椭圆，如图 12-54 所示。

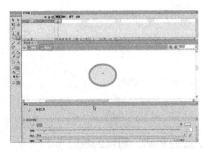

图 12-54 绘制椭圆

❸ 使用工具箱中的【文本】工具，在椭圆

中输入文字，如图 12-55 所示。

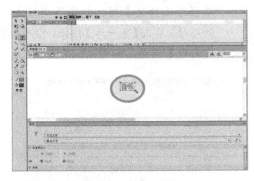

图 12-55 输入文本

❹ 选中【指针】帧，按 F6 键插入关键帧，更改椭圆的笔触颜色，如图 12-56 所示。

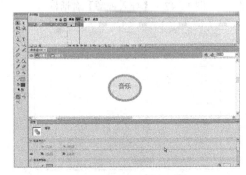

图 12-56 更改笔触颜色

❺ 选中【按下】帧，按 F6 键插入关键帧，为椭圆更改笔触颜色。在【点击】帧按 F5 键插入帧，如图 12-57 所示。

图 12-57 插入帧

❻ 新建图层 2，选中【指针】按 F6 键插入关键帧，如图 12-58 所示。

❼ 将声音文件 "yinyue.mp3" 导入到库中，从库中将声音文件拖曳到舞台中，如图 12-59 所示。

图 12-58 插入关键帧

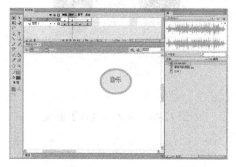

图 12-59 拖曳声音文件

❽ 选择【编辑】|【编辑文档】命令，返回场景；新建一个图层，将按钮元件拖曳到舞台中，如图 12-60 所示。

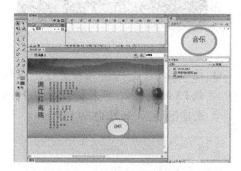

图 12-60 拖曳按钮元件

❾ 按 Ctrl+Enter 组合键测试动画效果，如图 12-52 所示。

12.8.2 制作电影镜头效果

童年的记忆总是美好的，还记得小时候在操场上看露天电影的情景吗？下面通过实例介绍用 Flash 来实现一个电影镜头效果，如图 12-61 所示。

原始文件	CH12/12.8.2/ d1.jpg 、d2.jpg、d3.jpg、d4.jpg、d5.jpg
最终文件	CH12/12.8.2/电影镜头效果.fla

图 12-61 电影镜头效果

❶ 新建空白文档，选择【修改】|【文档】命令，弹出【文档设置】对话框，在对话框中将【尺寸】设置为 "550 像素" 和 "200 像素"，【背景颜色】设置为 "#000000"，如图 12-62 所示。

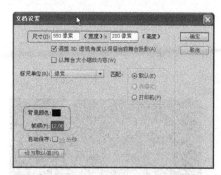

图 12-62 【文档设置】对话框

❷ 单击【确定】按钮，修改文档属性。选择工具箱中的【矩形】工具，绘制矩形，如图 12-63 所示。

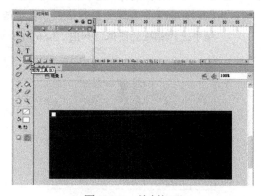

图 12-63 绘制矩形

❸ 选中绘制的矩形，按住 Alt 键拖动复制出多个矩形，如图 12-64 所示。

❹ 选择【插入】|【新建元件】命令，弹出【创建新元件】对话框；在对话框中

将【类型】设置为"图形"，单击【确定】按钮，进入图形元件的编辑模式，如图 12-65 所示。

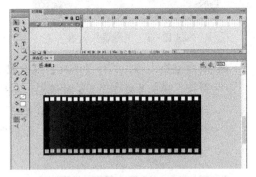

图 12-64　复制多个矩形

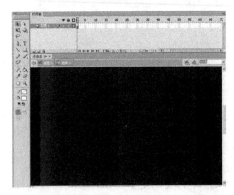

图 12-65　元件编辑模式

❺ 选择【文件】|【导入】|【导入到库】命令，弹出【导入到库】对话框，在对话框中选择相应的图像，如图 12-66 所示。

图 12-66　【导入到库】对话框

❻ 单击【打开】按钮，将图像导入到【库】面板中，如图 12-67 所示。

❼ 将图像拖入到舞台中，使用【任意变形工具】对其进行缩放，并对其排列，如

图 12-68 所示。

图 12-67　导入到【库】面板

图 12-68　排列图像

❽ 返回到场景 1，选中图层 1 的第 35 帧，按 F5 键插入帧。单击【新建图层】按钮，新建图层 2，如图 12-69 所示。

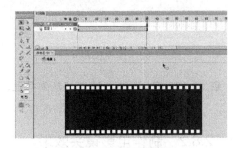

图 12-69　新建图层

❾ 选中图层 2 的第 1 帧，将【库】面板中的元件 1 拖入到舞台中，如图 12-70 所示。

❿ 选中图层 2 的第 35 帧，按 F6 键插入关键帧，将元件 1 向左移动一段距离，如图 12-71 所示。

⓫ 选中图层 2 的第 1～35 帧的任意一帧，单击鼠标右键，在弹出的菜单中选择

【创建传统补间】命令，创建补间动画，如图 12-72 所示。

图 12-70 拖入元件

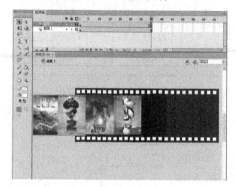

图 12-71 移动元件

图 12-72 创建补间动画

⑫ 新建图层 3，选择工具箱中的【矩形】工具，绘制矩形，如图 12-73 所示。

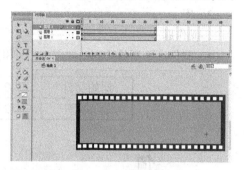

图 12-73 绘制矩形

⑬ 选中图层 3，单击鼠标右键，在弹出的菜单中选择【遮罩层】命令，创建遮罩层，如图 12-74 所示。

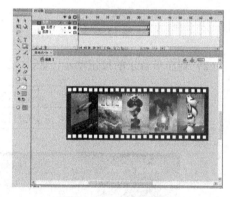

图 12-74 创建遮罩层

⑭ 按 Ctrl+Enter 组合键测试动画效果，如图 12-61 所示。

12.9 课后练习

1．填空题

（1）_____用于组织和控制动画在一定时间内播放的层数和帧数，图层和帧中的内容随时间的变化而发生变化，从而产生了动画。

（2）将图、文、声、像融和在一起可以产生美妙的动画效果。要向动画中添加声音，必须先将声音文件导入当前文件的_____中。

参考答案：

（1）时间轴

（2）库

2．操作题

（1）制作渐隐渐显动画，如图 12-75 和图 12-76 所示。

原始文件	CH12/操作题/操作题 1.jpg
最终文件	CH12/操作题/操作题 1.fla

图 12-75　原始文件　　　　　　　　图 12-76　渐隐渐显动画效果

（2）制作带音乐的按钮动画，如图 12-77 和图 12-78 所示。

原始文件	CH12/操作题/操作题 2.jpg
最终文件	CH12/操作题/操作题 2.fla

图 12-77　原始文件　　　　　　　　图 12-78　带音乐的按钮效果

12.10　本章总结

Flash 作为一款著名的二维动画制作软件，其制作动画的功能是非常强大的。在 Flash 中，用户可以轻松地创建丰富多彩的动画效果。本章通过详细的例子，主要介绍了 Flash 中几种简单动画的创建方法，包括逐帧动画和补间动画。其中，补间动画包含了运动渐变动画和形状渐变动画两大类动画效果。

第 13 章
使用层制作高级动画

Flash 文件中的每一个场景都可以包含任意数量的层，而在每个元件中，也可以包含任意数量的层，可以说层在动画的制作中是无处不在的。在动画制作过程中往往需要建立多个层，便于更好地管理和组织文字、图像和动画等对象。各个图层中的内容互不影响，在播放时得到的是合成的播放效果。本章将讲述引导层和遮罩层动画的制作，使用层能制作出曲线的补间动画并增加动画的层次感。

学习目标
- 了解层的基本概念
- 熟悉层的基本操作
- 掌握制作引导层动画的方法
- 掌握制作遮罩动画的方法

13.1 层的基本概念

在 Flash CS6 中，图层类似于堆叠在一起的透明纤维，在不包含任何内容的图层区域中，可以看到下面图层中的内容。图层有助于组织文档中的内容。例如，可以将背景图像放置在一个图层上，而将导航按钮放置在另一个图层上；并且在图层上创建和编辑对象，而不会影响另一个图层中的对象。

Flash 对每一个动画中的图层数没有限制，输出时 Flash 会将这些图层合并。因此图层的数目不会影响输出动画文件的大小。

图层可以帮助组织文档中的各类元素，在图层上绘制和编辑对象，而不会影响其他图层的对象。特别是制作复杂的动画时，图层的作用尤其明显。

【普通图层】：普通图层是 Flash CS6 默认的图层，放置的对象一般是最基本的动画元素。如矢量对象、位图对象和元件等。普通图层起着存放帧（画面）的作用。使用普通图层可以将多个帧（多幅画面）按一定的顺序叠放，以形成一幅动画。

【引导层】：引导层的图案可以为绘制的图形或对象定位。引导层不从影片中输出，所以不会增大作品文件的大小，而且可以使用多次，其作用主要是设置运动对象的运动轨迹。

【遮罩层】：利用遮罩层可以将与其相链接图层中的图像遮盖起来。将多个图层组合起来放在一个遮罩层下，以创建出多种效果。在遮罩层中也可使用各种类型的动画使遮罩层中的对象动起来，但是在遮罩层中不能使用按钮元件。

单击【时间轴】面板底部的【新建图层】图标，可以将相关的图层拖动到一个图层文件夹中，便于查找和管理。

13.2 层的基本操作

默认情况下，新图层是按照创建顺序进行命名的。读者可以根据需要，对图层进行如移动、重命名、删除和隐藏等操作。

13.2.1 新建层

新创建的 Flash 文档只包含一个层。可为其添加更多的层，以便在文档中编辑其他元素。新建图层有以下几种方法：

● 单击【时间轴】面板底部的【新建图层】按钮，如图 13-1 所示。

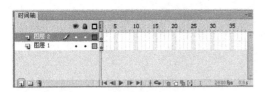

图 13-1 新建图层

● 选择【插入】|【时间轴】|【图层】命令，插入新图层。

● 在【时间轴】面板中已有的图层上，单击鼠标右键，在弹出的菜单中选择【插入图层】命令，如图 13-2 所示，即可插入一个新的图层。

图 13-2 插入新图层

13.2.2 重命名层

系统默认的图层名称为图层 1、图层 2 等，读者可以根据图层上的对象给图层重新命名。通过以下几种操作可以重命名图层。

● 双击图层名称，在字段名称位置输入新的名称，如图 13-3 所示。

图 13-3 重命名图层

● 选中要重命名的图层，单击鼠标右键，在弹出的菜单中选择【属性】命令，弹出【图层属性】对话框。在对话框中的【名称】文本框中输入名称，如图 13-4 所示。单击【确定】按钮，即可为图层重命名。

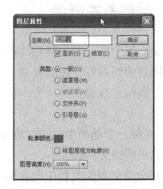

图 13-4 【图层属性】对话框

13.2.3 改变层的顺序

在 Flash 中，可以通过移动图层来改变图层的顺序。移动图层具体操作步骤如下。

❶ 选中要移动的图层，按住鼠标左键拖动，图层以一条粗横线表示，如图 13-5 所示。

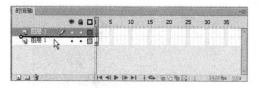

图 13-5　拖动图层

❷ 拖动到相应的位置，释放鼠标，则图层被放到新的位置，如图 13-6 所示。

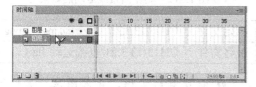

图 13-6　移动图层

13.2.4　新建层文件夹

图层文件夹可以使图层的组织更加有序，在图层文件夹中可以嵌套其他图层文件夹。图层文件夹可以包含任意图层，包含的图层或图层文件夹将缩进显示。新建图层文件夹有以下几种方法。

● 单击【时间轴】面板底部的【新建文件夹】按钮 🗀，新文件夹将出现在所选图层的上面，如图 13-7 所示。

图 13-7　新建图层文件夹

● 选择【插入】|【时间轴】|【图层文件夹】命令，插入一个新的图层文件夹。

● 在【时间轴】面板中已有的图层上，单击鼠标右键，在弹出的菜单中选择【插入图层文件夹】命令。

13.2.5　锁定和解锁层

一个场景中往往包含多个图层，在对某个图层中的对象进行编辑时又需要其他图层中的对象作为参照，这样会不小心对其他图层中的对象进行修改，这时就可以使用锁定和解除锁定图层。锁定和解锁图层有以下几种方法。

● 单击需要被锁定的图层名称右侧的圆点按钮，使其变成 🔒，而且左侧的铅笔也被划掉了，如图 13-8 所示。再次单击它可解除锁定的图层。

图 13-8　锁定图层

● 单击【显示/隐藏所有层】按钮旁边的【锁定/解除锁定所有图层】按钮 🔒，可以锁定所有的图层和文件夹，如图 13-9 所示。再次单击它可以解除所有锁定的图层和文件夹。

图 13-9　锁定全部图层

● 按住 Alt 键，单击图层或文件夹名称右侧的【锁定】列，可以锁定所有其他图层。再次按住 Alt 键单击【锁定】列可以解锁所有的图层。

13.3　制作引导层动画

在引导层中，可以像普通层一样制作各种图形和引入元件，但最终发布时引导层中的对象不会显示出来。按照引导层的功能分为两种，分别是普通引导层和运动引导层。

13.3.1　普通引导层

【普通引导层】以 按钮表示。【普通引导层】是在普通图层的基础上建立的，其中所有的内容只是在绘制动画时作为参考，并不会出现在发布的作品中。创建普通引导层可以执行以下几种操作。

❶ 选中图层右击鼠标在弹出的列表中选择"添加传统运动引导层"命令，如图 13-10 所示。

图 13-10　选择"添加传统运动引导层"命令

❷ 选择命令后即可添加运动引导层，如图 13-11 所示。

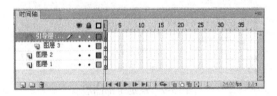

图 13-11　添加运动引导层

13.3.2　创建沿直线运动的动画

使用引导层能够使 Flash 影片的布局更加合理。为了在动画制作过程中更好地组织舞台上的对象，可以创建引导层，然后将其他图层上的对象与在引导层上创建的对象对齐。

在许多动画制作中都用到了沿直线运动的动画技术，下面就制作沿直线运动的效果，如图 13-12 所示。具体操作步骤如下。

图 13-12　制作沿直线运动的效果

原始文件	CH13/13.3.21/直线运动.jpg、1.png
最终文件	CH13/13.3.21/直线运动.fla

❶ 新建空白文档，导入图像"直线运动.jpg"，调整舞台的大小与图像吻合，如图 13-13 所示。

图 13-13　导入图像

❷ 单击【时间轴】面板左下角的【新建图层】按钮，新建图层 2。选择【文件】|【导入】|【导入到舞台】命令，导入图像"1.png"，如图 13-14 所示。

图 13-14　导入图像

❸ 选中图像，选择【修改】|【转换为元件】

命令, 弹出【转换为元件】对话框。将名称设置为【元件 1】,【类型】设置为【图形】, 如图 13-15 所示。

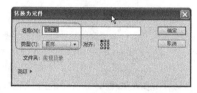

图 13-15　【转换为元件】对话框

❹ 单击【确定】按钮, 转换为图形元件。选中图层 1 的第 50 帧, 按 F5 键插入帧。选中图层 2 的第 50 帧, 按 F6 键插入关键帧, 如图 13-16 所示。

图 13-16　插入帧和关键帧

❺ 选择图层 2, 右击鼠标, 在弹出的菜单中选择【创建传统运动引导层】命令, 创建运动引导层。选择【线条】工具＼, 绘制一条直线路径, 如图 13-17 所示。

图 13-17　绘制直线路径

❻ 选中图层 2 的第 1 帧, 将元件 1 拖动到路径的起始点, 如图 13-18 所示。

图 13-18　拖动到路径的起始点

❼ 选中图层 2 的第 50 帧, 将元件 1 拖动到路径的终点, 如图 13-19 所示。

图 13-19　拖动到路径的终点

❽ 选中图层 2 的第 1~50 帧的任意一帧, 单击鼠标右键, 在弹出的菜单中选择【创建传统补间】命令, 创建补间动画, 如图 13-20 所示。

图 13-20　创建补间动画

❾ 按 Ctrl+Enter 组合键测试效果如图 13-12 所示。

13.3.3 创建沿轨道运动的动画

在 Flash 动画制作中经常碰到一个或多个对象沿轨道曲线运动的问题，它是对运动对象沿直线运动动画的引伸。通过学习引导层的使用，物体沿任意指定轨道运动的问题就迎刃而解了。制作沿轨道运动的效果如图 13-21 所示，具体操作步骤如下。

图 13-21　沿轨道运动的效果

原始文件	CH13/13.3.3/沿轨道运动的动画.jpg
最终文件	CH13/13.3.3/沿轨道运动的动画.fla

❶ 新建一个空白文档，导入一张图像，如图 13-22 所示。

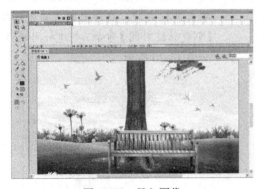

图 13-22　导入图像

❷ 单击【时间轴】面板左下角的【新建图层】按钮，新建图层 2。选择【文件】|【导入】命令，导入图像 "gezi.png"，如图 13-23 所示。

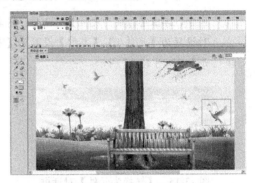

图 13-23　导入图像

❸ 选中导入的图像，按 F8 键弹出【转换为元件】对话框。在对话框中将【类型】设置为 "图形"，单击【确定】按钮，转换为图形元件，如图 13-24 所示。

图 13-24　转换为图形元件

❹ 选中图层 1 的第 50 帧，按 F5 键插入帧，选中图层 2 的第 50 帧，按 F6 键插入关键帧，如图 13-25 所示。

图 13-25　插入帧和关键帧

❺ 选择图层 2，单击鼠标右键，在弹出的列

表中选择【创建传统运动引导层】命令，创建运动引导层。选择工具箱中的【铅笔】工具，绘制曲线，如图 13-26 所示。

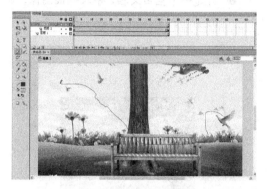

图 13-26　绘制曲线

❻ 选中图层 2 的第 1 帧，将图形元件拖动到路径的起始点，如图 13-27 所示。

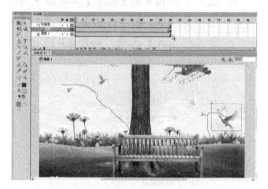

图 13-27　拖动到路径的起始点

❼ 选中图层 2 的第 1 帧，将图形元件拖动

到路径的终点，如图 13-28 所示。

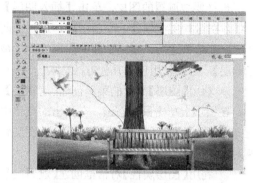

图 13-28　拖动到路径的起始点

❽ 选中图层 2 的第 1～50 帧的任意一帧，单击鼠标右键，在弹出的菜单中选择【创建传统补间】命令，创建补间动画，如图 13-29 所示。

图 13-29　创建补间动画

❾ 按 Ctrl+Enter 组合键测试效果如图 13-21 所示。

13.4　制作遮罩动画

遮罩层是一种特殊的图层，创建遮罩层后，遮罩层下面图层的内容就像透过一个窗口显示出来一样，这个窗口的形状就是遮罩层中内容的形状。在遮罩层中绘制对象时，这些对象具有透明效果，可以把图形位置的背景显露出来。

13.4.1　遮罩动画原理

在 Flash 中，可以用两种方法实现遮罩效果，一种是用 ActionScript 语句编写程序实现遮罩效果，另一种是直接在时间轴面板中创建

遮罩层实现遮罩效果。

实现遮罩效果最少需要创建两个图层才能完成，即【遮罩层】和【被遮罩层】。播放动画时，【被遮罩层】中的对象通过【遮罩层】中

的遮罩项目显示出来。

选择要被遮罩的图层,单击【插入图层】按钮,在这一层上创建一个新图层,这时,两个图层都是普通层。要使上面的图层成为【被遮罩层】,可以使用以下几种方法。

● 利用【图层】面板的菜单创建【遮罩层】。

在图层上单击鼠标右键,在弹出的菜单中选择【遮罩层】命令,Flash 会自动把此图层转换为【遮罩层】。

● 利用【图层属性】对话框创建【遮罩层】。

选择图层,双击【图层名称】前面的图标,弹出【图层属性】对话框。在对话框中的【类型】中选择【遮罩层】单选按钮,如图 13-30 所示,单击【确定】按钮,创建遮罩层。

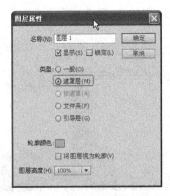

图 13-30 【图层属性】对话框

13.4.2 创建简单的遮罩动画

要创建遮罩层,可以将遮罩对象放在要用作遮罩的层上。遮罩对象是个窗口,透过它可以看到位于它下面的链接层区域,除了透过遮罩对象显示的内容之外,其余的所有内容都被遮罩层的其余部分隐藏起来。下面制作遮罩动画,效果如图 13-31 所示,具体操作步骤如下。

图 13-31 遮罩动画效果

原始文件	CH13/13.4.2/遮罩动画.jpg
最终文件	CH13/13.4.2/遮罩动画.fla

❶ 新建一个空白文档,导入一幅图像,如图 13-32 所示。

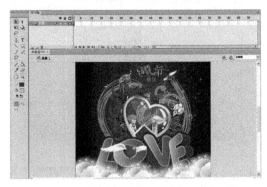

图 13-32 导入图像

❷ 选中工具箱中的【矩形】工具右下角的小三角按钮,在弹出的菜单中选择【多角星形工具】选项,如图 13-33 所示。

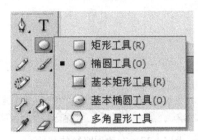

图 13-33 选择【多角星形工具】选项

❸ 单击【属性】面板中的【选项】按钮,弹出【工具设置】对话框。在对话框中的【样式】下拉列表中选择【星形】选项,如图 13-34 所示。

图 13-34 【工具设置】对话框

❹ 单击【确定】按钮。新建图层 2,在图像上绘制一个星形,如图 13-35 所示。

图 13-35 绘制星形

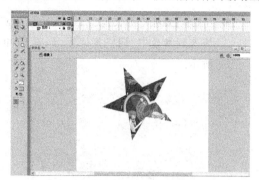

图 13-36 创建遮罩层

❺ 选中图层 2，单击鼠标右键，在弹出菜单中选择【遮罩层】命令，创建遮罩层，如图 13-36 所示。

❻ 按 Ctrl+Enter 组合键测试动画效果，如图 13-31 所示。

13.5 综合案例

引导层和遮罩能制作出曲线的补间动画并增加动画的层次感。通过本章的学习，我们大概了解了关于如何使用图层的基本知识，下面就应用本章所学的知识来制作引导层动画和遮罩动画。

13.5.1 利用引导层制作动画

制作运动引导层时一定要细心，如果对象的中心没有被吸附到引导线上，那么这个动画将不能正常播放。创建引导层动画的最终效果如图 13-37 所示。

原始文件	CH13/13.5.1/引导层动画.jpg
最终文件	CH13/13.5.1/引导层动画.fla

图 13-37 引导层动画

❶ 新建空白文档，选择【文件】|【导入】|【导入到库】命令，弹出【导入到库】对话框，如图 13-38 所示。

❷ 在对话框中选择导入的图像，单击【打开】按钮，导入到【库】面板中，如图

13-39 所示。

图 13-38 【导入到库】对话框

图 13-39 导入到库

❸ 将【库】面板中的图像"引导层动画.jpg"拖入到舞台中,调整其位置,如图 13-40所示。

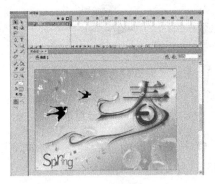

图 13-40　拖入图像（一）

❹ 单击【时间轴】面板右下角的【新建图层】按钮,新建图层 2,将【库】面板中的图像"2.png"拖入到舞台中相应的位置,如图 13-41 所示。

图 13-41　拖入图像（二）

❺ 选中图像,选择【修改】|【转换为元件】命令,弹出【转换为元件】对话框,如图 13-42 所示。

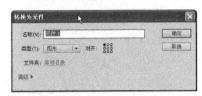

图 13-42　【转换为元件】对话框

❻ 在对话框中将【类型】设置为【图形】,单击【确定】按钮,将图像转换为图形元件,如图 13-43 所示。

图 13-43　转换为图形元件

❼ 选中图层 1 的第 50 帧,按 F5 键插入帧,选中图层 2 的第 50 帧,按 F6 键插入关键帧,如图 13-44 所示。

图 13-44　插入帧和关键帧

❽ 右击图层 2 在弹出的列表中选择【添加传统运动引导层】按钮,创建运动引导层。选中运动引导层的第 1 帧,选择工具箱中的【铅笔】工具,在运动引导层中绘制一条路径,如图 13-45 所示。

图 13-45　绘制路径

⑨ 选中图层 2 的第 1 帧，将图形元件拖动到路径的起始点，如图 13-46 所示。

图 13-46 拖曳到路径的起始点

⑩ 选中图层 2 的第 50 帧，将图形元件拖动到路径的终点，如图 13-47 所示。

图 13-47 拖动到路径的终点

⑪ 将鼠标指针放置在图层 2 中的第 1～40 帧的任意位置，单击鼠标右键，在弹出的菜单中选择【创建传统补间】命令，创建传统补间动画，如图 13-48 所示。

图 13-48 创建传统补间

⑫ 保存文档，按 Ctrl + Enter 组合键测试动画，效果如图 13-37 所示。

13.5.2 利用遮罩制作百叶窗效果动画

制作遮罩动画时，要对动画的层次有较深的了解，哪个是遮罩层、哪个被遮罩一定要分清。本例主要用补间形状动画和遮罩层来实现两幅图片之间的相互切换，就像百叶窗一样，如图 13-49 所示。具体操作步骤如下。

原始文件	CH13/13.5.2/百叶窗 1.jpg、百叶窗 1.jpg
最终文件	CH13/13.5.2/百叶窗.fla

图 13-49 百叶窗效果

❶ 新建一个空白文档，导入图像"百叶窗 1.jpg"，如图 13-50 所示。

图 13-50 导入图像

❷ 单击【新建图层】按钮，新建图层 2，导入另一张图像，如图 13-51 所示。

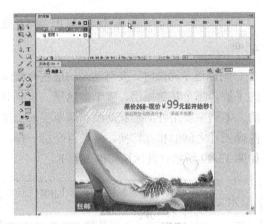

图 13-51　导入图像

❸ 选择【插入】|【新建元件】命令，弹出【创建新元件】对话框，将【类型】设置为【影片剪辑】，如图 13-52 所示。

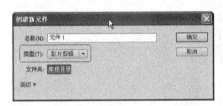

图 13-52　【创建新元件】对话框

❹ 单击【确定】按钮，切换到元件编辑模式，选择工具箱中的【矩形】工具，在舞台中绘制矩形，如图 13-53 所示。

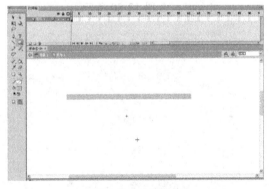

图 13-53　绘制矩形

❺ 在【属性】面板中将【宽】和【高】分

别设置为 475、40，如图 13-54 所示。

图 13-54　设置矩形的属性

❻ 在图层 1 的第 40 帧按 F6 键插入关键帧，在【属性】面板中将【高】设置为 1，如图 13-55 所示。

图 13-55　设置矩形的属性

❼ 右击第 1～40 帧的任意一帧，在弹出的列表中选择【创建补间形状】命令，创建形状补间动画，如图 13-56 所示。

图 13-56　创建形状补间动画

❽ 选择【插入】|【新建元件】命令，弹出【创建新元件】对话框。将【类型】设置为【影片剪辑】，单击【确定】按

钮，切换到元件编辑模式。在【库】面板中拖动 12 个元件 1，排成一列，如图 13-57 所示。

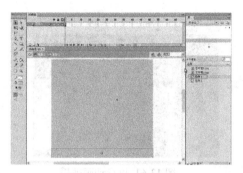

图 13-57　拖动元件 1

❾ 选择【编辑】|【编辑文档】命令返回场景。新建图层 3，将元件 2 拖动到舞台中，如图 13-58 所示。

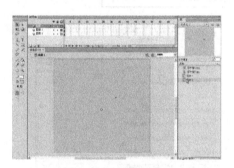

图 13-58　拖动元件 2

❿ 选中图层 3，单击鼠标右键，在弹出的菜单中选择【遮罩层】命令，创建遮罩层，如图 13-59 所示。

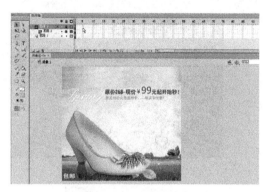

图 13-59　创建遮罩层

⓫ 按 Ctrl+Enter 组合键测试动画效果，如图 13-49 所示。

13.6　课后练习

1．填空题

（1）在引导层中，可以像其他层一样制作各种图形或导入元件，但最终发布时引导层中的对象不会显示出来。按照引导层的功能分为两种，分别是_____和_____。

（2）在 Flash 中，可以用两种方法实现遮罩效果，一种是用 ActionScript 语句编写程序实现遮罩效果，另一种是直接在_____中创建遮罩层实现遮罩效果。

参考答案：

（1）普通引导层和、运动引导层

（2）时间轴面板中

2．操作题

（1）创建引导动画，如图 13-60 和图 13-61 所示。

原始文件	CH06/操作题/操作题 1.jpg
最终文件	CH06/操作题/操作题 1.fla

图 13-60　原始文件

图 13-61　引导动画效果

（2）利用遮罩创建动画，如图 13-62 和图 13-63 所示。

原始文件	CH13/操作题/操作题 2.jpg、3.jpg
最终文件	CH13/操作题/操作题 2.fla

图 13-62　原始文件

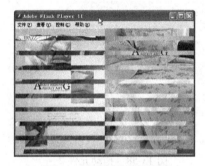

图 13-63　遮罩动画效果

13.7　本章总结

　　本章介绍了管理图层及编辑图层的一些方法，图层是管理动画的最基本的工具，所以读者对这些方法一定要熟悉。复制图层、隐藏图层及文件夹的操作等，不仅使动画的条理更清晰，也能给动画制作者带来极大方便。

　　引导层和遮罩能制作出曲线的补间动画并增加动画的层次感，使动画制作中可以使用较多的方法。制作运动引导层时一定要细心，如果对象的中心没有被吸附到引导线上，那么这个动画将不能正常播放。而制作遮罩动画时，制作者要对动画的层次有较深的了解，哪个是遮罩层、哪个被遮罩一定要分清。熟练使用这两个方法是制作复杂动画的铺路石。

Flash 动画不仅可以根据不同的要求动态地调整动画播放的顺序或内容，也可以接受反馈的信息实现交互操作，这些可以利用 Flash 中的编程语言 ActionScript 来实现。ActionScript 是 Flash 中的一种高级技术，也是 Flash 中的一种编程语言。学会 ActionScript 就可以做出更加完美的 Flash 作品。

学习目标

☐ ActionScript 概述

☐ 了解 ActionScript 3.0 基本语法

☐ 了解常用 ActionScript 语句

☐ 掌握 ActionScript 代码的输入

☐ 掌握 ActionScript 的编辑环境

14.1 ActionScript 概述

随着 Flash 技术在因特网上的出现，网页多媒体技术从此离我们不再遥远，网页多媒体设计也不再是计算机业界的专业术语，而是所有网页制作者共同的话题。从个人主页到公司主页，从在线娱乐到商务平台，Flash 技术的出现使原本无声无息的网页变得有声有色，它出色的多媒体功能及强大易用的特性，使众多的网页设计师为之痴迷。在网络技术飞速发展的今天，要成为真正的热点网站，必须从媒体修饰转向商务应用。这样，Flash 脚本编程就显得格外重要了。

14.1.1 Flash 中的 ActionScript

ActionScript 是一种专用的 Flash 程序语言，是 Flash CS6 的一个重要组成部分，它的出现给设计和开发人员带来了很大方便。通过使用 ActionScript 脚本编程，可以实现根据运行时间和加载数据等事件来控制 Flash 文档播放的效果。另外，为 Flash 文档添加交互性，可以使其能够响应按键、单击等操作；将内置对象与内置的相关方法、属性和事件结合使用，并且允许用户创建自定义类和对象，创建更加短小精悍的应用程序，所有这些都可以通过可重复利用的脚本代码来完成。

Flash 编程指的是利用 Flash 内建的 Action 脚本语句进行程序设计。ActionScript 语言自从形成以来已经发展了多年。随着 Flash 版本的每次更新，更多的关键字、对象、方法和其他的语言元件已经被增加到语言中。

Flash 利用 ActionScript 编程的目的就是为了更好地与用户进行交互。通常用 Flash 制作页面可以很轻松地制作出华丽的 Flash 特效，如遮罩、淡入淡出及动态按钮等，使用简单的 Flash 编程可以实现场景的跳转、与 HTML 网页的链接、动态装载 SWF 文件等。而高级的 Flash 编程可以实现复杂的交互游戏，根据用户的操作响应不同的电影，与后台数据库及各种程序进行交流，如 ASP、PHP 和 SQL Server 等。庞大的数据库系统、各种程序与 Flash 内置的编程语句的结合，可以制作出很多人机交互的网页、游戏及在线商务系统。图 14-1 所示为利用 ActionScript 制作的游戏动画。

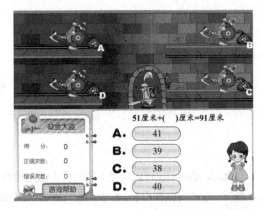

图 14-1　利用 ActionScript 制作的游戏动画

14.1.2　ActionScript 和 JavaScript 的区别和联系

Flash 的脚本编程语言整合了很多新的语法，看起来很像 JavaScript。这是因为 Flash 的 ActionScript 采用了和 JavaScript 一样的语法标准，所以使编写的脚本以更接近和遵守被用于其他的面向对象语言的标准并支持所有的标准 ActionScript 语言的元件。随着类、接口、扩充的工具等关键字，ActionScript 语法对于熟悉其他的语言程序设计者更加容易。如果读者熟悉 JavaScript，那么理解 Flash 的 ActionScript 会容易得多，但是这两者之间也存在着明显的区别。

- ActionScript 不支持浏览器相关的对象，如 Document、Anchor 和 Window 等。
- ActionScript 不支持全部 JavaScript 的预定义对象。
- ActionScript 不支持 JavaScript 的函数构造。
- ActionScript 只能用 eval 语句来处理变量，从而直接得到变量的值。
- 在 JavaScript 中，如果把一个没有定义的变量转换成字符串类型，会得到一个未定义的变量，而在 ActionScript 中则会返回一个空字符串。

14.2　ActionScript 3.0 基本语法

ActionScript 的语法是 ActionScript 编程中十分重要的组成部分，和其他类型的编程语言相同，只有对其语法有了充分的认识才能在编写程序的过程中游刃有余，编写出精彩的程序。下面将详细介绍 ActionScript 的基本语法。

1. 点语法

在 Flash CS6 动画中，对当前场景下的影片剪辑实例的控制是十分常见的功能。在以前的 Flash 版本中，tellTarget 就可以告诉程序目的所在，其作用就是要告知程序要做什么样的特定动作。如果再结合程序的实际情况在其中加入对影片的控制动作，就能控制实例的动画播放过程了。

例如，要使实例 syc 移动到第 30 帧并停止，可以编写为：

```
tellTarget("syc"){
    gotoAndstop(30);
}
```

这种语法在以前版本的 Flash 中曾经被广泛地应用，不过现在并不推荐使用 tellTarget 语法，而是使用一种更为简洁的语法形式去取代它，这就是点语法。

点语法的由来是因为其在编程语句中使用了一个 "."。它是一种面向基于"面向对象"概念的语法形式。面向对象就是利用目标物体自身去管理自己，而物体本身就是其自身的特性和方法，即只要告诉物体该做什么，它就会自动地完成任务。

例如，上面的例子，在使用点语法后可以将程序语句简化为：

```
syc.gotoAndstop(30);
```

这样，就大大简化了语句的编写步骤。

在 ActionScript 中，"."不仅被用于指出与一个对象或影片剪辑相关的属性或方法，还被用于标识指向一个影片剪辑或变量的目标路径。点语法的表达式是由一个带有点的对象或者影片剪辑的名字作为起始，以对象的属性、方法或者想要指定的变量作为表达式的结束。例如，前边所提到的例子中，syc 就是影片剪辑的名字，而 "." 的作用就是要告诉影片剪辑执行后面的动作。

2．小括号

小括号用于定义函数中的相关参数。例如：

```
function Line(x1,x2,y1,y2) {}
```

此外，还可以通过使用小括号来调整 ActionScript 操作符的优先顺序、对一个表达式求值或者提高程序的可读性。

3．大括号

当一段 ActionScript 程序语句被大括号括起来，就会形成一个语句块。

4．分号

在 ActionScript 中，任何一条语句的结束都需要使用分号来结尾。但是如果忽略了使用分号作为脚本语句的结束标志，Flash CS6 同样可以成功地编译这个脚本。

5．注释

通过在脚本中添加注释，将有助于理解用户关注的内容，并向其他开发人员提供信息。在【动作】面板中，将字符"//"插入到程序的脚本中，可以在字符"//"后向脚本中添加说明性语句。使用注释有助于其他人理解某个语句内容。

代码为：

```
//设置右键菜单
var rightMenu = new ContextMenu();
rightMenu.hideBuiltInItems();
function M_home() {
    //定义函数
}
```

在动作编辑区，注释在窗口中以灰色显示。

6．字母的大小写

在 ActionScript 的语法中，只有关键字是需要区分大小写的，其他的 ActionScript 代码，则不区分。

例如，下面的程序在编译的时候是完全等价的。

```
Name=gaolu
NAME=gaolu
name=gaolu
```

不过为了方便区分变量名、函数名或者函数，在实际的程序编写中还是应该固定使用大写或者小写。

7．分号和常量

在 ActionScript 中，";"表示一个语句的结束。但如果在代码中忘记加上分号其实也没有关系，编译程序会自动加上。但是良好的习惯要求大家一定要在语句结束时加上";"，因为以后自己查错或阅读时能减少很多不必要的麻烦，使程序条理更清楚也更加严谨。在 ActionScript 中有些内容是固定不变的，可以在编程时引用它，例如，一些常用的按键的键值，布尔值中的 true 和 false 等。

14.3 常用 ActionScript 语句

在 Flash 中经常用到的语句是条件语句和循环语句。条件语句包括 if 语句和特殊条件语句，循环语句包括 while 循环和 for 循环语句。

14.3.1 if 条件判断

条件语句 if 能够建立一个执行条件，只有当 if 语句设置的条件成立时，才能继续执行后面的动作。if 条件语句主要应用于一些需要对条件进行判定的场合，其作用是当 if 中的条件成立时执行 if 和 else if 之间的语句。

最简单的条件语句如下：

```
If（条件a）{
语句a
}
```

当满足 if 括号内的条件 a 时，执行大括号内的语句 a。

一般，else 都与 if 一起使用表示较为复杂的条件判断：

```
If （条件1） {
语句a
}else{
语句b
}
```

当满足 if 括号内的条件 a 时，执行大括号的语句 a；否则执行语句 b。

以下是括号"else if"的条件判断的完整语句：

```
If(条件 a){
语句 a
}else if(条件 b){
语句 b
} else{
语句 c
}
```

当满足 if 括号内的条件 a 时，执行大括号的语句 a；否则判断是否满足条件 b，如果满足条件 b 就执行大括号里的语句 b；如果都不满足，就执行语句 c。

14.3.2　特殊条件判断

特殊条件判断语句一般用于赋值，本质是一种计算形式，格式为：

```
变量 a=判断条件? 表达式 1：表达式 2；
```

如果判断条件成立，a 就取表达式 1 的值；如果不成立就取表达式 2 的值。例如：

```
Var a: Number=1
Var b: Number=2
Var max: Number=a>ba: b
```

执行以后，max 就为 a 和 b 中较大的值，即值为 2。

14.3.3　for 循环

通过 for 语句创建的循环，可在其中预先定义好决定循环次数的变量。
for 语句创建循环的语法格式如下。

```
for(初始化 条件 改变变量){
语句
}
```

在"初始化"中定义循环变量的"初始值"，"条件"是确定什么时候退出循环，"改变变量"是指循环变量每次改变的值。例如：

```
trace=0
for(var i=1 i<=30 i++ {
trace = trace +i
}
```

以上实例中，初始化循环变量 i 为 1，每循环一次，i 就加 1，并且执行一次"trace = trace +i"，直到 i 等于 30，停止增加 trace。

14.3.4　while 和 do while 循环

while 语句可以重复执行某条语句或某段程序。使用 while 语句时，系统会先计算一个表达式，如果表达式的值为 true，就执行循环的代码。在执行完循环的每一个语句之后，while 语句会再次对该表达式进行计算。当表达式的值仍为 true 时，会再次执行循环体中的语句，直到表达式的值为 false。

do while 语句与 while 语句一样可以创建相同的循环。这里要注意的是，do while 语句对表达式的判定是在其循环结束处，因而使用 do while 语句至少会执行一次循环。

for 语句的特点是有确定的循环次数，而 while 和 do while 语句没有确定的循环次数，具体使用格式如下。

```
while ( 条件 ) {
语句
}
```

以上代码只要满足"条件"，就一直执行"语句"的内容。

```
do {
语句
} while ( 条件 )
```

14.4　ActionScript 中的运算符

ActionScript 运算符包括数值运算符、关系运算符、赋值运算符、逻辑运算符、等于运算符和位运算符。运算符处理的值称为操作数。例如，"x＝1；"中"＝"为运算符，而"x"为操作数。

14.4.1　数值运算符

数值运算符可以执行加、减、乘、除及其他的数学运算，也可以执行其他算术运算。增量运算符最常见的用法是 i++，可以在操作数前后使用增量运算符。数值运算符如表 14-1 所示，数值运算符的优先级别与一般的数学公式中的优先级别相同。

表 14-1　　　　　　　　　　　　　　数值运算符

运　算　符	执行的运算	运　算　符	执行的运算
+	加法	–	减法
*	乘法	++	递增
/	除法	–	递减
%	求模（除后的余数）		

14.4.2　比较运算符

比较运算符用于比较表达式的值，然后返回一个布尔值（true 或 false），这些运算符最常用于判断循环是否结束或用于条件语句中。动作脚本中的比较运算符如表 14-2 所示。

表 14-2　　　　　　　　　　　　　　比较运算符

运　算　符	执行的运算	运　算　符	执行的运算
<	小于	<=	小于或等于
>	大于	>=	大于或等于

14.4.3　赋值运算符

赋值运算符主要用来将数值或表达式的计算结果赋给变量。在 Flash 中大量应用赋值运算符，这样可以使设计的动作脚本更为简洁。赋值运算符如表 14-3 所示。

表 14-3　　　　　　　　　　　　　　　赋值运算符

运　算　符	执行的运算	运　算　符	执行的运算
=	赋值	<<=	按位左移位并赋值
+=	相加并赋值	>>=	按位右移位并赋值
–=	相减并赋值	>>>=	右移位填零并赋值
*=	相乘并赋值	^=	按位"异或"并赋值
%=	求模并赋值	|=	按位"或"并赋值
/=	相除并赋值	&=	按位"与"并赋值

14.4.4　逻辑运算符

逻辑运算符对布尔值（true 或 false）进行比较，然后返回第三个布尔值。

如果两个操作数都为 true，则使用逻辑【与】运算符（&&）返回 true，除此以外的情况都返回 false。例如，（5>3）&&（8>7）两边的操作数均为 true，那么返回的值也为 true。若将该表达式改为（5<3）&&（8>7），第一个操作数为 false；那么即使第二个操作数为 true，最终返回的值仍然为 false。

如果其中一个或两个操作数都为 true，则逻辑【或】运算符（‖）将返回 true。

逻辑运算符如表 14-4 所示，该表按优先级递减的顺序列出了逻辑运算符。

表 14-4　　　　　　　　　　　　　　　逻辑运算符

运　算　符	执行的运算	运　算　符	执行的运算
&&	逻辑【与】	!	逻辑【非】
‖	逻辑【或】		

14.4.5　等于运算符

使用等于运算符可以确定两个操作数的值或标识是否相等。这种比较的结果是返回一个布尔值（true 或 false）。如果操作数是字符串、数字或布尔值，则它们将通过值来比较；如果操作数是对象或数组，则它们将通过引用来比较。全等"=="运算符与等于运算符相似，但是有一个很重要的差异，即全等运算符不执行类型转换。如果两个操作数属于不同的类型，全等运算符就会返回 false，不全等"!=="运算符会返回全等运算符的相反值。用赋值运算符检查等式是常见的错误。

等于运算符如表 14-5 所示，该表中的所有运算符都具有相同的优先级。

表 14-5　　　　　　　　　　　　　　　等于运算符

运　算　符	执行的运算	运　算　符	执行的运算
=	等于	!=	不等于
==	全等	!==	不全等

14.4.6　位运算符

位运算符是对一个浮点数的每一位进行计算并产生一个新值。位运算符又可以分为按位移位运算符和按位逻辑运算符。按位移位运算符有两个操作数，将第一个操作数的各位按第二个操作数指定的长度移位。按位逻辑运算符有两个操作数，执行位级别的逻辑运算。位运算符如表 14-6

所示。

表 14-6   位运算符

运　算　符	执行的运算	运　算　符	执行的运算
&	按位"与"	<<	左移位
|	按位"或"	>>	右移位
^	按位"异或"	>>>	右移位填零
~	按位"非"		

14.4.7　运算符的优先级

当两个或两个以上的运算符在同一个表达式中被使用时，一些运算符与其他运算符相比有更高的优先级。ActionScript 就是严格遵循这个优先等级来决定哪个运算符首先执行，哪个运算符最后执行的。

现将一些动作脚本运算符及其结合律，按优先级从高到低排列，如表 14-7 所示。

表 14-7   运算符的优先级

运　算　符	说　明	结　合　律
（　）	函数调用	从左到右
[ ]	数组元素	从左到右
.	结构成员	从左到右
++	前递增	从右到左
–	前递减	从右到左
new	分配对象	从右到左
delete	取消分配对象	从右到左
typeof	对象类型	从右到左
void	返回未定义值	从右到左
*	相乘	从左到右
/	相除	从左到右
%	求模	从左到右
+	相加	从左到右

14.5　代码的输入

ActionScript 是一种面向对象的脚本语言，可用于控制 Flash 内容的播放方式。因此，在使用 ActionScript 的时候，只要有一个清晰的思路，通过简单的 ActionScript 代码语言的组合，就可以实现很多精彩的动画效果。在 ActionScript 3.0 中可以将它添加在帧、按钮和影片剪辑对象中。

14.5.1　在帧中插入 ActionScript

将 ActionScript 添加在指定的帧上，也就是

前面介绍的将该帧作为激活 ActionScript 程序的事件。添加后当动画播放到添加 ActionScript 脚

本的那一帧时，相应的 ActionScript 程序就会被执行，典型的应用就是控制动画的播放和结束时间。根据需要使动作在相应的时间进行。

如果需要给帧添加 ActionScript，则帧的类型必须是关键帧。为关键帧添加一个 ActionScript，可以使影片达到帧需要的效果，具体操作步骤如下。

❶ 在时间轴中选择添加动作的关键帧。

❷ 选择【窗口】|【动作】命令，打开【动作】面板，如图 14-2 所示。

图 14-2　【动作】面板

❸ 在面板中插入 ActionScript，可以注意到，关键帧上出现了一个小小的 "a"，标志着在该帧处有 ActionScript 代码，如图 14-3 所示。

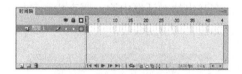

图 14-3　插入 ActionScript

14.5.2　在影片剪辑中插入 ActionScript

Flash 动画中的影片剪辑元件拥有独立的时间轴，每个影片剪辑元件都有自己唯一的名称。为影片剪辑元件添加语句并指定触发事件后，当事件发生时就会执行设置的语句动作。为影片剪辑元件添加语句的方法与为按钮添加语句的方法基本相同，具体操作步骤如下。

❶ 选中要添加语句的影片剪辑元件。

❷ 打开【动作】面板，单击【动作】工具

栏中的按钮 ⊞，从图 14-4 所示的级联菜单中选择要添加的动作。

图 14-4　添加 ActionScript 语句

14.5.3　在按钮中插入 ActionScript

在欣赏一个 Flash 动画时，打开后首先要单击一个播放按钮，动画才可以开始播放，这就是在该按钮上添加了 ActionScript 程序的缘故。通常这种添加方式是在被添加的按钮发生某些事件时，执行相应的程序或者动作，如鼠标滑过按钮、按钮被按下或者释放等。在设计的动画中如果添加了类似的效果，整个作品的互动性就会明显增强，这样就很容易地完成了交互式界面的制作。另外，多个按钮同时作为实例出现在动画中并且都添加了 ActionScript 程序时，每个实例都会各自有自己独立的动作，不会相互影响。

在场景中单击选择第 1 帧中的播放按钮，在【动作】面板中输入 on (release) {gotoAndStop (2); }，如图 14-5 所示。

图 14-5　在按钮中插入 ActionScript

以上介绍的是 ActionScript 常用的 3 种添加方式，也是我们在动画制作中要用到的 3 处可以进行 Flash 脚本程序添加的地方。如果能够灵活应用这 3 种方法，在实际制作的过程中积累经验并不断提高，同时结合设计者的巧妙构思，肯定能制作出精彩的交互性动画作品。

14.6　ActionScript 的编辑环境

上面讲述的都是 ActionScript 在应用中常用的一些基本语法功能。但这些都还没有深入地涉及使用 ActionScript 编写脚本的工作，下面的内容将具体介绍使用 ActionScript 进行程序编写的编辑环境——【动作】面板，它是 Flash CS6 提供专门用来编写动作的。

14.6.1　【动作】面板概述

【动作】面板是 ActionScript 编程中所必需的，它是专门用来进行 ActionScript 编写工作的，即 ActionScript 程序的开发环境。通过选择【窗口】|【动作】命令或者按 F9 快捷键可以打开【动作】面板，如图 14-6 所示。

图 14-6　【动作】面板

由于【动作】面板是 ActionScript 编程的专用环境，因此在正式学习为动画添加 ActionScript 脚本之前，需要首先了解一下【动作】面板的操作界面。

1．动作工具箱

在动作工具箱中包括了 ActionScript 的所有命令和相关的语法。其中包含了以下两种图标。

　　● 命令文件夹 🗀：针对不同类型的命令进行了分类。

　　● 命令标记 🗐：这表示带有这个标记的命令是一个可使用命令、语法或者相关的工具，双击或者拖动都可以使命令自动加载到编辑区中。

2．程序添加对象面板

程序添加对象面板是动作工具箱下方的一个专门显示已添加 ActionScript 程序的对象的列表面板。

3．工具栏

工具栏位于动作工具箱的右侧，在工具栏中可以看到代表特定功能的一系列按钮。

　　● 【将新项目添加到脚本中】按钮 🔁：单击该按钮可以选择添加 ActionScript。

　　● 【查找】按钮 🔎：单击【查找】按钮后，在弹出的对话框中输入要查找和替换的内容，如图 14-7 所示。

图 14-7　【查找和替换】对话框

　　● 【插入目标路径】按钮 ⊕：在弹出的对话框中设置影片实例之间的相对路径，如图 14-8 所示。

　　● 【语法检查】按钮 ✔：在 Flash 的制作过程中需要经常检查 ActionScript 语句的编写情况，单击【语法检查】按钮系统便会自动检查其中的语法错误。如果系统发现语法有编写错误，就会自动弹出一个提示对话框，告知出现错误的语法警告信息。单击【确定】按钮，会弹出面板标注语法错误的地方，以便用户及时查找并修改错误语法。

图 14-8　【插入目标路径】对话框

● 【自动套用格式】按钮：单击该按钮，可使编写好的语句进行自动排列。

● 【显示代码提示】按钮：显示代码提示，如图 14-9 所示。

● 【调试选项】按钮：根据命令的不同显示不同的出错信息，可以设置断点、删除断点和删除所有断点。

图 14-9　显示代码提示

14.6.2　【动作】面板的 Action 命令

Flash CS6 中包含了下面几种常见的 Action 命令。

1. 全局函数

全局函数就是可添加到脚本中的函数，包括在制作 Flash 影片时根据不同用途所使用的影片剪辑控制、时间轴控制、浏览器/网络、打印函数、其他函数、数学函数和转换函数 7 种动作命令，如图 14-10 所示。

图 14-10　全局函数

● 影片剪辑控制：对影片剪辑实例控制的函数。

● 时间轴控制：对影片的播放进行控制的函数，是 ActionScript 中最基础的内容。

● 浏览器/网络：专门控制浏览器链接或网络的函数。

● 打印函数：打印输出影片或影片剪辑的函数。

● 其他函数：其他用途的函数。

● 数学函数：负责执行数学运算的函数。

● 转换函数：执行类型转换的函数。

2. ActionScript 2.0 类

动作脚本提供的预定义类，是 ActionScript 中最重要的类别，如图 14-11 所示。

图 14-11　ActionScript 类

● 客户端/服务器和 XML：设置与外部数据库的链接方式及在网络上的文件调用的类。

● 核心：动作脚本语言的核心类。

● 影片：用于撰写 Flash 影片脚本的类。

● 媒体：Flash 中的媒体类。

● 创作：创作工具所特有的对象。

3．全局属性

全局属性包含了全局属性函数及其标识符。例如，控制屏幕阅读器辅助功能选项、影片品质设定和声音缓冲时间等函数，如图 14-12 所示。

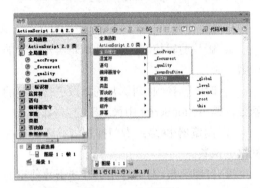

图 14-12　全局属性

4．运算符

在表达式中会用到的运算符函数，包括按位运算符、比较运算符、赋值、逻辑运算符、其他运算符和算术运算符等，如图 14-13 所示。

图 14-13　运算符

● 按位运算符：对位进行操作的运算，如 AND、OR 和 XOR 等。

● 比较运算符：执行语句比较的运算符，最后的输出结果以布尔值形式发布，即真和假。

● 赋值：执行变量赋值的运算符。

● 逻辑运算符：执行逻辑运算的运算符。

● 其他运算符：执行特殊运算的运算符。

● 算术运算符：包含了加、减、乘、除等基本数学运算的运算符。

5．语句

在表达式中的语句包含动作脚本语句的关键字，其中有变量、类构造、条件/循环、异常和用户定义的函数 5 种关键字类型，如图 14-14 所示。

图 14-14　语句

● 变量：修改和访问变量动作的函数。

● 类构造：用于创建类构造的函数。

● 条件/循环：条件语句和循环构造的函数。

● 异常：异常处理函数。

● 用户定义的函数：用户自己创建和调用函数的动作。

6．编译器指令

编译器指令包括开始一个组件初始化块、结束一个组件初始化块及包括来自文件的脚本 3 个命令，如图 14-15 所示。

图 14-15　编译器指令

7. 常数

在表达式中使用的常数, 如图 14-16 所示。

图 14-16 常数

8. 否决的

应避免新版本的 Flash 中出现的功能。这并不是说 Flash 今后不会再支持这个功能, 而是有可能会用新的动作来取代它, 如图 14-17 所示。

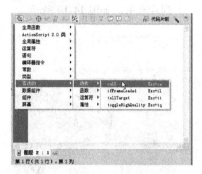

图 14-17 否决的

14.7 综合案例

通过本章的学习, 对 ActionScript 3.0 的编程环境, 语法规则、基本语句等已经有所了解。下面将通过实例来说明 Flash 中内置基本语句的使用, 以及手动编写 ActionScript 脚本的方法。

14.7.1 控制声音的播放

"Play"是一个播放命令, 用于控制时间轴上指针的播放。运行后, 开始在当前时间轴上连续显示场景中每一帧的内容。该语句比较简单, 无任何参数选择, 一般与"Stop"命令及 Goto 命令配合使用。"Stop"是一个停止播放动画, 并使动画停留在当前的帧中的命令, 该指令无语法参数。下面以一个简单案例来讲解这两个命令。选择 stopAllSounds 命令后, 正在播放的声音文件将会停止播放。stopAllSounds 并不是永久禁止播放声音文件, 只是停止播放指针所在位置以后的所有的声音文件, 当重新播放时声音文件又开始播放。跳转命令主要用于控制动画的跳转。根据跳转后的执行命令可以分为 gotoAndStop 和 gotoAndPlay 两种。最终效果如图 14-18 所示。

图 14-18 控制声音播放

原始文件	CH14/控制声音的播放.jpg
最终文件	CH14/控制声音的播放.fla

❶ 新建空白文档, 选择【文件】|【导入】|【导入到舞台】命令, 在弹出的对话框中

选择图像"控制声音的播放.jpg",将其导入到舞台中,如图 14-19 所示。

图 14-19　导入图像

❷ 选择菜单【插入】|【新建元件】命令,在弹出的【创建新元件】对话框中设置【类型】为【影片剪辑】,单击【确定】按钮,进入元件编辑模式,如图 14-20 所示。

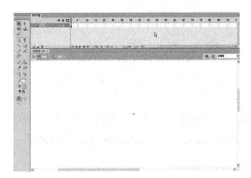

图 14-20　元件编辑模式

❸ 选择【窗口】|【公共库】|【Buttons】命令,打开【库】面板。在该面板中选择 classic buttons/playback/gel Right 选项,然后将其拖到舞台中,如图 14-21 所示。

图 14-21　拖入按钮

❹ 在图层 1 的第 2 帧处按 F6 键插入关键帧。然后在【库】面板中选择 get Stop,并将其拖动到工作区中,如图 14-22 所示。

图 14-22　拖入按钮

❺ 选择【文件】|【导入】|【导入到库】命令,导入一个音乐文件。单击选中第 2 帧,将音乐文件从【库】面板中拖动到工作区中任意位置,如图 14-23 所示。

图 14-23　拖入音乐

❻ 选中第 1 帧,选择【窗口】|【动作】命令,打开【动作】面板。在【动作】面板中输入 stop(); stopAllsounds();,如图 14-24 所示。

图 14-24　输入代码

❼ 选中第 2 帧，在【动作】面板中输入 stop();，如图 14-25 所示。

图 14-25 输入代码

❽ 在场景中单击选择第 1 帧中的播放按钮，在【动作】面板中输入 on (release) {gotoAndStop(2); }，如图 14-26 所示。

图 14-26 输入代码

❾ 在场景中单击选择第 1 帧中的停止按钮，在【动作】面板中输入 on (release) {gotoAndStop(1); }，如图 14-27 所示。

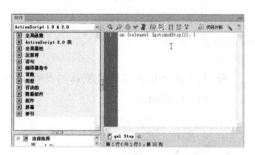

图 14-27 输入代码

❿ 单击场景 1 回到场景，在【库】面板中将音乐影片剪辑拖动到场景的合适位置，如图 14-28 所示。

⓫ 按 Ctrl+Enter 快捷键，查看影片测试效果如图 14-18 所示。

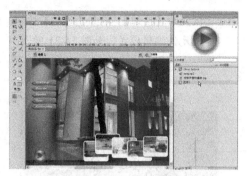

图 14-28 拖入元件

14.7.2 创建跳转到其他网页动画

getURL 用于建立 Web 页面链接，该命令不但可以完成超文本链接，而且还可以链接 FTTP 地址、CGI 脚本和其他 Flash 影片的内容。在 URL 中键入要链接的 URL 地址，可以是任意的，但是只有 URL 正确的时候，链接的内容才会正确显示出来，其格式与网页链接的格式类似，如 http:// www.xxxx..net。在设置 URL 链接的时候最好使用绝对路径。本实例将创建跳转到其他网页的效果，如图 14-29 所示，具体操作步骤如下。

原始文件	CH14/14.7.2/跳转到其他网页动画.jpg
最终文件	CH14/14.7.2/跳转到其他网页动画.fla

图 14-29 跳转到其他网页效果

❶ 新建一个空白文档，导入图像"跳转到其他网页动画.jpg"，如图 14-30 所示。

❷ 选择【插入】|【新建元件】命令，将弹出的【创建新元件】对话框中的【类型】

设置为【按钮】。单击【确定】按钮，进
入元件编辑模式，如图 14-31 所示。

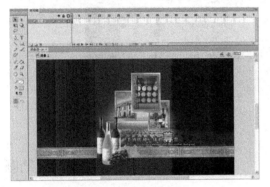

图 14-30　导入图像

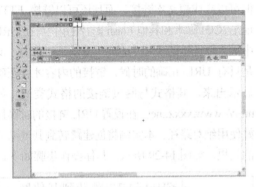

图 14-31　元件编辑模式

❸ 在工具箱中选择【矩形】工具，笔触颜色
设置为无色，填充颜色设置为浅蓝色。在
【点击】帧按 F6 键插入关键帧，然后绘制
一个矩形，如图 14-32 所示。

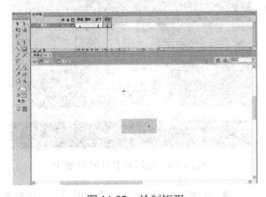

图 14-32　绘制矩形

❹ 单击场景 1 返回主场景中，选择工具箱
中的【文本工具】，在舞台中输入文本

"点击进入"，如图 14-33 所示。

图 14-33　输入文本

❺ 打开【库】面板，将【库】面板中的元
件拖入到场景中相应的位置，如图
14-34 所示。

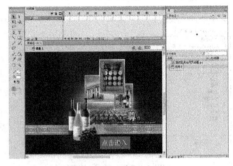

图 14-34　拖入元件

❻ 选择【窗口】|【动作】命令，打开【动
作】面板，在面板中输入以下代码，如
图 14-35 所示。

```
on (release) {
    getURL("http://wwww.meijiu.com",
"blank");
}
```

❼ 按 Ctrl+Enter 组合键测试动画效果，如
图 14-29 所示。

图 14-35　输入代码

14.7.3 创建网页导航动画

网站导航是指通过一定的技术手段，为网站的访问者提供一定的途径，使其可以方便地访问到所需的内容。通常使用 Flash 制作动感的网页导航。本实例将创建网页导航效果，如图 14-36 所示，具体操作步骤如下。

原始文件	CH14/14.7.3/创建网页导航动画.jpg
最终文件	CH14/14.7.3/创建网页导航动画.fla

图 14-36　网页导航

❶ 新建一个空白文档，导入图像"创建网页导航动画.jpg"，如图 14-37 所示。

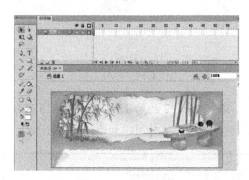

图 14-37　导入图像

❷ 选择【插入】|【新建元件】命令，在弹出的【创建新元件】对话框中将【类型】设置为【按钮】。单击【确定】按钮，进入元件编辑模式，如图 13-38 所示。

❸ 选择工具箱中的【矩形】工具，将填充颜色设置为#FF0099，笔触颜色设置为无色。然后在舞台中绘制一个矩形，如图 14-39 所示。

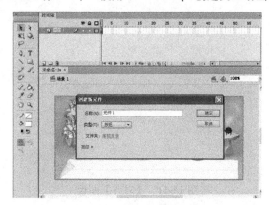

图 14-38　元件编辑模式

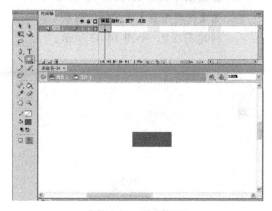

图 14-39　绘制矩形

❹ 新建一个影片剪辑元件2，然后将【库】面板中的元件 1 拖入到舞台中，如图 14-40 所示。

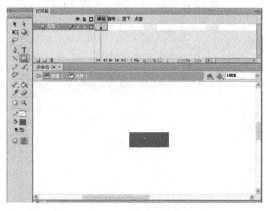

图 14-40　拖入元件 1

❺ 打开【对齐】面板，用【对齐】面板对齐元件2，如图 14-41 所示。

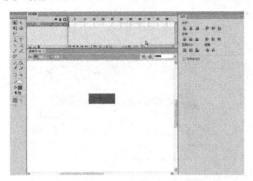

图 14-41 【对齐】面板

❻ 在图层 1 的第 15 帧按 F5 键插入帧。单击【新建图层】图标，在图层 1 的上方新建图层 2，如图 14-42 所示。

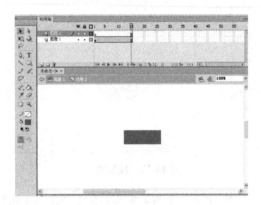

图 14-42 新建图层

❼ 选择【矩形】工具绘制矩形，将填充颜色设置为#03A7A6，如图 14-43 所示。

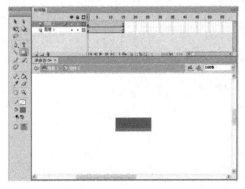

图 14-43 绘制矩形

❽ 在图层 2 的第 10 帧按 F6 键插入关键帧，然后使用【矩形】工具绘制矩形，

如图 14-44 所示。

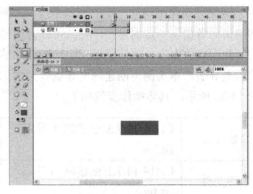

图 14-44 绘制矩形

❾ 在图层 2 的第 15 帧处按 F6 键插入关键帧，使用【矩形】工具绘制矩形，如图 14-45 所示。

图 14-45 绘制矩形

❿ 在图层 2 的第 1 帧、10 帧和 15 帧分别创建形状补间，如图 14-46 所示。

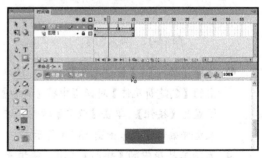

图 14-46 创建形状补间动画

⓫ 选择【窗口】|【动作】命令，打开【动作】面板，分别在图层 2 的第 1、10、

15 帧的【动作】面板帧中添加动作 stop();，如图 14-47 所示。

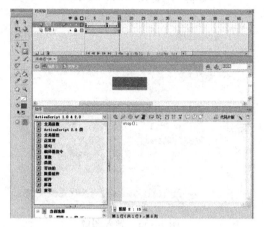

图 14-47　输入代码

⓬ 选择【插入】|【新建元件】命令，新建一按钮元件。在按钮编辑模式中，在【点击】处按 F6 键插入关键帧。把【库】面板中的元件 1 拖入到舞台中，用【对齐】面板对齐，如图 14-48 所示。

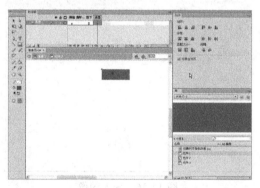

图 14-48　拖入元件 2

⓭ 返回到元件 2 编辑模式中，单击【新建图层】图标。在图层 2 的上方添加一个图层 3，在【库】面板中将制作好的元件 3 拖动到舞台中，使其完全覆盖下面的元件，如图 14-49 所示。

⓮ 选择拖入的按钮，选择【窗口】|【动作】命令，打开【动作】面板。在【动作】面板中输入如下的动作代码，如图 14-50 所示。

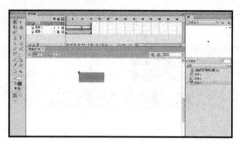

图 14-49　拖入元件 3

```
on(rollOver){gotoAndPlay("this.mc1",
2);}
    on(rollOut){gotoAndPlay("this.mc1",
8);}
    on(release){getURL("http://www.163.
com/","_blank");}
```

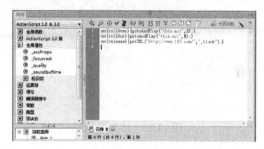

图 14-50　输入代码

⓯ 单击【新建图层】图标，在图层 3 的上方添加一个图层 4，然后输入文字"公司简介"。在图层 4 的第 2 帧和第 10 帧按 F6 键插入关键帧，如图 14-51 所示。

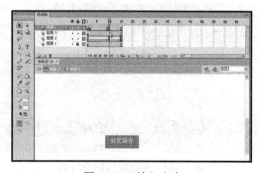

图 14-51　输入文本

⓰ 选择图层 4 的第 2 帧，将字体颜色设置为#FFCC00，如图 14-52 所示。

⓱ 用同样的方法可以制作其他的按钮，然

后将其拖入主场景中，如图 14-53 所示。

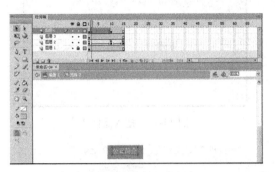

图 14-52 设置文本颜色

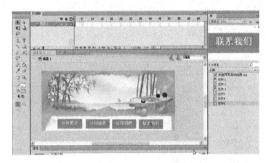

图 14-53 拖入场景

⓲ 按 Ctrl+Enter 组合键，查看影片测试效果，如图 14-36 所示。

14.7.4 跟随鼠标图像特效

本实例创建跟随鼠标图像特效效果如图 14-54 所示，具体操作步骤如下。

图 14-54 跟随鼠标图像特效

原始文件	CH14/14.7.4/鼠标特效.jpg、4.png
最终文件	CH14/14.7.4/跟随鼠标图像特效.fla

❶ 新建一个空白文档，导入图像"鼠标特效.jpg"，如图 14-55 所示。

图 14-55 导入图像

❷ 选择【插入】|【新建元件】命令，在弹出的【创建新元件】对话框中将【类型】设置为【图形】。单击【确定】按钮，进入元件编辑模式，然后导入图像"4.png"，如图 14-56 所示。

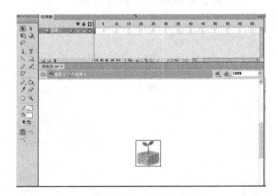

图 14-56 导入图像

❸ 新建一个影片剪辑元件，然后将【库】面板中的元件 1 拖入到舞台中，如图 14-57 所示。

❹ 选中该层第 8 帧和第 16 帧按 F6 键插入关键帧。选择工具箱中的【任意变形】工具，然后选中第 8 帧对图像进行缩放，如图 14-58 所示。

❺ 在第 1~8 帧和第 8~16 帧中创建传统补间动画，如图 14-59 所示。

图 14-57　拖入元件 1

图 14-58　缩放元件

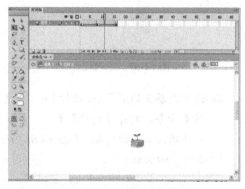

图 14-59　创建传统补间动画

❻ 新建一个影片剪辑元件，然后将【库】面板中的元件 2 拖入到舞台中，如图 14-60 所示。

❼ 在第 16 帧处按 F6 键插入关键帧。在第 16 帧将元件垂直向上移动一段距离，在【属性】面板中将 Alpha 设置为 0%，如图 14-61 所示。

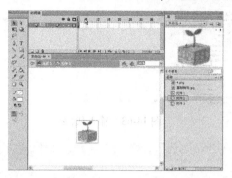

图 14-60　拖入元件 2

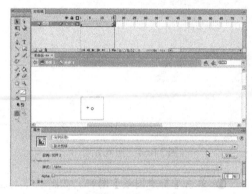

图 14-61　设置元件属性

❽ 在第 1 ~ 16 帧之间创建传统补间动画，如图 14-62 所示。

图 14-62　创建传统补间动画

❾ 选中该层第 16 帧，选择【窗口】|【动作】命令，打开【动作】面板。在【动作】面板帧中添加动作 stop();，如图 14-63 所示。

❿ 新建一个影片剪辑元件，然后将【库】面板中的元件 3 拖入到舞台中，如图 14-64 所示。

285

图 14-63　输入代码

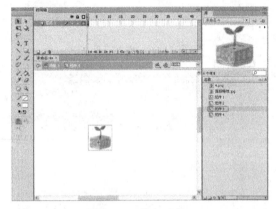

图 14-64　拖入元件 3

⑪ 单击【新建图层】图标，在图层 1 的上方添加一个图层 2，在该图层的第 4 帧和第 6 帧按 F7 键插入空白关键帧，如图 14-65 所示。

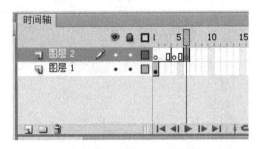

图 14-65　插入空白关键帧

⑫ 选中图层 2 的第 1 帧，选择【窗口】|【动作】命令，打开【动作】面板。在该面板中输入如下的代码，如图 14-66 所示。

```
Count = 0;
BtyX = _xmouse;
BtyY = _ymouse;
```

⑬ 选中图层 2 的第 4 帧，选择【窗口】|【动作】命令，打开【动作】面板。在该面板中输入如下的代码，如图 14-67 所示。

图 14-66　输入代码

```
MouseX= _xmouse;
MouseY= _ymouse;
if ((Number (BtyX)!=Number (Mousex))
or (Number (BtyY)!=Number (MouseY)) {
duplicateMovieClip ("mc1", "mc1" add
Number (Count), Count + 850);
setProperty("mc1" add Number (Count),
_x , MouseX);
setProperty("mc1" add Number (Count),
_y , MouseY);
setProperty("mc1" add Number (Count),
_rotation , random (360));
Count = Count + 1;
if (Number (Count) >7) {
Count = 0;}}
```

图 14-67　输入代码

⑭ 选中图层 2 的第 7 帧，选择【窗口】|【动作】命令，打开【动作】面板。在该面板中输入如下的代码，如图 14-68 所示。

```
BtyX = _xmouse;
BtyY = _ymouse;
gotoAndPlay (3);
```

图 14-68　输入代码

⓯ 选择图层 1 的第 6 帧，并按 F5 键插入帧。单击场景 1 按钮进入主场景中。单击【新建图层】图标在图层 1 的上方添加一个图层 2，如图 14-69 所示。

图 14-69　新建图层

图 14-70　拖入元件 4

⓰ 将【库】面板中制作好的元件 4 拖入到主场景中，并调整其大小和位置，如图 14-70 所示。

⓱ 选择图层 2 的第 1 帧，选择【窗口】|【动作】命令，打开【动作】面板。在该面板中输入 stop();，如图 14-71 所示。

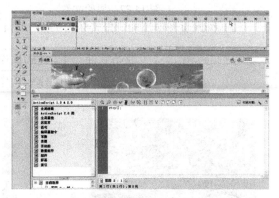

图 14-71　输入代码

⓲ 按 Ctrl+Enter 组合键，查看影片测试效果，如图 14-54 所示。

14.8　课后练习

1．填空题

（1）在 Flash 中经常用到的语句是条件语句和循环语句。条件语句包括 If 语句和特殊条件语句，循环语句包括_____和_____。

（2）有全局函数就是可添加到脚本中的函数，包括在制作 Flash 影片时根据不同用途所使用的影片剪辑控制、_____、_____、_____、其他函数、数学函数和转换函数等 7 种动作命令。

参考答案：

（1）while 循环、for 循环语句

（2）浏览器/网络、影片剪辑控制、打印函数

2．操作题

（1）为网页图像添加链接，如图 14-72 和图 14-73 所示。

原始文件	CH06/操作题/操作题 1.jpg
最终文件	CH06/操作题/操作题 1.fla

图 14-72　原始文件

图 14-73　添加链接效果

（2）为网页图像添加背景音乐，如图 14-74 和图 14-75 所示。

原始文件	CH06/操作题/操作题 2.jpg
最终文件	CH06/操作题/操作题 2.fla

图 14-74　原始文件

图 14-75　添加背景音乐效果

14.9　本章总结

　　由于脚本语言是一门系统的语言，在这么短的篇幅内不可能详细地为大家讲解每一条命令、每一个语法，我们只是介绍了一些脚本编程的基本术语和常用的语法知识及语句。像外语一样，要掌握一门计算机语言也是一个长期而辛苦的过程。但是要制作出高级的动画效果，脚本知识是一个动画制作者不可缺少的。

　　如果要更深入地学习这门语言，读者可以参阅一些专门介绍 ActionScript 语言的书籍，或从网上学习更丰富更新的脚本知识。使用系统的帮助功能一边编辑一边查看也是个很好的方法，帮助中有各种命令详细的描述、用法及实例。

第三部分

Fireworks CS6

图像处理篇

■■■■■■ 第 15 章
Fireworks CS6 快速入门

Fireworks CS6 是一款用来设计网页图形的应用程序。它所含的创新性解决方案解决了图形设计人员和网站管理人员面临的主要问题。Fireworks 中的工具种类齐全，使用这些工作，可以在单个文件中创建和编辑矢量和位图图形。

学习目标

☐ 熟悉 Fireworks CS6
☐ 了解 Fireworks CS6 的工作界面
☐ 掌握编辑位图图像的方法
☐ 掌握编辑矢量图形的方法

15.1 Fireworks CS6 概述

Adobe Fireworks 是 Adobe 推出的一款网页作图软件，软件可以加速 Web 设计与开发，是一款创建与优化 Web 图像和快速构建网站与 Web 界面原型的理想工具。Fireworks 不仅具备编辑矢量图形与位图图像的灵活性，还提供了一个预先构建资源的公用库，并可与 Adobe Photoshop、Adobe Illustrator、Adobe Dreamweaver 和 Adobe Flash 软件同时集成。在 Fireworks 中将设计迅速转变为模型，或利用来自 Photoshop、Illustrator 和 Flash 的其他资源。然后直接置入 Dreamweaver 中轻松地进行开发与部署。

Adobe Fireworks CS6 不仅可以轻松制作出各种动感的 Gif、动态按钮和动态翻转等网络图片。更重要的是，Fireworks 可以轻松地实现大图切割，使网页加载图片时，显示速度更快。让读者在弹指间便能制作出精美的矢量和点阵图、模型、3D 图形和交互式内容，无需编码，可直接应用于网页和移动应用程序。

Fireworks 与多种产品集成在一起，提供了一个真正集成的 Web 解决方案。例如，与 Dreamweaver、Flash 等的集成，与其他图形应用程序及 HTML 编辑器的集成。利用 Fireworks 的 HTML 编辑器编写 HTML 和 JavaScript 代码，可以轻松设计出 Web 图形。

Fireworks CS6 利用 jQuery 支持制作移动主题，从设计组件中添加 CSS Sprite 图像。为网页、智能手机和平板电脑应用程序提取简洁的 CSS3 代码。利用适用于 Mac OS 的增强的重绘性能和适用于 Windows 的内存管理，大大提高了工作效率。利用增强型色板快速更改颜色。

15.2　Fireworks CS6 工作界面

利用 Fireworks CS6 可以设计出网页的整体效果图、处理网页中的图像，以及设计网页的图标和按钮等，并可在设计完成后优化导出。在学习 Fireworks 之前，首先来熟悉一下 Fireworks CS6 的工作界面，如图 15-1 所示。

原始文件	CH15/15.2/1.jpg

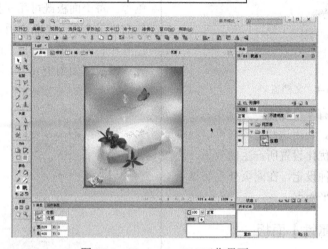

图 15-1　Fireworks CS6 工作界面

15.2.1　菜单栏

菜单栏位于文档窗口的上方，用来对文件进行设置，包括【文件】、【编辑】、【视图】、【选择】、【修改】、【文本】、【命令】、【滤镜】、【窗口】和【帮助】菜单命令，如图 15-2 所示。

文件(F)　编辑(E)　视图(V)　选择(S)　修改(M)　文本(T)　命令(C)　滤镜(I)　窗口(W)　帮助(H)

图 15-2　菜单栏

15.2.2　工具箱

位于屏幕左侧的工具箱包括了选择工具、位图工具、矢量图工具、Web 工具、颜色工具和视图工具六大类，涵盖了进行图形编辑和制作热点、切片等 Web 元素的基本工具。要打开或关闭工具箱，选择【窗口】|【工具】命令即可，如图 15-3 所示。

图 15-3　工具箱

在 Fireworks CS6 中，工具箱可以在窗口中任意移动，只需要在其上单击鼠标左键并进行拖动，即可在非功能区改变其放置位置。

同一工具组中的工具可以互相替换，方法是在右下角小黑三角上单击鼠标不放，在弹出的菜单中出现工具组中的其他工具，拖动鼠标到希望选择的工具单击鼠标左键，即可选择该工具。工具箱分为【选择】、【位图】、【矢量】、【Web】、【颜色】和【视图】工作区。

15.2.3　文档窗口

文档窗口是工作窗口的主要部分，所编辑的

对象显示在这里，而且可以方便地进行查看比例、动画控制和文件导出等操作，如图 15-4 所示。

原始文件	CH15/15.2/1.jpg

图 15-4　文档窗口

文档窗口上方有 4 个标签，分别是原始、预览、2 幅和 4 幅。利用这些选项卡可以同时查看最多 4 种不同优化设置所产生的效果，从而选定最理想的一种设定，在网页外观和显示速度之间找到一个平衡点。

15.2.4　【属性】面板

【属性】面板用来对文档的具体属性进行设置。选中图像，选择【窗口】|【属性】命令，打开【属性】面板，在【属性】面板中可以对文档

中的对象进行相应的设置，如图 15-5 所示。

图 15-5　【属性】面板

15.2.5　【浮动】面板

【浮动】面板用来处理帧、层、元件和颜色等。每个面板既可相互独立排列，又可与其他面板组合成一个新面板，但各面板的功能依然互相独立。单击面板上的名称即可展开或折叠该面板，如图 15-6 所示。

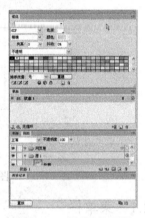

图 15-6　【浮动】面板

15.3　编辑位图图像

Fireworks 把从前只在矢量图形处理软件中出现的工具与位图图像处理软件中的图片处理方法集成起来。

15.3.1　创建位图图像

绘制和编辑位图文件，就必须创建位图对象。创建位图对象的常见方法有 4 种：创建新的位图对象、创建空位图对象，以及剪切或复制像素并将它们作为一个新位图对象，将所选矢量对象转换成位图图像。

创建位图对象的具体操作步骤如下。

❶ 选择【文件】|【新建】命令，如图

15-7 所示。

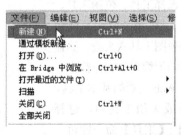

图 15-7　选择【新建】命令

❷ 新建文件后，在【层】面板中，可以看到只有【层1】的显示，如图 15-8 所示。

图 15-8　【层】面板

❸ 在工具箱中单击【刷子】工具或者【铅笔】工具，如图 15-9 和图 15-10 所示。

图 15-9　【刷子】工具　图 15-10　【铅笔】工具

❹ 使用【刷子】工具或者【铅笔】工具在文档窗口中绘制形状以后，此时在【层面】板中，将【层1】转换为【位图】图层，如图 15-11 所示。

图 15-11　【位图】图层

15.3.2　修饰位图

Fireworks 提供了广泛的工具来修饰图像，可以改变图像的大小，减弱或突出其焦点，或者将图像的局部复制并【压印】到另一区域。

1.【铅笔】工具

使用鼠标的情况下，手绘往往显得力不从心，需要加倍的耐心和细致。【铅笔】工具就属于这种手绘工具。

❶ 选择工具箱中的【铅笔】工具，如图 15-12 所示。

图 15-12　选择【铅笔】工具

❷ 在【属性】面板中设置铅笔的工具选项，如图 15-13 所示。

图 15-13　【铅笔】工具的【属性】面板

在【铅笔】工具的【属性】面板中主要有以下参数设置。

◉ 消除锯齿：平滑绘制的直线的边缘。

◉ 自动擦除：在笔触颜色上单击时使用填充色。

◉ 保持透明度：限制铅笔工具只绘制到现有的像素中，而不绘制到图形的透明区域中。

❸ 当鼠标指针移动到文档中，单击鼠标左键进行拖动即可绘制形状，图 15-14 所示为使用【铅笔】工具绘制的完成的图形。

2.【橡皮图章】工具

【橡皮图章】工具可以克隆位图图像的部分区域，以便将其压印到图像中的其他区域。当要修复有划痕的照片或去除图像上的灰尘时，克隆像素很有用。可以复制照片的某一像素区域，然后用克隆的区域替代有划痕或灰尘的点。

图 15-14　绘制的图形

原始文件	CH15/15.3.2/2.jpg
最终文件	CH15/15.3.2/【橡皮图章】工具.jpg

❶ 在工具箱中选择【橡皮图章】工具，如图 15-15 所示。

图 15-15　选择【橡皮图章】工具

❷ 在【属性】面板中设置橡皮图章的工具选项，如图 15-16 所示。

图 15-16　【橡皮图章】工具的【属性】面板

❸ 当鼠标指针移动到文档中，在图像上选择需要复制的图形，按住 Alt 键同时单击鼠标左键进行单击，如图 15-17 所示。

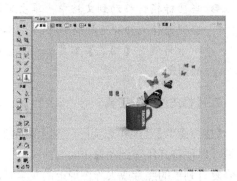

图 15-17　复制图像

❹ 在需要复制的地方进行单击，即可复制一个图形，如图 15-18 所示。

图 15-18　复制的图形

3 【红眼消除】工具

在一些人物照片中，主体的瞳孔是不自然的红色阴影。使用【红眼消除】工具可以矫正此红眼问题。【红眼消除】工具仅对照片的红色区域进行快速绘画处理，并用灰色和黑色替换红色。

原始文件	CH15/15.3.2/3.jpg
最终文件	CH15/15.3.2/【红眼消除】工具.png

❶ 在工具箱中选择【红眼消除】工具，如图 15-19 所示。

图 15-19　选择【红眼消除】工具

❷ 在【属性】面板中设置红眼消除工具的选项，如图 15-20 所示。

图 15-20　【红眼消除】工具的【属性】面板

❸ 打开图像 "3.jpg"，如图 15-21 所示。

图 15-21　原图像

❹ 选择【红眼消除】工具，在图像人物
　红眼位置上单击，消除红眼，如图

15-22 所示。

图 15-22　消除红眼

15.4　编辑矢量图形

矢量对象是以路径定义形状的计算机图形。矢量路径的形状是由路径上绘制的点确定的。矢量对象的笔触颜色与路径一致，它的填充占据路径内的区域。笔触和填充通常确定图形在以打印形式输出或在 Web 上发布时的外观。

15.4.1　创建矢量图形

Fireworks 提供了许多可以绘制矢量图形的工具，可以利用这些形状工具快速绘制直线、圆、椭圆、正方形、矩形、星形及任何具有 3～360 个边的正多边形，如图 15-23 所示。

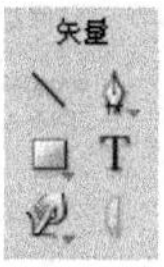

图 15-23　矢量工作区

15.4.2　填充效果

不管路径是否封闭，都存在填充区域，都可以加入填充效果。填充效果可以是单一的填充颜色、渐变色，也可以用图案来填充对象。填充能使对象脱离一般线条画的效果，产生充实、丰富的对象效果。【属性】面板上主要包括填充的类别、边缘柔和度和纹理填充等设置，如图 15-24 所示。

图 15-24　【属性】面板

1．使用单色填充

使用单色填充的具体操作步骤如下。

❶ 选中要使用填充效果的对象，在【属性】
　面板中将【填充类别】设置为【实心】
　选项，如图 15-25 所示。

图 15-25　【填充类别】下拉列表

❷ 单击右边的颜色按钮，可以在弹出的调
　色板中选择填充颜色。

2．使用图案填充

❶ 选中要使用填充效果的对象，在【属性】
　面板中将【填充类别】设置为【图案】
　选项，在弹出的子菜单中选择要应用的
　类别，如图 15-26 所示。

❷ 在子菜单中选择要应用的填充，即可应
　用该图案。

图 15-26　图案填充选项

15.4.3　转换为位图图像

把矢量图转换为位图是一种取得位图图像的捷径。有两种方法可以实现这种转换。

最终文件	CH15/15.4.3/位图.png

1．使用【修改】菜单

❶ 在文档中选择矢量图形，如图 15-27 所示。

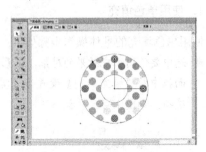

图 15-27　选择矢量对象

❷ 选择【修改】|【平面化所选】命令，如图 15-28 所示。

图 15-28　选择【平面化所选】命令

❸ 在【层】面板中，螺旋形自动形状已经转换为【位图】图层，将矢量图形转换为位图图像，如图 15-29 所示。

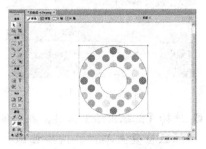

图 15-29　转换为位图图像

2．使用【层】面板

❶ 在文档中单击，选择矢量图形。

❷ 选择【窗口】|【层】命令，打开【层】面板。单击选中图层，在弹出的菜单中选择【平面化所选】命令，如图 15-30 所示。

图 15-30　选择【平面化所选】选项

❸ 在【层】面板中，圆圈形自动形状已经转换为【位图】图层，将矢量图形转换为位图图像，如图 15-31 所示。

图 15-31　转换为位图图像

15.5   综合案例——设计标志

标志是一种精神文化的象征，随着商业全球化趋势的日渐加强，标志的设计已经被越来越多的企业所看重。很多企业已经意识到设计一个好标志的价值，因为标志折射出的是企业的抽象视觉形象。设计标志最终效果如图 15-32 所示。

原始文件	CH15/15.5/标志.jpg
最终文件	CH15/15.5/标志.png

图 15-32　标志设计

❶ 打开图像"标志.jpg"，如图 15-33 所示。

图 15-33　打开图像

❷ 选择工具箱中的【椭圆】工具，在【属性】面板中设置相应的填充颜色为 #FFA64D，在舞台中绘制一个椭圆，如图 15-34 所示。

❸ 选中绘制的椭圆，选择工具箱中的【部分选定】工具，调整椭圆的形状，如图 15-35 所示。

图 15-34　绘制椭圆

图 15-35　调整椭圆的形状

❹ 选择工具箱中的【椭圆】工具,在【属性】面板中设置相应的填充颜色为 #E7D394,在舞台中绘制另外一个椭圆,如图 15-36 所示。

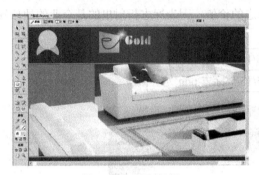

图 15-36　绘制椭圆

❺ 选择工具箱中的【星形】工具,在【属性】面板中设置相应的填充颜色为#66CC00,在舞台中绘制星形,如图 15-37 所示。

图 15-37　绘制星形

❻ 同步骤 5 绘制另外两个星形,如图 15-38 所示。

图 15-38　绘制星形

❼ 选择工具箱中的【文本】工具,在【属性】面板中设置文本颜色和大小,在舞台中输入相应的文本,如图 15-39 所示。

图 15-39　输入文本

❽ 将文本保存为 PNG 格式,效果如图 15-32 所示。

15.6　课后练习

1. 填空题

（1）文档窗口上方有 4 个标签,分别是_____、_____、_____和_____。利用这些选项卡可以同时查看最多 4 种不同优化设置所产生的效果,从而选定最理想的一种设定,在网页外观和显示速度之间找到一个平衡点。

（2）Fireworks 提供了许多可以绘制矢量图形的工具,可以利用这些形状工具快速绘制直线、圆、椭圆、正方形、矩形、星形及任何具有_____个边的正多边形。

参考答案:

（1）原始、预览、2 幅、4 幅

（2）3~360

2．操作题

制作简单的网站 Logo，如图 15-40 和图 15-41 所示。

原始文件	CH15/操作题/1.jpg
最终文件	CH15/操作题/操作题.png

图 15-40　原始文件

图 15-41　网站 Logo

15.7　本章总结

　　Fireworks 是用来设计和制作专业化网页图形的终极解决方案。Fireworks 可以在单个应用程序中创建和编辑位图和矢量两种图形，并且所有元素都可以随时被编辑。本章主要介绍 Fireworks 简介、Fireworks CS6 工作界面、编辑位图图像及编辑矢量图形等。

■ ■ ■ ■ ■ **第 16 章**
编辑与处理文本

在 Fireworks 文档中可以使用文本工具插入文本。除此之外，通过灵活应用笔触、填充和动态滤镜，可以制作出丰富多彩的文本效果，也可以应用附加到文本路径，还可以将文本中的文字和路径对象的形状相搭配，实现精彩的文字特效。

学习目标
- ☐ 掌握输入文本的方法
- ☐ 掌握缩放文字的方法
- ☐ 掌握编辑文本的方法
- ☐ 掌握沿路径排列文本的方法
- ☐ 掌握使用滤镜的方法

16.1 文本输入

在任何设计领域中，文字都是重要的设计元素之一。使用 Fireworks 工具箱中的【文本】工具，可以创建文本。创建的文本以文本块的形式出现。输入文本的效果如图 16-1 所示。具体操作步骤如下。

图 16-1　文本的输入

原始文件	CH16/16.1/文本输入.jpg
最终文件	CH16/16.1/文本输入.png

❶ 启动 Fireworks CS6，打开图像文件"文本输入.jpg"，如图 16-2 所示。

图 16-2　打开图像文件

❷ 在工具箱中选择【文本】工具，如图 16-3 所示。

图 16-3　选择【文本】工具

❸ 在【属性】面板中进行【文本】工具的相应设置，如图 16-4 所示。

图 16-4　【属性】面板

❹ 将鼠标鼠标指针移动到图像上，单击弹出文本输入框，如图 16-5 所示。

图 16-5　弹出文本输入框

❺ 在文本输入框中输入文字，输入完文本后在文本块外部单击，最终效果如图 16-1 所示。

> **提示**　对文本块可以像对任何其他对象一样操作，也可将其移动到文档中的任何位置。在拖动鼠标创建文本块时，也可以移动该文本块。

16.2　文字的缩放

水平缩放不同于字距，调整字距是在文字之间添加或删除空格，而文字的水平缩放则是在水平方向上改变文字的宽度，如图 16-6 所示。设置文字水平缩放后，文字的字距并没有发生变化，而是文字的宽度发生了变化，如图 16-7 所示。

图 16-6　调整文字的【水平缩放】

图 16-7　缩放后的效果

> **提示**　可以手动改变文本的大小，选中文本框的任意一角拖动，来改变文本框的大小即可。

16.3 文本编辑

Fireworks CS6 提供了许多文本编辑功能，可以设置不同的字体，还可以调整间距、颜色、字顶距和基线等。

16.3.1 设置文本的属性

在文本块中可以改变文本的大小、字体间距、字顶距和基线等。用鼠标指针选中整个文本块时，Fireworks 会相应地重绘其笔触、填充和效果属性。在更改文本属性时，可选择【窗口】|【属性】命令，打开【属性】面板，如图16-8 所示。

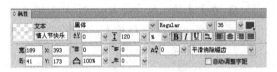

图 16-8 【属性】面板

设置文本的属性时，需要注意选择的范围。如果选择整个文本块，则会把新属性设置应用到文本块的所有内容中。如果在文本编辑器对话框中，并选择了文本块中的部分内容，则会指向属性设置应用到文本块的选定内容中；如果处于文本编辑状态，但又没有选定文本，则所做的新设置将不针对于任何已有文本，而是针对后续输入的新文本。

16.3.2 移动文本对象

可以像移动任何其他对象那样选择文本块并将其移动到文档中的任何位置。在拖动鼠标创建文本块时，也可以移动该文本块。移动文本对象有很多种方法，下面来介绍经常使用的几种方法。

1．使用鼠标拖曳文本

❶ 选中文本对象。

❷ 将鼠标指针移动到文本对象上，按住鼠标左键将其拖动到目标位置。

2．使用方向键

❶ 选中文本对象。

❷ 按键盘上的方向键，文本对象就会向这个方向移动 1 个像素。如果要移动的范围较大，就可以按住 Shift 键，然后再按方向键，对象就会移动 10 个像素。

3．使用【属性】面板

❶ 选中文本对象。

❷ 在【属性】面板中的【X】和【Y】文本框中输入相应的数值，然后直接按 Enter 键，就可以得到文本对象在工作区中的精确位置。

16.3.3 对文本应用效果

效果的运用实际上就是滤镜的应用，它集成了 Photoshop 的优点，使设计者摆脱了繁琐的细节修饰，为更高层次的创意争取了宝贵的时间。在【属性】面板中单击按钮 ⊞，弹出如图 16-9 所示的菜单。

图 16-9 弹出的菜单

◉ 选项：包括【全部开启】、【全部关闭】

和【查找插件】。

- 其他：包括【查找边缘】和【转换为Alpha】。
- 斜角和浮雕：包括【内斜角】、【凸起浮雕】、【凹入浮雕】和【外斜角】。
- 杂点：包括【新增杂点】。
- 模糊：包括【放射状模糊】、【模糊】、【缩放模糊】、【运动模糊】、【进一步模糊】和【高斯模糊】。
- 调整颜色：包括【亮度/对比度】、【反转】、【曲线】、【自动色阶】、【色相/饱和度】、【色阶】和【颜色填充】。
- 锐化：包括【进一步锐化】、【钝化蒙版】和【锐化】。
- 阴影和光晕：包括【内侧光晕】、【内侧阴影】、【光晕】、【投影】和【纯色阴影】。

下面通过一个实例来讲述对文本应用的效果，如图16-10所示。具体操作步骤如下。

图 16-10　应用效果

| 原始文件 | CH16/16.3.3/对文本应用效果.jpg |
| 最终文件 | CH16/16.3.3/对文本应用效果.png |

❶ 打开图像文件，如图16-11所示。

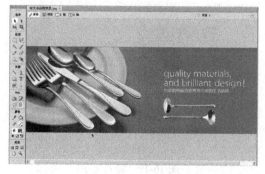

图 16-11　打开图像

❷ 选择工具箱中的【文本】工具，在图像

上单击输入文字，如图16-12所示。

图 16-12　输入文字

❸ 在【属性】面板中单击【笔触】选项右边的按钮，在弹出调色板中单击【笔触选项】按钮，在弹出的设置框中进行相应的颜色，如图16-13所示。

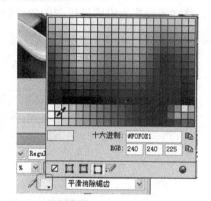

图 16-13　设置笔触

❹ 单击【属性】面板中【滤镜】右边的按钮，在弹出的菜单中选择【阴影和光晕】|【投影】命令，如图16-14所示。

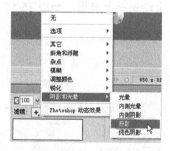

图 16-14　选择【投影】命令

❺ 将投影颜色设置为黑色，根据需要设置其他的参数，如图16-15所示。

图 16-15　设置投影参数

❻ 最终得到的效果如图 16-16 所示。

图 16-16　光晕效果

16.4　文本沿路径排列

　　为了使文本的排列有活力，可以给文本附上路径。文本会沿着路径的方向排列，并且可以被编辑。将文本设置为沿路径排列的效果如图 16-17 所示。具体操作步骤如下。

图 16-17　沿路径排列

原始文件	CH16/16.4/文本沿路径排列.jpg
最终文件	CH16/16.4/文本沿路径排列.png

❶ 打开图像文件"文本沿路径排列.jpg"，
　选择工具箱中的【椭圆】工具，在图像
　上绘制一个椭圆，如图 16-18 所示。

图 16-18　绘制椭圆

❷ 选择工具箱中的【文本】工具，在图像
　上输入文字，如图 16-19 所示。

图 16-19　输入文字

❸ 按住 Shift 键的同时选中文字和椭圆，

如图 16-20 所示。

令,文本就沿着椭圆排列,如图 16-21 所示。

图 16-20 选中椭圆和文字

❹ 选择【文本】|【附加到路径上】命

图 16-21 附加到路径上

16.5 滤镜

利用 Fireworks 滤镜可以轻松地制作出一些特殊效果,文中通过亮度/对比度、查找边缘和调整模糊这 3 种方式制作特殊效果。

16.5.1 亮度/对比度

【亮度/对比度】滤镜可以修改图像中像素的对比度和亮度。这将影响图像的高亮、阴影和中间色调,校正太暗或太亮的图像时通常使用【亮度/对比度】。本例的效果如图 16-22 所示。具体操作步骤如下。

图 16-22 调整亮度/对比度

原始文件	CH16/16.5.1/调整亮度/对比度.jpg
最终文件	CH16/16.5.1/调整亮度/对比度.png

❶ 打开图像文件"调整亮度对比度.jpg",如图 16-23 所示。

❷ 在【属性】面板中单击【滤镜】右边的按钮 ➕,在弹出的菜单中选择【调整颜色】|【亮度/对比度】命令,如图 16-24

所示。

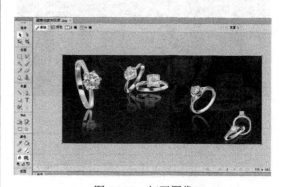

图 16-23 打开图像

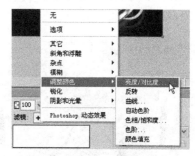

图 16-24 选择【亮度/对比度】命令

❸ 在弹出的【亮度/对比度】对话框中进行相应的设置,如图 16-25 所示。

❹ 设置完毕后，单击【确定】按钮，最终
效果如图 16-22 所示。

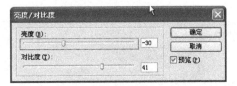

图 16-25　【亮度/对比度】对话框

16.5.2　查找边缘

【查找边缘】滤镜用于识别图像颜色过渡
的部分，将其转换为线。在位图图像中，使用
【查找边缘】滤镜可以创建草图或扫描的效果。
查找图像的边缘效果如图 16-26 所示。具体操
作步骤如下。

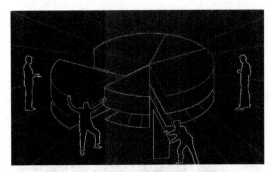

图 16-26　查找图像的边缘效果

原始文件	CH16/16.5.2/查找边缘.jpg
最终文件	CH16/16.5.2/查找边缘.png

❶ 打开图像文件"查找边缘.jpg"，如图
16-27 所示。

图 16-27　打开图像文件

❷ 在【属性】面板中单击【滤镜】右边的按
钮 ⊞ ，在弹出的菜单中选择【其他】|【查
找边缘】命令，如图 16-28 所示。

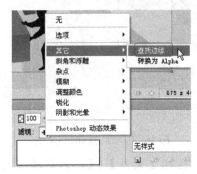

图 16-28　选择【查找边缘】命令

❸ 选择命令后，查找边缘的效果如图
16-26 所示。

16.5.3　调整模糊效果

模糊滤镜用于柔化、修饰图像或选择区域，
通过转换像素的方法平滑处理图像中生硬的部
分，使图像中对比强烈的像素间柔和过渡；或者
在图像中添加适当的阴影，使图像看起来更加柔
和。模糊图像的效果如图 16-29 所示。具体操作
步骤如下。

图 16-29　模糊图像

原始文件	CH16/16.5.3/调整模糊效果.jpg
最终文件	CH16/16.5.3/调整模糊效果.png

❶ 打开图像文件"调整模糊效果.jpg"，如
图 16-30 所示。

图 16-30 打开图像文件

图 16-31 选择【高斯模糊】命令

图 16-32 设置【高斯模糊】

❷ 在【属性】面板中单击【滤镜】右边的按钮➕，在弹出的菜单中选择【模糊】|【高斯模糊】命令，如图 16-31 所示。

❸ 弹出【高斯模糊】对话框，在对话框中进行相应的设置，如图 16-32 所示。

❹ 单击【确定】按钮，最终效果如图 16-29所示。

16.6 综合案例

本章主要讲述了如何在 Fireworks 中输入文本和编辑文本，包括编辑文本的基本属性、文本变形、转换为路径和沿路径排列文本。下面就利用前面所学的知识来制作网页文字。

16.6.1 创建阴影文字效果

使用 Fireworks 制作一些文字的特别效果，使文字起到点缀网站的作用。其实在网页设计中，比较常用的文字效果并不多，实现的方法也很简单。

下面创建阴影文字效果，首先输入文字，并设置其属性，在调色板中设置【笔触选项】，最后对文字进行投影。本例制作的阴影文字最终效果如图 16-33 所示。具体操作步骤如下。

图 16-33 阴影文字

原始文件	CH16/16.6.1/阴影文字.jpg
最终文件	CH16/16.6.1/阴影文字.png

❶ 新建一个空白文档，导入图像"阴影文字.jpg"，如图 16-34 所示。

图 16-34　导入图像

❷ 选择工具箱中的【文本】工具，在图像上输入文字"立即抢购"，如图 16-35 所示。

图 16-35　输入文字

❸ 单击【笔触】选项右边的按钮，在弹出的调色板中单击【笔触选项】按钮，在弹出的设置框中进行相应的设置，如图 16-36 所示。

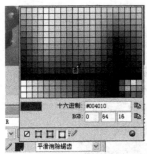

图 16-36　设置笔触

❹ 单击【属性】面板中的【滤镜】右边的按钮，在弹出的菜单中选择【阴影和光晕】|【投影】命令，如图 16-37 所示。

图 16-37　【投影】命令

❺ 在弹出的设置框中进行相应的设置，如图 16-38 所示。

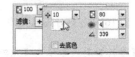

图 16-38　设置框

❻ 单击【属性】面板中的【滤镜】右边的按钮，在弹出的菜单中选择【斜角和浮雕】|【外斜角】命令，如图 16-39 所示。

图 16-39　【外斜角】命令

❼ 在弹出的列表框中设置相应的参数，如图 16-40 所示。

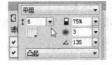

图 16-40　设置参数

❽ 设置后的效果如图 16-41 所示。

图 16-41　设置效果后

16.6.2　创建网页特效文字

本例创建网页特效文字的最终效果如图 16-42 所示。具体操作步骤如下。

图 16-42　网页特效文字

原始文件	CH16/16.6.2/网页特效文字.jpg
最终文件	CH16/16.6.2/网页特效文字.png

❶ 新建一个空白文档，导入图像"网页特殊字体.jpg"，如图 16-43 所示。

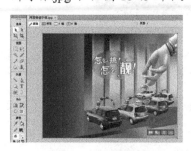

图 16-43　导入图像

❷ 选择工具箱中的【文本】工具，在图像上输入文字，如图 16-44 所示。

❸ 单击【属性】面板中的【滤镜】右边的按钮➕，在弹出的菜单中选择【斜角和浮雕】|【凸起浮雕】命令，如图 16-45 所示。

图 16-44　输入文字

图 16-45　【凸起浮雕】命令

❹ 单击【属性】面板中的【滤镜】右边的按钮➕，在弹出的菜单中选择【斜角和浮雕】|【外斜角】命令，设置其参数，如图 16-46 所示。

图 16-46　设置外斜角

❺ 设置后，得到的最终效果如图 16-42 所示。

16.7　课后练习

1. 填空题

（1）水平缩放不同于字距，调整字距是在文字之间添加空格，而文字的水平缩放则是在水平方向上改变文字的＿＿＿＿。

（2）＿＿＿＿滤镜用于柔化、修饰图像或选择区域，通过转换像素的方法平滑处理图像中生硬的部分，使图像中对比强烈的像素间柔和过渡；或者在图像中添加适当的阴影，使图像看起来更加柔和。

参考答案：（1）宽度　　（2）模糊

2．操作题

（1）制作文本沿路径效果，如图 16-47 和图 16-48 所示。

原始文件	CH16/操作题/操作题 1.jpg
最终文件	CH16/操作题/操作题 1.png

图 16-47　原始文件

图 16-48　文本沿路径效果

（2）制作网页文字效果，如图 16-49 和图 16-50 所示。

原始文件	CH16/操作题/操作题 2.jpg
最终文件	CH16/操作题/操作题 2.png

图 16-49　原始文件

图 16-50　制作网页文字效果

16.8　本章总结

　　文字编辑是图片中不可缺少的部分，只有适当应用各种特效才能图文并茂，从而达到网页设计的目的。Fireworks 提供了丰富的文本功能，而通常只有复杂的桌面排版应用程序才会提供这些功能，可以用不同的字体和字号创建文本，并且可调整其字距、间距、颜色、字顶距和基线等。将 Fireworks 文本编辑功能同大量的笔触、填充、滤镜及样式相结合，能够设计出精美的网页效果。本章主要讲述了文本的编辑、文本的特殊效果、文本路径，最后通过实例讲述了特效文字的制作。

Fireworks 用得最广泛的领域就是网页中图形和图像的处理。这里所说的图形是指读者自己绘制出来的东西；而图像的处理指的是对一幅现有照片进行的处理。本章中的每个实例都使用了不同的功能，希望读者在学习的时候能够不断总结，以便更快地进步和提高。

学习目标
- ☑ 掌握创建图像切片和热区
- ☑ 掌握创建网页图像素材
- ☑ 掌握色彩调整与滤镜效果

17.1 创建图像切片和热区

使用切片工具可以将大图分割成小图，使图片下载速度大大加快。

Web 设计人员有时使用热点较多的图形中的各个小部分产生交互。热点是指网页图形中链接到 URL 的区域。

17.1.1 编辑切片

通过【切片】工具创建的切片称为用户切片，从一个层创建的切片称为基于层的切片。创建一个新的用户切片或基于层的切片时，图像的其他区域就会自动产生自动切片。

自动切片将会填充图像中没有被切片或基于层的切片定义的区域。编辑切片或基于层的切片时，自动切片每次都被自动重新生成。

切片引导线可定义切片的周长和位置。超出切片对象的切片引导线在导出时如何对文档的其他部分进行切片呢？通过拖动切片对象周围的切片引导线调整其大小，就像调整矢量对象和位图对象一样，如图 17-1 所示。

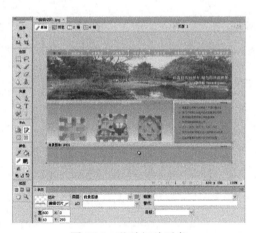

图 17-1　移动切片对象

原始文件	CH17/17.1.1/编辑切片.jpg
最终文件	CH17/17.1.1/编辑切片.png

1. 修改切片的大小和颜色

❶ 如果切片大小不合适，可以使用工具箱中的【指针】工具拖动切片引导线调整切片大小。

❷ 选中要更改颜色的切片，在【属性】面板中单击颜色框，在弹出的调色板中可设置切片的颜色。

2. 显示隐藏切片

隐藏一个切片时，可使该切片在 Fireworks png 文件中不可见，可以关闭全部或某些网页对象。显示隐藏切片前后的对比如下。

❶ 在【层】面板中单击各个图层的眼睛图标，效果如图 17-2 所示。

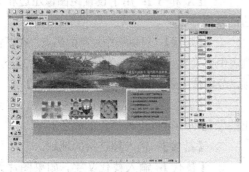

图 17-2　隐藏切片前

❷ 在【层】面板中单击各个网页对象旁边的眼睛图标后，效果如图 17-3 所示。

图 17-3　隐藏切片后

> 💧 **提示** 单击工具箱中的按钮▣，可隐藏切片对象；再次单击工具箱中的按钮▣，可显示切片对象。

17.1.2　给切片设置超链接

为切片添加链接可以通过切片【属性】面板。当选定某个切片之后，可以在这个面板中为该切片设置链接地址和链接属性。

❶ 选中要设置链接的切片。

❷ 选择【窗口】|【属性】命令，打开【属性】面板，如图 17-4 所示。

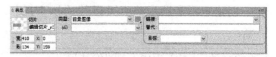

图 17-4　【属性】面板

❸ 在【属性】面板中设置切片的链接地址、替换文本和链接的打开方式。

切片【属性】面板主要有以下设置。

◉ 链接：在文本框中输入超链接的地址。

◉ 替代：在文本框中替代文本。

◉ 目标：其目标下拉列表中有以下 4 个选项。

无：当前窗口直接变为链接页面的窗口，并且无法恢复到前一个窗口。

_blank：将链接文档加载到一个新的未命名浏览器窗口中。

_self：将链接的文档加载到链接所在的框架或窗口中。此目标是隐含的，因此通常无需指定它。

_parent：将链接的文档加载到包含该链接的框架的父框架集或窗口中。如果包含该链接的框架不是嵌套的，则将链接的文档加载到整个浏览器窗口。

_top：将链接的文档加载到整个浏览器窗口，从而删除所有框架。

17.1.3　创建图像热区

在图像中标识出可作为导航点的区域后，就可以创建热点，然后为它们指定 URL 链接、弹出菜单、状态栏消息和替换文本。在 Fireworks 中可以创建 3 种不同的热点，如图 17-5 所示。

图 17-5　创建热点工具

在 Fireworks 中创建热点有两种方法，一是使用工具箱中的【热点】工具创建热点，二是使用菜单命令创建热点。

创建矩形和圆形热点可以使用以下操作方法。

原始文件	CH17/17.1.3/图像热区.jpg
最终文件	CH17/17.1.3/图像热区.png

1. 使用工具箱中的工具创建热点

❶ 打开图像文件"图像热区.jpg"，如图 17-6 所示。

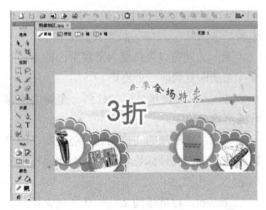

图 17-6　打开图像文件

❷ 选择工具箱中的【圆形热点】工具，如图 17-7 所示。

图 17-7　选择【圆形热点】工具

❸ 将鼠标指针移动到图像上，按住鼠标左键进行拖动，释放鼠标后，即可在图像上绘制一个圆形热点，如图 17-8 所示。

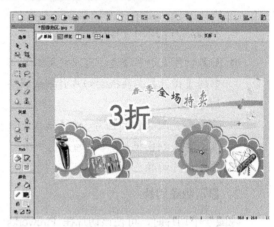

图 17-8　绘制圆形热点

> 提示
> 如果要在拖动绘制热点的同时调整热点的位置，则可以在按住鼠标左键的同时，按住空格键，然后将热点拖动到图像上的另一个位置，释放空格键可继续绘制热点。

❹ 绘制热点完毕，【属性】面板如图 17-9 所示。

图 17-9　【属性】面板

热点【属性】面板中的各项参数如下。

◉ 【宽和高】：分别设置热点的宽度和高度。

◉ 【X 和 Y】：用于设置距图像左边和上边的距离。

◉ 【形状】：可以选中绘制的热点，在下拉列表中更改热点的形状。在下拉列表中有 3 个选项，分别是【圆形】、【矩形】和【多边形】。

◉ 【颜色】：单击右边的下拉列表，在弹出的颜色框中可以更改热点的颜色。

◉ 【链接】：输入超链接的地址。

◉ 【替代】：输入替代文字，如果图片无法下载，就会在网页上图像的位置显示替代文字。

◉ 【目标】：指定超链接文件打开时的目标窗口。

原始文件	CH17/17.1.3/创建热点.jpg
最终文件	CH17/17.1.3/创建热点.png

2．使用菜单命令创建热点

❶ 打开一幅图像文件，如图 17-10 所示。

图 17-10　打开图像文件

❷ 选择要创建热点的对象，选择【编辑】|【插入】|【热点】命令，如图 17-11 所示。

图 17-11　选择【热点】命令

❸ 在图像上创建热点，如图 17-12 所示。

图 17-12　创建热点

原始文件	CH17/17.1.3/不规则热点.jpg
最终文件	CH17/17.1.3/不规则热点.png

3．绘制不规则的形状热点

绘制不规则的形状热点的具体操作步骤如下。

❶ 打开一幅图像文件，如图 17-13 所示。

图 17-13　打开图像文件

❷ 在工具箱中选择【多边形热点】工具，如图 17-14 所示。

图 17-14　选择【多边形热点】工具

❸ 将鼠标指针移动到图像上要绘制多边形热点的位置，单击以放置矢量点，不管路径是开口的还是闭合的，完成后都会自动闭合以创建热点区域，如图 17-15 所示。

图 17-15　绘制不规则的形状热点

17.2　创建网页图像素材

Fireworks CS6 具有强大的按钮制作功能。利用 Fireworks CS6 不仅能轻松制作出具有各种效果的动态按钮，还能给按钮添加超链接等网页元素。

17.2.1　创建质感按钮

按钮最大的特点就是具有交互性，例如，有的可以随着鼠标指针位置的改变而改变色彩、形状等，甚至发出声音，以吸引浏览者的点击。下面通过一个实例来讲述按钮的制作，如图 17-16 所示。具体操作步骤如下。

图 17-16　质感按钮

原始文件	CH17/17.2.1/质感按钮.jpg
最终文件	CH17/17.2.1/质感按钮.png

❶ 打开图像文件"质感按钮.jpg"，如图 17-17 所示。

图 17-17　打开图像

❷ 选择工具箱中的【矩形】工具，在舞台中绘制一个矩形，如图 17-18 所示。

❸ 选择工具箱中的【文本】工具在矩形上输入文字，如图 17-19 所示。

❹ 单击【属性】面板中的【滤镜】右边的按钮，在弹出菜单中的选择【斜角和浮雕】|【内斜角】命令，如图 17-20 所示。

图 17-18　绘制矩形

图 17-19　输入文本

图 17-20　选择【内斜角】命令

❺ 在弹出的设置框中进行相应的设置，如图 17-21 所示。

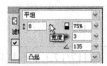

图 17-21　设置框

❻ 设置后的效果如图 17-22 所示。

图 17-22　设置后的效果

17.2.2　创建导航栏

导航栏其实就是一组按钮，能够把浏览者带领到网站的不同区域，如图 17-23 所示。创建导航栏的具体操作步骤如下。

图 17-23　导航栏

原始文件	CH17/17.2.1/导航栏.jpg
最终文件	CH17/17.2.1/导航栏.png

❶ 打开图像"导航栏.jpg"，如图 17-24 所示。

图 17-24　打开图像

❷ 选择工具箱中的【文本】工具在图像上输入文字"公司简介"，如图 17-25 所示。

❸ 单击【属性】面板中的【滤镜】右边的按钮 ，在弹出菜单中的选择【阴影

和光晕】|【内侧阴影】命令，如图 17-26 所示。

图 17-25　输入文本

图 17-26　选择【内侧阴影】命令

❹ 在弹出的设置框中进行相应的设置，如图 17-27 所示。

图 17-27　设置框

❺ 设置后的效果如图 17-28 所示。同步骤 2～步骤 5 制作其余的导航，效果如图 17-23 所示。

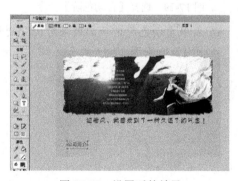

图 17-28　设置后的效果

17.3　色彩调整与滤镜效果

调整图像的色彩可以通过调整图像的色阶、色调和对比度等来实现。使用的某些图片，由于受到来源的限制，因此可能并不适合不加调整就使用到文档中去。如果对图像色彩进行了一定的处理，图片看上去会更漂亮。滤镜效果能改善并增强图像的效果。

17.3.1　调整图像的色阶

色阶是指图像中各种颜色的灰度值的分布情况。当图片的明暗程度不合适时，一般就要调整其色彩。在【滤镜】中有两种色阶，一种是自动色阶，另一种是色阶。

1．自动色阶

自动色阶的操作是将文档中的颜色灰度平均化，对过浅或者过深的部分都有一定的减弱效果。使用自动色阶的具体操作步骤如下。

原始文件	CH17/17.3.1/自动色阶.jpg
最终文件	CH17/17.3.1/自动色阶.png

❶ 在文档中选择要调整的对象，单击【滤镜】右边的按钮➕，在弹出的菜单中选择【调整颜色】|【自动色阶】命令，如图 17-29 所示。

图 17-29　选择【自动色阶】命令

❷ 应用自动色阶前后的效果对比分别如图 17-30 和图 17-31 所示。

图 17-30　应用自动色阶前

图 17-31　应用自动色阶后

2．色阶

调整色阶使得在控制图像色阶的时候更有主动权，可以根据预览的结果，很直观地看到调整色阶的效果。调整色阶的具体操作步骤如下。

原始文件	CH17/17.3.1/自动色阶.jpg
最终文件	CH17/17.3.1/自动色阶.png

❶ 在文档中选择要调整的对象，单击【滤镜】右边的按钮➕，在弹出的菜单中选择【调整颜色】|【色阶】命令，如图 17-32 所示。

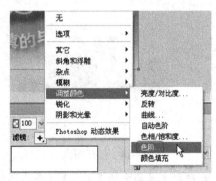

图 17-32　选择【色阶】命令

❷ 弹出【色阶】对话框，如图 17-33 所示。

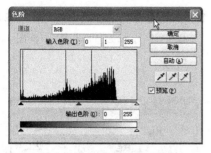

图 17-33　【色阶】对话框

左侧的两个区域用来设置图像的输入色阶和输出色阶，拖动滑块即可改变它们的数值。在对话框的右侧有 3 个吸管形状的按钮，它们分别可以取【亮部颜色】、【中间调颜色】和【暗部颜色】。如果在此对话框中单击【自动】按钮，就相当于选择【自动色阶】命令。

❸ 调整前和调整后的效果分别如图 17-34 和图 17-35 所示。

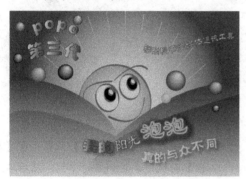

图 17-34　调整前

图 17-35　调整后

17.3.2　图像的反转效果

创建图像反转效果的具体操作步骤如下。

原始文件	CH17/17.3.2/图像的反转.jpg
最终文件	CH17/17.3.2/图像的反转.png

❶ 单击【滤镜】右边的按钮 ，在弹出的菜单中选择【调整颜色】|【反转】命令，如图 17-36 所示。

图 17-36　选择【反转】命令

❷ 选择选项后，图像反转前后的效果分别如图 17-37 和图 17-38 所示。

图 17-37　反转前

图 17-38　反转后

17.3.3　应用 Photoshop 动态效果

应用 Photoshop 动态效果如图 17-39 所示。具体操作步骤如下。

图 17-39　应用 Photoshop 动态效果

原始文件	CH17/17.3.3/Photoshop 动态效果.jpg
最终文件	CH17/17.3.3/Photoshop 动态效果.jpg.png

❶ 新建一个空白文档，打开图像 "Photoshop 动态效果.jpg"，如图 17-40 所示。

图 17-40　打开图像

❷ 单击【滤镜】右边的按钮 ➕，在弹出的菜单中选择【杂点】|【新增杂点】命令，如图 17-41 所示。

图 17-41　选择【新增杂点】命令

❸ 弹出【新增杂点】对话框，在对话框中进行相应的设置，如图 17-42 所示。

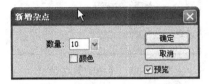

图 17-42　【新增杂点】对话框

❹ 单击【确定】按钮，效果如图 17-43 所示。

图 17-43　应用后的效果

❺ 选择工具箱中的【文本】工具，在【属性】面板中设置相应的参数，然后输入文本，效果如图 17-44 所示。

图 17-44　输入文本

❻ 选择文本，单击【滤镜】右边的按钮 ➕，在弹出的菜单中选择【Photoshop 动态

效果】命令，弹出【Photoshop 动态效果】对话框，如图 17-45 所示。

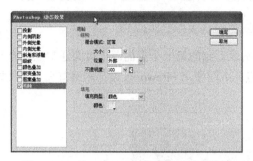

图 17-45　【Photoshop 动态效果】对话框

❼ 在对话框中勾选【笔触】复选框，设置颜色为黄色，单击【确定】按钮应用投影效果，如图 17-46 所示。

图 17-46　应用投影效果

❽ 选择【文件】|【导入】命令，弹出【导入页面】对话框，在对话框中选择图像"1.fw.png"，如图 17-47 所示。

图 17-47　【导入页面】对话框

❾ 单击【打开】按钮，即可将图像导入到舞台中，然后将图像移动到相应的位

置，如图 17-48 所示。

图 17-48　调整图像位置

❿ 选择文本，单击【滤镜】右边的按钮 ➕，在弹出的菜单中选择【Photoshop 动态效果】命令，弹出【Photoshop 动态效果】对话框，如图 17-49 所示。

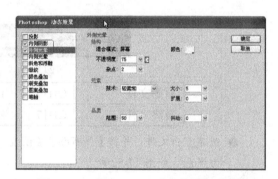

图 17-49　【Photoshop 动态效果】对话框

⓫ 在对话框中勾选【外侧光晕】和【内侧光晕】复选框，单击"确定"按钮，如图 17-50 所示。

图 17-50　应用动态效果

17.4 综合案例——设计网站首页

首页也可以指一个网站的入口网页，即打开网站后看到的第一个页面。该页面通常在整个网站中起导航作用，是建设一个网站的主要任务和亮点。下面使用 Fireworks 设计网站首页，效果如图 17-51 所示。具体操作步骤如下。

图 17-51　设计网站首页

原始文件	CH17/17.4/1.gif、2.gif、3.gif、2.png、f.png
最终文件	CH17/17.4/网站首页.png

❶ 新建空白文件，并将【画布颜色】设置为黑色，如图 17-52 所示。

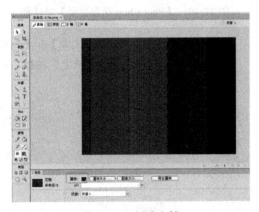

图 17-52　新建文档

❷ 选择工具箱中的【矩形】工具，单击【渐变填充】按钮，在弹出的列表中设置渐变颜色，如图 17-53 所示。

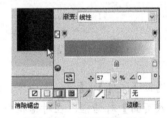

图 17-53　设置渐变颜色

❸ 在舞台中绘制一个矩形，如图 17-54 所示。

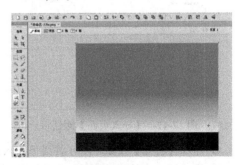

图 17-54　绘制矩形

❹ 选择【文件】|【导入】命令，在弹出的对话框中选择相应的图像，单击【打开】按钮，弹出【导入页面】对话框，如图 17-55 所示。

图 17-55 【导入页面】对话框

❺ 单击【导入】按钮，将其导入到舞台中，并移动到相应的位置，如图 17-56 所示。

图 17-56 导入图像

❻ 选择工具箱中的【缩放】工具，缩放图形大小，然后调整打开图像的形状，如图 17-57 所示。

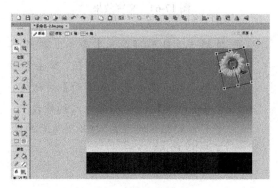

图 17-57 调整形状

❼ 选中导入的图像，按住 Alt 键复制出一个同样的形状，并移动到相应的位置，如图 17-58 所示。

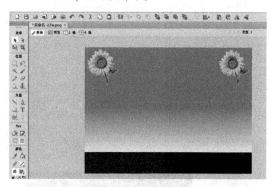

图 17-58 复制图像

❽ 选中图像，选择【修改】|【变形】|【水平翻转】命令，水平翻转图像，如图 17-59 所示。

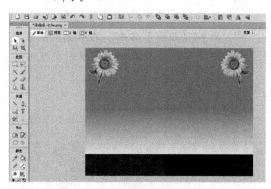

图 17-59 水平翻转图像

❾ 选择工具箱中的【螺旋形】工具，在【属性】面板中设置笔触颜色，并将笔触大小设置为 4，按住鼠标左键在舞台中绘制螺旋形，如图 17-60 所示。

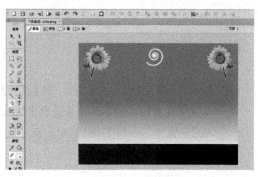

图 17-60 绘制螺旋形

⑩ 选择螺旋形，选择【修改】|【变形】|【旋转 180】命令，旋转图像，如图 17-61 所示。

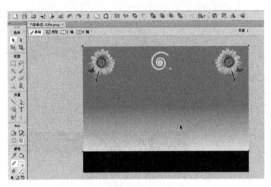

图 17-61　旋转图像

⑪ 选择形状，单击【滤镜】右边的按钮 +，在弹出菜单中选择【阴影和光晕】|【投影】命令，在弹出的列表框中设置相应的参数，设置后效果如图 17-62 所示。

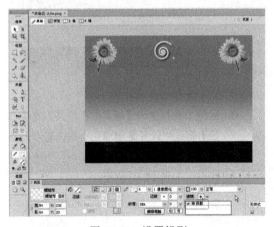

图 17-62　设置投影

⑫ 选择工具箱中的【文本】工具，在【属性】面板中设置相应的参数，在舞台中输入相应的文本，如图 17-63 所示。

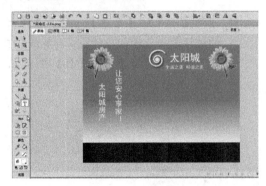

图 17-63　输入文本

⑬ 选择工具箱中的【文本】工具，在【属性】面板中设置相应的参数。在舞台中输入相应的文本。选中文本，单击【滤镜】右边的按钮 +，在弹出的菜单中选择【阴影和光晕】|【投影】命令，在弹出的列表框中设置相应的参数，设置后效果如图 17-64 所示。

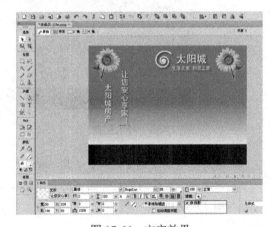

图 17-64　文字效果

⑭ 选择【文件】|【导入】命令，在弹出的对话框中选择相应的图像，单击【打开】按钮，弹出【导入页面】对话框；单击【导入】按钮，将其导入到舞台中，并移动到相应的位置，打开图像后的效果如图 17-65 所示。

图 17-65　打开图像

⓯ 选择工具箱中的【矩形】工具，设置填充颜色，然后在舞台中绘制相应的矩形，如图 17-66 所示。

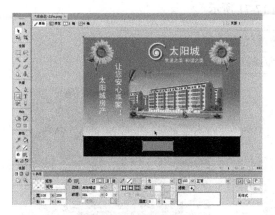

图 17-66　绘制矩形

⓰ 选择工具箱中的【文本】工具，在舞台中输入相应的文本，如图 17-67 所示。

图 17-67　输入文本

⓱ 选择【文件】|【导入】命令，导入另外两幅图像，并调整图像的位置，如图 17-68 所示。

图 17-68　导入图像

⓲ 选择工具箱中的【文本】工具，在舞台中输入相应的文本，如图 17-69 所示。这样整个网站首页制作完成。

图 17-69　输入文本

17.5　课后练习

1．填空题

（1）Web 设计人员有时使用热点较多的图形中的各个小部分产生交互。热点是指网页图形中链接到_____的区域。

（2）在 Fireworks 中创建热点有两种方法，一是使用工具箱中的【热点】工具创建热点，二是使用_____创建热点。

参考答案：

（1）URL

（2）菜单命令

2．操作题

利用所学知识制作网络广告，如图 17-70 和图 17-71 所示。

原始文件	CH17/操作题/操作题.jpg、2.png
最终文件	CH17 操作题/操作题.png

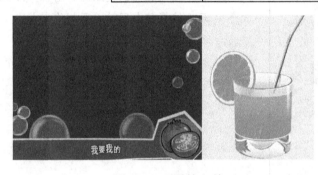 

图 17-70　原始文件 　　　　　　　　　　图 17-71　网络广告

17.6　本章总结

前面已经将 Fireworks 的基础知识结合实例一一讲解。本章通过综合实例进一步强化实践操作，挖掘更深层东西，帮组读者获得更大的收获。本章主要用实例讲述了创建图像切片和热区、创建网页图像素材、色彩调整与滤镜效果和设计网站首页的知识。

第四部分

网站建设综合案例篇

网站策划是整个网站构建的灵魂，网站策划在某种意义上就是一个导演，它引领了网站的方向，赋予网站生命，并决定着它能否走向成功。另外还要了解并确定网站建设的基本流程，不同类型的网站设计制作过程不一样，但是整体的基本流程是一样的。为了让网站开发有效地进行，各环节之间的合作不会出现差错，开发人员都必须遵循网站的开发流程。

学习目标

☑ 熟悉网站策划知识

☑ 确定网站的定位

☑ 确定网站的目标用户

☑ 熟悉网站建设的基本流程

18.1 怎样进行网站策划

网站策划是指在网站建设前对市场进行分析，确定网站的功能及要面对的用户，并根据需要对网站建设中的技术、内容、费用、测试、推广和维护等做出策划。网站策划对网站建设起到计划和指导的作用。

18.1.1 网站策划的原则

网站策划得好可以说已经成功一半了，甚至会事半功倍，在以后的运营当中会省掉很多麻烦。如果网站建设前期不做好网站策划，在网站开始运营后就会发现有很多问题，投入很多却不见效果。如果想要自己的网站成功，就得借鉴其他网站成功的经验，以下这些原则是一个成功网站必不可少的前提。

1. 保持网页的朴素

一个好的网站，需要最直观地告诉网友，这个网站有什么价值？网页设计者很容易掉入这样一个陷阱，即把所有可能用到的网页技巧，

如漂浮广告、网页特效和 GIF 动画等都用上。使用一些网页技巧无可厚非，但如果过多的话就会让访问者眼花缭乱，不知所措，也不会给他们留下很深的印象。

2. 简单有效

清晰的设计＋有效的技术＝一个好的站点，保持简单的真正含义就是：想一想如何使自己网站的信息与访问者所期待和所需要的一样。应该把技术和效果用在适当的地方，用在有效信息上，让访问者更直观地关注他们要关注的东西。

3. 了解用户

你不是在真空里制作你的网页，也不是做给

你自己看的。如果是这样，还不如把它放在自己的电脑里。发布网站的目的是希望某些人停下来浏览它，而这些人就是你的用户。越了解你的用户，网站影响力就会越大。用户的网速是否很慢？那你最好应当特别地注意网页的大小；他们希望听到音乐片段吗？你就要想想网页上的音乐格式。一个好站点的定义：通过典雅的风格设计提供给潜在用户高质量的信息。

4．快捷

让用户在获取信息时不要超过 3 次点击。当访问者在访问一个网站时，如果点击了七八次才能找到想要的信息，或者还没找到，他肯定会离开你的网站去别的网站查找了，而且可能再也不会来你的网站了。访问者进入网站后，应该可以不费力地找到所需要的资料。确保你的页面设计规划清晰明了，让访问者只需快速扫视就能把握你的网站导航，知道自己"下一步"该选择的项目。

5．30s 的等待时间

大家应该知道因特网用户的一条法则：当用户在等待超过 10s，则基本对这个网站失去第一好感，如果超过 24s，用户则会关闭网页。所以，即使你的网站特炫，也不应该让网站的打开时间超过 30s。如果超过了这个时间，就一定会失去浏览用户。

6．熟悉因特网盈利模式

必须要有清晰的盈利模式。在因特网上，网站的盈利模式主要有如下几种。

　　在线广告是网站盈利的比较普遍的方式，其形式繁多，从 Banner（旗帜）、Logo（图标）广告，到 Flash 多媒体动画、在线影视等多种多样。从收费的方式来看，现在比较受欢迎的是按点击次数收费，搜索引擎网站主要采取此类广告盈利方式。

　　彩铃彩信下载、短信发送和电子杂志订阅等电信增值形式。

　　通过网站销售产品。

　　注册会员收费，提供与免费会员差异化的服务。

　　网络游戏运营，虚拟装备和道具买卖。

　　搜索竞排、产品招商、分类网址和信息整合，或者付费推荐和抽成盈利。

　　广告中介。广告联盟网站通过给为广告主和站长服务，差价销售广告，获得利润。

　　企业信息化服务。帮助企业建设维护推广网站；代理销售大公司的网络产品；网络基础服务提供。很多规模较小的公司也在做域名注册和服务器托管的生意，且收入比较稳定。

上面这些是常见的因特网盈利模式，但是各自的网站应根据自己的特色寻找对应的盈利模式。如果是找一些平台与联盟，如电子商务或广告联盟等，则应找百度、Google 等大公司；如果是网页游戏平台，则可以找泡泡玩等。这些都是经过认可的，较为实用的盈利方式。

7．平衡

平衡是一个好网站设计的重要部分。网站内容的设计，要做到以下 3 个方面的平衡。

　　文本和图像之间的平衡。除非内容决定了这是个完全文本或者完全图像的网站，否则需要用直觉和审美观来判断，防止失去重点。

　　下载时间和页面内容之间的平衡。漂亮的页面，也必须平衡页面内容，因为很多访问者正在阅读它。

　　背景和前景之间的平衡。在网页上，如果能制作出漂亮的结构和背景是很令人眼前一亮的，但也容易使内容淹没在背景里面。

8．测试

一定要在多种浏览器和多种分辨率下测试每个网页。

9．学习

网站风格、页面设计只是网站策划的一小

部分内容，必须有好的网站策划思想才能策划出好的页面，因为页面是用户体验的一个重要部分。网站策划与设计是一个不断学习的过程，技术和工具在不断进步，人们的上网习惯及方式也在不断变化，这一切都需要不断学习、不断进步。

18.1.2 网站策划的关键点

网站策划是网站能够成功的一个关键因素。在网站策划中，有两个核心关键点最需要注意。

1．不受经验约束

网站策划没有固定的模式，重要的是符合商业的战略目标。很多策划人员在策划会员管理的注册流程时，喜欢把注册流程简化，目的就是为了让用户能够很快就注册成功。但是，这并不适合所有网站。例如，成立于 1999 年的 Rent.com 是美国最受欢迎的公寓租赁网站，2005 年 2 月 Rent.com 被 eBay 以 4.33 亿美元现金收购。后来有人总结它成功的一个重要因素，就是它比其他租赁网站有着更为复杂的用户注册流程，Rent.com 在用户注册流程上收集了比其他租赁网站更多的顾客信息。这样做的好处是 Rent.com 的用户成交率大大提高。

当然并不是说所有网站都应该这样做，重要的是根据每个网站的经营目标来定。像一些 Web 2.0 的网站，并不需要为每个用户定制服务，也就没有必要去搜集那些用不上的信息。而 Rent.com 这样的网站需要通过注册搜索到用户的很多信息，这些信息可以为用户提供差异化的服务。

2．系统思维

先举个例子，1997 年，世界卫生组织宣布要在非洲消灭疟疾。但是 8 年后，非洲的疟疾发病率整整提高了几倍。为什么初衷很好，但造成的后果更加严重呢？原因是世界卫生组织在制订目标之后，开始大量采购某公司的药品，使当地生产疟疾药物的厂商倒闭，进而导致当地一种可以治疗疟疾的植物无人种植，结果预防疟疾的天然药物由此消失。管理学大师彼得圣吉总结认为，造成这个结果的重要原因在于没有系统性的思考，只治标不治本。"他们没有看到种棉花的农民也在其中起作用，更没有意识到预防疟疾的天然药物到底起什么作用，外来的系统如果不考虑原来体系的话就只能是适得其反。"

对于互联网策划而言，系统思维是在推出功能点并做出决策时，需要考虑所有的因素。一个功能可能从一个方面看上去会给用户带来价值，但是从另外一个角度或从长久来看，是不是有价值，这就需要找到平衡点，进而找到解决问题的关键。

18.2 确定网站的定位

网站的定位跟网站的目标用户群，市场的潜力和竞争对手都相关。做网站时，首先要解决两个问题：一是网站有没有定位，二是网站定位是不是合适。如果不能够用一句话来概括网站是做什么的，网站就没有清晰的定位。

18.2.1 分析市场环境，确定网站发展方向

所有的市场，不管多么纷繁复杂，都离不开供给和需求交易双方。正是这个供求交易的互动形成了市场，互联网市场也不例外。

历史告诉我们，互联网要发展，就必须有真正的市场。互联网必须提供给用户愿意花钱购买的商品和服务。互联网市场的这一特性也

决定了网站策划的重要性和存在的价值。从市场是供求双方交易的定义来看，互联网市场提供的商品服务大概有以下几类。

1. 信息类

提供的信息有付费的咨询报告、招聘信息、娱乐信息、交友信息和商务信息等。而信息的提供方式越来越丰富，包括了文本、图片、音频和视频。文本的有新闻信息、生活信息和工作信息等，而图片、音频和视频文件也在不断发展，如音乐网站和视频网站越来越多。网站的表现力越来越丰富，网站正日益成为一种全新的媒体。

2. 商品类

电子商务类的网站，通过与线下的配送系统结合，直接与用户进行商品的交易。

3. 服务类

提供在线游戏、搜索服务、广告服务、营销服务和交友服务等。在线游戏、搜索服务和广告仍然是互联网目前能够提供给个人用户和企业用户最有价值的部分。其创造的市场空间迄今为止仍然是互联网行业最引人注目的。但是，投入的资金和细分的网站越来越多，市场蛋糕被越来越多的商家瓜分了。

互联网仍然可提供很多其他的但还没有挖掘出来的商品和服务，将来肯定还会挖掘出更多的商品和服务。

4. 平台类

提供产品或者服务的平台，例如，阿里妈妈的广告交易平台及淘宝网的 C2C 交易平台等。互联网市场是不断发展的，互联网跟人们的生活越来越融为一体，几乎可以把我们生活或者工作中的许许多多问题都跟互联网联系起来，甚至包括衣、食、住、行等最基本的生活需求。现在网上可以买卖衣服、订餐、租房子、预订酒店和机票等，几乎没有什么可以远离互联网，互联网正像一个巨大的磁场，把人类的生活和工作都吸引到其中。

18.2.2 如何进行网站的分析

网站信息包罗万象，那么选取什么作为分析的重点呢？可以尽可能地从网站本身表达的信息、各种评论资料及各种行业资料中获取相关信息。所以要重点选取信息作为分析对象。

分析的意义在于，从旁观者的角度来看待问题。分析最难能可贵的就是客观性和实事求是。大多数人都有个人的经历和偏好，做到完全客观几乎不可能。这个时候，分析者最重要的是要有勇气摒弃个人偏好，尽量用事实和数据来说话。

很多人浏览到某个网站，觉得效果不错，就决定把这一效果应用到自己的网站上，这往往是欠缺考虑和分析的。首先要分析该功能或产品、服务对网站的整体战略和目标代理的影响，是正确的还是负面的，收益和投入是否对等。这个投入包括人力、物力和时间成本。

一般来说，具体的网站分析点有如下几个方面。

- 网站菜单与导航。
- 网站运营。
- 网站产品与服务。
- 网站技术。
- 网站设计。
- 市场推广。
- 网站访问率。
- 公司情况。
- 沟通程度。
- 盈利模式。

在网站的不同发展时期，对网站分析的重点也不同。初期主要是全面而广泛的，从网站的定位到具体的功能细节、推广方式等都是分析对象。当网站发展到一定程度时，会根据当前情况从某种固定的目标出发，对某一方面进行针对性分析。

18.2.3　如何确定网站定位

网站有定位也不一定是对的，定位于一个竞争激烈的市场或者已经饱和的市场，跟没有定位是没有差别的。所以，一个网站不仅要有定位，而且要有一个差异化的定位。不是为了差异化而差异化，而是为了目标用户群的需求而差异化，为了市场空间的不同而差异化。

有清晰而合适的定位，本身就是一种竞争的优势，能比对手少走弯路，以更少的资源做更多的事，所以也比竞争对手跑得更快，走得更远。

在网站发展的初始阶段，网站的目标最好要够小，小并不一定就不好，大并不一定就好。目标很高远，定位很宏大，并不代表网站就能达到定位希望实现的目标。为了实现大目标，最好从小目标开始。

网站目标定位不仅要小，而且还需要找到一个基点，这个点是网站创立、发展、壮大的依靠点，像迅雷以下载为基点，百度以搜索为基点等。刚开始时，这个点可能很小，但是网站发展壮大之后，就可以繁衍出无数的应用。如果一开始点太大、太多，什么都想做，什么都不肯放弃，最后的结果将是什么都得不到。

确定网站的定位，就要找到这个基点，需要从以下 3 个方面考虑：第一要有良好性价比的市场空间，第二网站定位必须考虑用户的新需求，第三相比于竞争对手应具有独特优势。

1．网站定位必须考虑市场前景，找到性价比高的市场空间

如果现在做门户网站，也许投入上亿元，都不能保证做得好。因为这个市场经过多年的发展，基本格局已经定下来了，要跻身门户的行列，需要花费大量的人力、资金和资源，也不一定能建立起来。用户的习惯、门户本身的优势都不是一天建立起来的，这都是长期积累的结果。

确定网站的定位要找到性价比高的市场。什么是性价比高的市场？要从用户的需求考虑

这个问题。例如，率先进入网络销售钻石等 B2C 领域，hao123 的网址导航网站就是性价比高的典型例子。

2．网站定位必须考虑用户的新需求

用户的需求分为已满足的需求和尚未满足的需求。进入已充分满足需求的领域，成本将会非常高。如果能找到用户未被满足的需求，进入成本就会大大降低，而网站成功的可能性也会增大，如率先进入了某些行业的网络 B2C 直销服务。

3．网站定位必须考虑竞争对手，找到独特的竞争优势

网站要有独特的优势，如当初的 Google 搜索引擎，这是竞争对手一时难以企及的。拥有了这些独特的竞争优势，网站也会迅速成长起来的。

总之，前面的几点可以总结为一点，那就是用户价值。能够提供给用户价值的网站最终都能实现商业价值的转化。最后，在确定网站定位之前，可以反思一下：如果网站这样定位能给用户提供什么样的价值？这个价值是不是用户需要的？如果需要，有多少用户需要它？用户是不是愿意为它付钱？这样的价值是不是其他网站已经提供了？这样的价值是不是其他网站也很容易提供？

18.2.4　确定网站的目标用户

当中小企业投资建立企业网站后，有很多的中小企业每天都在关注企业网站的流量，想知道每天能有多少人在查询网站内容，依此来推断企业网站的作用，流量越多则说明成交的机会越多。也有部分的中小企业更注重通过网来得到目标用户。得到更多的目标用户，就说明增加了生意的成交几率。不过，到底是流量重要还是用户重要呢？

很多网站经营者不知道网站的目标用户群在哪里，更不用说了解网站的目标群了。而

这又恰恰是一个决定网站质量的直接因素。不要只是盲目地做网站，要花点时间弄清楚网站的目标用户群，进一步地了解他们，让网站发挥更大的作用。

选择好目标用户，做起网站来也更明确。了解用户需要什么，才能更好地为用户服务。只有针对目标用户，网站的作用才能得到更好地发挥。如果只是为了流量而投入太大，就太不值得了。试想如果浏览者不是目标用户，网站没有他想要的东西，他再次来的机会就很渺茫了。这样的点击可谓真正的"无效点击"，而只有有效的点击才能给网站带来效益。网站必须有明确的目标用户群，才能充分发挥网站的作用，实现效益最大化。

18.3　网站建设规范

任何一个网站开发之前都需要定制一个开发约定和规则，这样有利于项目的整体风格统一、代码维护和扩展。由于网站项目开发的分散性、独立性和整合的交互性等，因此定制一套完整的约定和规则显得尤为重要。这些规则和约定需要与开发人员、设计人员和维护人员共同讨论定制，将来都将严格按规则或约定开发。

18.3.1　组建开发团队规范

在接手项目后的第一件事就是组建团队。根据项目的大小，团队可以有几十人，也可以是只有几个人的小团队，在团队划分中应该含有 6 个角色，分别是项目经理、策划、美工、程序员、代码整合员和测试员。如果项目够大、人数够多，就分为 6 个组，每个组分工再来细分。下面简单介绍一下这 6 个角色的具体职责。

● 项目经理负责项目总体设计，开发进度的定制和监控，定制相应的开发规范，各个环节的评审工作，协调各个成员小组之间的工作。

● 策划提供详细的策划方案和需求分析，还包括后期网站推广方面的策划。

● 美工根据策划和需求设计网站 VI、界面和 Logo 等。

● 程序员根据项目总体设计来设计数据库和功能模块的实现。

● 代码整合员负责将程序员的代码和界面融合到一起，代码整合员还可以制作网站的相关页面。

● 测试员负责测试程序。

18.3.2　开发工具规范

网站开发工具主要分为两部分，一是网站前台开发工具，二是网站后台开发环境。下面分别简单介绍这两部分需要使用的软件。

网站前台开发主要是指网站页面设计，包括网站整体框架建立、常用图片和 Flash 动画设计等，主要使用的软件是 Photoshop、Dreamweaver 和 Flash 等。

网站后台开发主要指网站动态程序开发和数据库创建，主要使用的软件和技术是 ASP 和数据库。ASP 是一种非常优秀的网站程序开发语言，以全面的功能和简洁的编辑方法受到众多网站开发者的欢迎。数据库系统的种类非常多，目前以关系型数据库系统最为常见。关系型数据库系统是以表的类型将数据提供给用户，而所有的数据库操作都是利用旧的表来产生新的表。常见的关系型数据库包括 Access 和 SQL Server。

18.3.3　超链接规范

在网页中的链接按照链接路径的不同可以分为 3 种形式："绝对路径"、"相对路径"和"根目录相对路径"。

小网站由于层次简单，文件夹结构不过两三层，而且网站内容、结构的改动性大小，所以使用"相对路径"是完全可以胜任的。

当网站的规模大一些的时候，由于文件夹结构越来越复杂，且基于模板的设计方法被广泛使用，因此使用"相对路径"会出现如"超链接代码过长"和"模板中的超链接在不同的文件夹结构层次中无法直接使用"等问题。此时使用"根目录相对路径"是理想的选择，它可以使超链接的指向变得绝对化，无论在网站的哪一级文件夹中，"根目录相对路径"都能够准确指向。

当网站规模再度增长，发展成为拥有一系列子网站的网站群的时候，各个网站之间的超链接就不得不采用"绝对路径"。为了方便网站群中的各个网站共享，过去在单域名网站中以文件夹方式存放的各种公共设计资源，最好采用独立资源网站的形式进行存放，各子网站可以使用"绝对路径"对其进行调用。

网站的超链接设计是一个很老的话题，而且也非常重要。设计和应用超链接确实是一项对设计人员的规划能力要求非常高的工作，而且这些规划能力多数是靠经验积累来获得的，所以要善于和勤于总结。

18.3.4　文件夹和文件命名规范

文件夹命名一般采用英文，长度一般不超过20个字符，命名采用小写字母。文件名称统一用小写的英文字母、数字和下划线的组合。命名原则的指导思想一是使得工作组的每一个成员能够方便地理解每一个文件的意义；二是当在文件夹中使用"按名称排列"命令时，同一种大类的文件能够排列在一起，以便进行查找、修改和替换等操作。

在给文件和文件夹命名时注意以下规则。

1．尽量不使用难理解的缩写词

不要使用不易理解的缩写词，尤其是仅取首字母的缩写词。在网站设计中，设计人员往往会使用一些只有自己才明白的缩写词，这些缩写词的使用会给站点的维护带来隐患。如xwhtgl 或 xwhtdl 等，如果不说明这是"新闻后台管理"和"新闻后台登录"的拼音缩写，没有人能知道是什么意思。

2．不重复使用本文件夹，或者其他上层文件夹的名称

重复本文件夹或者上层文件夹名称会增长文件名、文件夹名的长度，导致设计中的不便。如果在 images 文件夹中建立一个 banner 文件夹用于存放广告，就不应该在每一个 banner 的命名中加入"banner"前缀。

3．加强对临时文件夹和临时文件的管理

有些文件或者文件夹是为临时的目的而建立的，例如，一些短期的网站通告或者促销信息及临时文件下载等。不要将这些文件和文件夹随意地放置。一种比较理想的方法是建立一个临时文件夹来放置各种临时文件，并适当使用简单的命名规范，不定期地进行清理，将陈旧的文件及时删除。

4．在文件和文件夹的命名中避免使用特殊符号

特殊符号包括"&"、"＋"、"、"等会导致网站不能正常工作的字符，以及中文双字节的所有标点符号。

5．在组合词中使用连字符

在某些命名用词中，可以根据词义，使用连字符将它们组合起来。

18.3.5　代码设计规范

一个良好的程序编码风格有利于系统的维护，代码也易于阅读查错。在编写代码时，要注意以下规范。

1．大小写规范

HTML 文件是由大量标记组成的，如<a>、

<td>和<img>等，每个标记又由各种属性组成，标记有起始和结尾标记。每一个标记都有名称和若干属性，标记的名称和属性都在起始标记内标明。

HTML 本身不区分大小写，如<title>和<TITLE>是一样的，但作为严谨的网页设计师，应该确保每个网页的 HTML 代码使用统一的大小写方式。习惯上将 HTML 的代码使用"小写"书写方式。

2．字体和格式规范

良好的代码编写格式能够使团队中所有设计人员更好地进行代码维护。

规范化代码编写的第一步是统一编写环境，设计团队中所使用的编写软件应尽可能一致。代码的文本编辑，要尽可能使用等宽字符，而不是等比例字体，这样可以很容易地进行代码缩进和文字对齐调整。等宽字体的含义是指每一个英文字符的宽度都是相同的。

在 HTML 代码编写中，使用缩进也是一项重要的规范。缩进的代码量应事先预定，并在设计团队中进行统一，通常情况下应为 2 个、4

个或 8 个字符。

3．注释规范

网页中的注释用于代码功能的解释和说明，以提高网页的可读性和可维护性。

注释的内容应随着被注释代码的更新而更新，不能只修改代码而不修改注释；不要将注释写在代码后，而应该写在相关代码前面，否则会使注释的可读性下降。

如果某个网页是由多个部件组合而成的，而且每个部件都有自己的起始注释，那么这些起始注释应该配对使用，如 Start/Stop 和 Begin/End 等，而且这些注释的缩进应该一致。

不要使用混乱的注释格式，例如，在某些页面使用"*"，而在其他页面使用"#"，应该使用一种简明、统一的注释格式，并且在网站设计中贯穿始终。

应减少网页中不必要的注释，但是在需要注释的地方，应该简明扼要地进行注释。使用注释的目的是为了让代码更容易维护，但是过于简短的和不严谨的注释将同样妨碍设计人员的理解。

18.4　网站建设的基本流程

创建网站是一个系统工程，有一定的工作流程，只有遵循这个步骤，按部就班地来，才能设计出满意的网站。因此在制作网站前，先要了解网站建设的基本流程，这样才能制作出更好、更合理的网站。

18.4.1　确定站点目标

在创建网站时，确定站点的目标是第一步。设计者应清楚建立站点的目标，即确定它将提供什么样的服务，网页中应该提供哪些内容等。要确定站点目标，应该从以下 3 个方面考虑。

1．网站的整体定位

网站可以是大型商用网站、小型电子商务

网站、门户网站、个人主页、科研网站、交流平台、公司和企业介绍性网站或服务性网站等。首先应该对网站的整体进行一个客观的评估，同时要以发展的眼光看待问题，否则将带来许多升级和更新方面的不便。

2．网站的主要内容

如果是综合性网站，那么对于新闻、邮件、电子商务和论坛等都要有所涉及，这样就要求网页要结构紧凑、美观大方；对于侧重某一方面的网站，如书籍网站、游戏网站和音乐网站等，则往往对网页美工要求较高，使用模板较多，更新网页和数据库较快；如果是个人主页或介绍性的网站，那么一般来讲，网站的更新速度较慢，浏览率较低，并且链接较少，内容不如其他网站丰富，但对美工的要求更高一些，可以使用较鲜艳明亮的颜色，同时可以添加 Flash 动画等，使网页更具动感和充满活力，否则网站会缺乏吸引力。

3. 网站浏览者的教育程度

对于不同的浏览者群，网站的吸引力是截然不同的。例如，针对少年儿童的网站，卡通和科普性的内容更符合浏览者的品味，也能够达到网站寓教于乐的目的；针对学生的网站，往往对网站的动感程度和特效技术要求更高一些；对于商务浏览者，网站的安全性和易用性更为重要。

18.4.2　确定目标浏览者

确定站点目标后，还需要判断哪些浏览者会访问自己的站点，这通常与站点的主题紧密相关。

为了使站点能够吸引更多的浏览者，还应该充分考虑到浏览者所使用的计算机类型、使用的操作平台、平均使用的连接速度及他们使用的浏览器种类等，这些因素都会影响浏览者访问自己的网页。现在，使用 Windows 操作系统的用户占绝大多数，因此应使设计的网页能够很好地工作在 Windows 操作系统下，并支持 Internet Explorer 浏览器。少数的浏览者可能会使用其他浏览器，因此也要确保自己的网页能够适应这些浏览器。

另外，还要充分了解浏览者所使用的浏览器种类，这就需要使站点具有更大的浏览器兼容性。目前，用户使用的浏览器有多种，并且每一种浏览器都有多个版本。即使是人们普遍使用的

Internet Explorer 浏览器，也不能保证所有的用户都能使用最新的版本。当网站放置在服务器上后，总会有浏览者使用早期版本的浏览器浏览。设计者可以选择一种或两种浏览器作为目标浏览器，并为这些浏览器设计相应的站点，同时也要使该站点能较大程度地适应其他浏览器。

18.4.3　确定站点风格

站点风格设计包括站点的整体色彩、网页的结构、文本的字体和大小及背景的使用等。这些没有一定的公式或规则，需要设计者通过各种分析来决定。

一般来说，适合于网页标准色的颜色有三大系：蓝色、黄/橙色、黑/灰/白色。不同的色彩搭配会产生不同的效果，并可能影响访问者的情绪。在站点整体色彩上，要结合站点目标来确定。如果是政府网站，就要大方、庄重、美观和严谨，切不可花哨；如果是个人网站，则可以采用较鲜明的颜色，设计要简单而有个性。图 18-1 所示是色彩鲜明简单的网站。

图 18-1　色彩鲜明的网站

在网页结构上，整个站点要保持和谐统一；对于字体，默认的网页字体一般是宋体，为了体现网页的特有风格，也可以根据需要选择一些特殊字体，如华文行楷、隶书和其他字体等；在背景的使用上，应该以宁缺毋滥为原则，切不可喧宾夺主。

18.4.4 收集资源

网站的主题内容是文本、图像和多媒体等，它们构成了网站的灵魂，否则再好的结构设计都不能达到网站设计的初衷，也不能吸引浏览者。在对网站进行结构设计之后，需要对每个网页的内容进行一个大致的构思，哪些网页需要使用模板，哪些网页需要使用特殊设计的图像，哪些网页需要使用较多的动态效果，以及如何设计菜单，采用什么样式的链接，网页采用什么颜色和风格等，这些都对资源收集具有指导性作用。

⦿ 重要的文本：如企业简介文本，不能临时书写，要得体、简明，一般可使用企业内部的宣传文字。

⦿ 重要的图像：如企业的标志和网页的背景图像等，这些图像对于浏览者的视觉影响很大，不能草率处理。

⦿ 库文件：对于一些常用和重要的网页对象，需要使用库文件来进行管理和使用，在设计网页之前，可以先编辑这些库文件备用。

⦿ Flash 等多媒体元素：许多网站都越来越多地使用 Flash 等多媒体元素，这些多媒体元素在设计网页之前就需要收集妥当或者制作完成。

18.4.5 设计网页图像

在确定好网站的风格和搜集完资料后就需要设计网页图像了。网页图像设计包括Logo、标准色彩、标准字、导航条和首页布局等。设计人员可以使用 Photoshop 或 Fireworks 软件来具体设计网站的图像。

有经验的网页设计者，通常会在使用网页制作工具制作网页之前，设计好网页的整体布局，这样在具体设计过程可以大大节省工作时间。

⦿ 设计网站标志。标志可以是中文、英文字母，也可以是符号和图案等。标志的设计创意应当来自网站的名称和内容。例如，网站内有代表性的人物、动物或植物，可以用它们作为设计的标本，加以卡通化或艺术化；专业网站可以以本专业有代表性的物品为标志。最

常用和最简单的方式是将网站的英文名称作为标志，采用不同的字体、字母的变形、字母的组合，可以很容易地制作好自己的标志。

⦿ 设计导航栏。在站点中导航栏也是一个重要的组成部分。在设计站点时，应考虑到访问自己的站点的浏览者大多都是没有经验的，也应考虑到如何使浏览者能轻松地从网站的一个页面跳转到另一个页面。

⦿ 设计网站字体。标准字体是指用于标志和导航栏的特有字体。一般网页默认的字体是宋体。为了体现站点的与众不同和特有风格，可以根据需要选择一些特别字体，也可以根据自己网站所表达的内涵，选择更贴切的字体。

⦿ 首页设计包括版面、色彩、图像、动态效果和图标等风格设计。图 18-2 所示是设计的网站首页图像。

图 18-2 网站首页图像

18.4.6 制作网页

设计完网页图像后，就可以按照规划逐步制作网页了。这是一个复杂而细致的过程，一定要按照先大后小、先简单后复杂来进行制作。先大后小就是说在制作网页时，先把大的结构设计好，再逐步完善小的结构设计。先简单后复杂就是先设计出简单的内容，然后再设计复杂的内容，以便出现问题时好修改。在制作网页时要灵活运用模板，这样可以大大提高制作效率。图 18-3 所示是模板网页。

图 18-3　模板网页

18.4.7　开发动态网站模块

页面制作完成后，如果还需要动态功能的话，就需要开发动态功能模块。网站中常用的功能模块包括搜索功能、留言板、新闻发布、在线购物、论坛和聊天室等。图 18-4 所示是开发的在线购物网站。

图 18-4　在线购物网站

18.4.8　申请域名和服务器空间

域名是企业或事业单位在互联网上进行相互联络的网络地址。在网络时代，域名是企业、机构进入互联网必不可少的身份证明。

国际域名资源是十分有限的，为了满足更多企业、机构的申请要求，各个国家、地区在域名最后加上了标记段，由此形成了各个国家、地区的域名，这样就扩大了域名的数量，满足了用户的要求。

注册域名前应该在域名查询系统中查询所希望注册的域名是否已经被注册。几乎每一个域名注册服务商都在自己的网站上提供查询服务。

国内域名顶级管理机构 CNNIC 的网站是 http://www.cnnic.net，可以通过该网站查询相关的域名信息。图 18-5 所示是 CNNIC 网站。

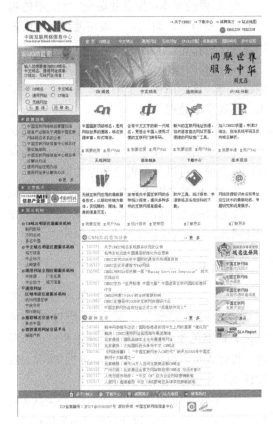

图 18-5　CNNIC 网站

域名注册的流程与方式比较简单。首先可以通过域名注册商，或者一些公共的域名查询网站查询所希望注册的域名是否已经被注册。如果没有，则需要尽快与一家域名注册服务商取得联系，申请自己希望注册的域名及付款的方式。域名属于特殊商品，一旦注册成功是不可退款的，所以通常情况下，域名注册服务商需要先收款。当域名注册服务商完成域名注册后，域名查询系统并不能立即查询到该域名，因为全球的域名 WHOIS 数据库更新需要 1～3 天的时间。

网站是建立在网络服务器上的一组电脑文件，它需要占据一定的硬盘空间，这就是一个网站所需的网站空间。

一般来说，一个标准中型企业网站的基本网页 HTML 文件和网页图片需要 8MB 左右的空间，加上产品照片和各种介绍性页面，一般为 15MB 左右。除此之外，企业可能还需要存放反馈信息和备用文件的空间，这样，一个标准的企业网站总共需要 30MB～50MB 的网站空间。当然，如果是从事网络相关服务的用户，可能有大量的内容要存放在网站空间中，这样就需要申请更多的空间。

18.4.9　测试与发布上传

网页制作完毕，最后要发布到 Web 服务器上，才能够让因特网上的用户浏览。现在上传工具有很多种，可以采用 Dreamweaver 自带的站点管理上传文件，也可以采用专门的 FTP 软件上传。利用这些 FTP 工具，可以很方便地把网站发布到服务器上。网站上传以后，要在浏览器中打开网站，逐页逐个链接地进行测试，发现问题，及时修改，然后再上传测试。

18.4.10　网站的推广

网页做好之后，还要不断地进行宣传，这样才能让更多的网络用户认识它，提高网站的访问率和知名度。推广的方法有很多，例如，到搜索引擎上注册、网站交换链接和添加广告链等。

网站推广是网站获得有效访问的重要步骤，合理、科学的推广计划能令企业网站收到接近期望值的效果。网站推广作为电子商务服务的一个独立分支正显示出其巨大的魅力，并已越来越引起企业的高度重视和关注。

18.5　课后练习

1．填空题

（1）在创建网站时，_____是第一步。设计者应清楚建立站点的目标，即确定它将提供什么样的服务，网页中应该提供哪些内容等。

（2）_____包括站点的整体色彩、网页的结构、文本的字体和大小及背景的使用等。这些没有一定的公式或规则，需要设计者通过各种分析来决定。

（3）在确定好网站的风格和搜集完资料后就需要设计网页图像了。网页图像设计包括 Logo、标准色彩、标准字、导航条和首页布局等。使用_____软件可以设计网站的图像。

参考答案：

（1）确定站点的目标

（2）站点风格设计

（2）Photoshop 或 Fireworks

2．简答题

（1）怎样进行网站策划？

（2）如何确定网站的定位？

（3）简述网站建设的基本流程？

18.6　本章总结

　　网站策划是指在网站建设前对市场进行分析，确定网站的目的和功能，并根据需要对网站建设中的技术、内容、费用、测试和维护等作出规划。网站规划对网站建设起到计划和指导的作用，对网站的内容和维护起到定位作用。网站策划是成功网站平台建设成败的关键内容之一。

　　不同类型的网站有不同的网站建设流程，但是大部分网站的建设流程基本类似，熟悉并了解这些流程对于建好网站起到了很重要的作用。

第 19 章
企业网站制作综合实例

　　网站是企业向用户提供信息的一种方式，是企业开展电子商务的基础设施和信息平台，离开网站去谈电子商务是不可能的。企业的网址被称为"网络商标"，也是企业无形资产的组成部分，而网站是 Internet 上宣传和反映企业形象和文化的重要窗口，企业网站设计显得极为重要。本章将制作一个典型的企业网站。从综合运用方面讲述网站的制作过程。

学习目标

- 掌握规划企业网站的方法
- 掌握设计企业网站首页的方法
- 掌握制作企业网站模板和库文件的方法
- 掌握制作网页特效的方法
- 掌握推广网站的方法

19.1　网站规划

　　在建立网站之前，要有明确的目的，即该网站的作用是什么，服务的对象是哪些群体，要为浏览者提供怎样的服务。只有规划好了网站，才可能建成一个成功的网站。

19.1.1　网站需求分析

　　Web 站点的设计是展现企业形象、介绍产品和服务及体现企业发展战略的重要途径，因此必须明确设计站点的目的和用户需求，从而做出切实可行的设计计划。要根据用户的需求、市场的状况和企业自身的情况等进行综合分析，以"用户"为中心，而不是以"美术"为中心进行设计规划。在设计规划之初要考虑以下内容：建设网站的目的是什么？为谁提供服务和产品？企业能提供什么样的产品和服务？企业产品和服务适合什么样的表现方式？

19.1.2　确定网站主题

　　在目标明确的基础上，完成网站的构思创意即总体设计方案。对网站的整体风格和特色做出定位，规划网站的组织结构。Web 站点应针对所服务对象的不同而具有不同的形式。有些站点只提供简洁文本信息；有些则采用多媒体表现手法，提供炫的图像、闪烁的灯光、复杂的页面布置，甚至可以下载声音和录像片段。好的 Web 站点还把图形表现手法和有效的组织与通信结合起来。要做到主题鲜明突出、要点明确，应以简单明确的语言和画面体现站点的主题；还要调动一切手段充分表达站点的个性和特色，展现网站的特点。

Web 站点主页应具备的基本成分包括：页眉，准确无误地标识站点和企业标志；E-mail 地址，用来接收用户垂询；联系信息，如普通邮件地址或电话；版权信息，声明版权所有者等。注意重复利用已有信息，例如，客户手册、公共关系文档、技术手册和数据库等可以轻而易举地用到企业的 Web 站点中。

19.1.3 确定网站的版式设计

网页设计作为一种视觉语言，要讲究编排和布局，虽然主页的设计不等同于平面设计，但它们有许多相近之处，应充分加以利用和借鉴。版式设计通过文字和图像的空间组合，表达出和谐与美。一个优秀的网页设计者也应该知道哪一段文字图像该落于何处，才能使整个网页生辉。多页面站点页面的编排设计要求把页面之间的有机联系反映出来，特别要处理好页面之间和页面内的秩序与内容的关系。为了达到最佳的视觉表现效果，应讲究整体布局的合理性，使浏览者有一个流畅的视觉体验。图 19-1 所示是网站的二级页面版式布局图。

19.1.4 确定网站主要色彩搭配

色彩是艺术表现的要素之一。在网页设计中，根据和谐、均衡和重点突出的原则，将不同的色彩进行组合、搭配来构成美丽的页面。根据色彩对人们心理的影响，合理地加以运用。按照色彩的记忆性原则，一般暖色较冷色的记忆性强；色彩还具有联想与象征的物质，例如，红色象征太阳；蓝色象征大海、天空和水面等。网页的颜色应用并没有数量的限制，但不能毫无节制地运用多种颜色。一般情况下，先根据总体风格的要求定出 1～2 种主色调，有 CIS

的更应该按照其中的 VI 进行色彩运用。

图 19-1　网页版式布局图

在色彩的运用过程中，还应注意的一个问题是：由于国家和种族的不同，宗教和信仰的不同，以及生活的地理位置、文化修养的差异等，不同的人群对色彩的喜恶程度有着很大的差异。例如，儿童喜欢对比强烈、个性鲜明的纯颜色；生活在草原上的人喜欢红色；生活在闹市中的人喜欢淡雅的颜色；生活在沙漠中的人喜欢绿色。在设计中要考虑主要读者群的背景和构成。

19.2　设计网站首页

一个网站的首页是这个网站的门面。访问者第一次来到网站首先看到的就是首页，所以首页的好坏对整个网站的影响非常大。

19.2.1　设计网站首页

网站主页是关于网站的建设及形象宣传，它对网站生存和发展起着非常重要的作用。在任何网站上，首页是最重要的页面，会有比其他页面更大的访问量。下面使用 Fireworks 设计网站的封面型首页，如图 19-2 所示。具体操作步骤如下。

图 19-2　网站首页

原始文件	CH19/19.2.1/1.jpg
最终文件	CH19/19.2.1/shouye.png

❶ 启动 Fireworks CS6，选择【文件】|【新建】命令，打开【新建文档】对话框，并将画布颜色设置为#8C0000，如图 19-3 所示。

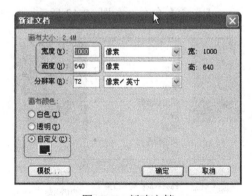

图 19-3　新建文档

❷ 单击【确定】按钮，新建文档，如图 19-4 所示。

❸ 选择工具箱中的【矩形】工具，在【属

性】面板中单击【填充渐变】按钮，在弹出的列表中将【渐变】设置为【线性】，设置渐变颜色，如图 19-5 所示。

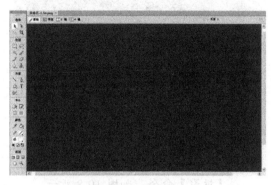

图 19-4　绘制矩形

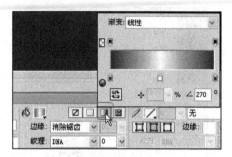

图 19-5　设置渐变

❹ 在舞台中绘制一个矩形，并使绘制的矩形上、左和右少大出画布一部分，如图 19-6 所示。

❺ 选择工具箱中的【椭圆】工具，将填充颜色设置为#FF8000，在舞台中绘制椭圆，如图 19-7 所示。

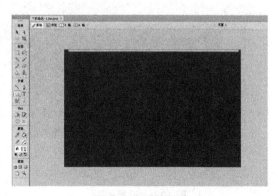

图 19-6　绘制矩形

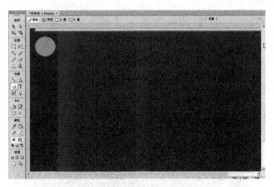

图 19-7　绘制椭圆

❻ 选中绘制的椭圆，在【属性】面板中单击按钮 ⊞，在弹出的列表中选择【投影】命令，如图 19-8 所示。

图 19-8　【投影】命令

❼ 将投影颜色设置为白色，效果如图 19-9 所示。

❽ 选择工具箱中的【星形】工具，将填充颜色设置为#FFFFBF，在舞台中绘制星形，如图 19-10 所示。

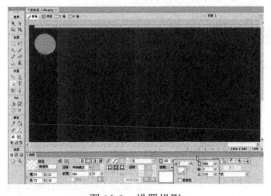

图 19-9　设置投影

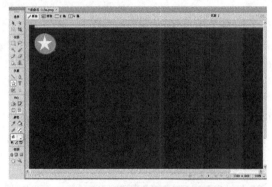

图 19-10　绘制星形

❾ 选择工具箱中的【文本】工具，将文本填充颜色设置为#FFFF00，在舞台中输入相应的文本，如图 19-11 所示。

图 19-11　输入文本

❿ 选择文本，单击【滤镜】右边的按钮 ⊞，在弹出的菜单中选择【阴影和光晕】|【光晕】命令，如图 19-12 所示。

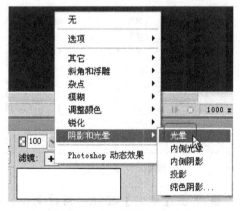

图 19-12　选择【光晕】命令

⓫ 选设置光晕效果，如图 19-13 所示。

入文本，如图 19-16 所示。

图 19-13　设置光晕效果

⓬ 选择工具箱中的【文本】工具，将文本填充颜色设置为#FFFFFF，在舞台中输入相应的文本，如图 19-14 所示。

图 19-14　输入文本

⓭ 选择工具箱中的【直线】工具，在舞台中绘制直线，如图 19-15 所示。

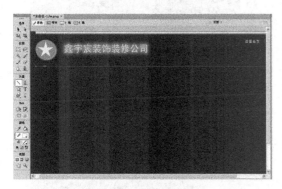

图 19-15　绘制直线

⓮ 选择工具箱中的【文本】工具，将【笔触颜色】设置为#B25900，【填充颜色】设置为#FFFFFF，在文档中输

图 19-16　输入文本

⓯ 选择【文件】|【导入】命令，在弹出的【导入】对话框中选择相图像"1.jpg"，如图 19-17 所示。

图 19-17　【导入】对话框

⓰ 单击【打开】按钮，即可导入图像，将图像拖动到相应的位置，如图 19-18 所示。

图 19-18　拖动图像

⓱ 选择导入的图像，在【属性】面板中单击按钮，在弹出的列表中选择【阴影和光晕】|【光晕】命令，

如图 19-19 所示。

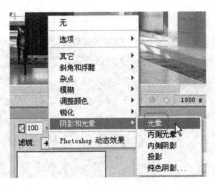

图 19-19　选择【光晕】命令

⓲ 选择以后设置光晕效果，如图 19-20 所示。

图 19-20　设置光晕效果

⓳ 选择【文件】|【导入】命令，在弹出的对话框中选择图像 "02.jpg"，将其导入到舞台中，如图 19-21 所示。

图 19-21　导入图像

⓴ 选择导入的图像，单击【滤镜】右边的按钮 ，在弹出的菜单中选择【斜

角和浮雕】|【内斜角】命令，如图 19-22 所示。

图 19-22　选择【内斜角】命令

㉑ 选择以后，设置内斜角效果，如图 19-23 所示。

㉒ 选择导入的图像，单击【滤镜】右边的按钮 ，在弹出的菜单中选择【斜角和浮雕】|【外斜角】命令，设置外斜角效果如图 19-24 所示。

㉓ 选中工具箱中的【文本】工具，在舞台的底部输入相应的文本，如图 19-25 所示。

图 19-23　设置内斜角效果

图 19-24　设置外斜角效果

图 19-25 输入文本

㉔ 选中工具箱中的【直线】工具，在舞台绘制直线，如图 19-26 所示。

图 19-26 绘制直线

㉕ 同步骤 22 导入其他图像、输入文本和绘制直线，如图 19-27 所示。保存文档即可。

图 19-27 网站首页效果

19.2.2 切割网站首页

使用切片工具可以将网页图像剪切成较小的切片。较小的图像从 Web 上下载时速度更快，因此用户可以看到页面逐渐加载，而不是等待下载一个大图像。网站的首页如图 19-28 所示。切割的具体操作步骤如下。

原始文件	CH19/19.2.2/shouye.png
最终文件	CH19/19.2.2/shouye.htm

图 19-28 切割首页

❶ 打开需要切割的图像文档，在工具箱中选择【切片】工具，如图 19-29 所示。

图 19-29 打开文档

❷ 在对象上拖曳一定区域形成切片，切片辅助线会自动出现，如图 19-30 所示。

图 19-30 绘制切片

❸ 为图像设置好【切片】区域后，在其区域的【属性】面板中就可以设置链接的相关信息，如图 19-31 所示。

图 19-31　设置属性

❹ 同步骤 2～3，绘制其他的切片，如图 19-32 所示。

图 19-32　绘制切片

❺ 选中所有切片，选择【文件】|【导出】命令，弹出【导出】对话框，如图 19-33 所示。

❻ Fireworks 在导出时自动对每个切片文件进行命名。可以采用默认名称或者为每个切片输入一个自定义名称。

图 19-33　【导出】对话框

19.3　制作网页模板

什么样的网站比较适合使用模板技术呢？这其中确实是有些规律的。如果一个网站布局比较统一，拥有相同的导航，并且显示不同栏目内容的位置基本保持不变，那么这种布局的网站就可以考虑使用模板来创建。

在 Dreamweaver 中，模板是一种特殊的文档，可以按照模板创建新的网页，从而得到与模板相似但又有所不同的新的网页。当修改模板时，使用该模板创建的所有网页可以一次自动更新，这就大大提高了网页更新维护的效率。

19.3.1　制作顶部库文件

创建库项目时，在库项目中可以包含很多其他元素。这些元素包括文本、表格、表单、Java Applet、插件、ActiveX 元素、导航条和图像。库项目的扩展名为.lbi，并且所有的库项目都将存储在站点根目录下的 Library 文件夹中。

创建顶部库文件的效果如图 19-34 所示。具体操作步骤如下。

图 19-34　顶部库文件

最终文件	CH19/19.3.1/top. lbi

❶ 选择【文件】|【新建】命令，弹出【新

建文档】对话框。在对话框中选择【空白页】选项卡，在【页面类型】列表框中选择【库项目】选项，如图 19-35 所示。

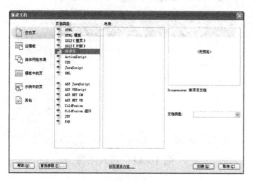

图 19-35 【新建文档】对话框

❷ 单击【创建】按钮，创建一个空白网页，如图 19-36 所示。

图 19-36 创建一个空白网页

❸ 选择【文件】|【另存为】命令，弹出【另存为】对话框。在【文件名】文本框中输入 top.lbi，【保存类型】下拉列表中选择【Lirbrary Files（*.lbi）】，如图 19-37 所示。

图 19-37 【另存为】对话框

❹ 将鼠标指针置于网页中，选择【插入】|【表格】命令，插入 3 行 1 列的表格，【表格宽度】设置为 928 像素，此表格记为表格 1，如图 19-38 所示。

图 19-38 插入表格 1

❺ 将鼠标指针置于表格的第 1 行单元格中，打开代码视图，在代码中输入代码 background=images/index_03.jpg，如图 19-39 所示。

图 19-39 输入背景图像代码

❻ 返回设计视图，可以看到插入背景图像，在背景图像上插入 1 行 2 列的表格，此表格记为表格 2，如图 19-40 所示。

图 19-40 插入表格 2

❼ 将鼠标指针置于表格 2 的第 1 列单元格中，选择【插入】|【图像】命令，弹出【选择图像源文件】对话框，在对话框中选择图像文件 images/index_02.jpg，如图 19-41 所示。

图 19-41　【选择图像源文件】对话框

❽ 单击【确定】按钮，插入图像，如图 19-42 所示。

图 19-42　插入图像

❾ 将鼠标指针置于表格 2 的第 2 列单元格中，选择【插入】|【表格】命令，插入 1 行 4 列的表格，此表格记为表格 3，如图 19-43 所示。

图 19-43　插入表格 3

❿ 将鼠标指针置于表格 3 的第 1 列单元格中，选择【插入】|【图像】命令，插入图像 images/iro.gif，如图 19-44 所示。

图 19-44　插入图像

⓫ 将鼠标指针置于表格 3 的第 2 列单元格中，输入相应的文字【设为首页】，【字体颜色】设置为#AB9A76，如图 19-45 所示。

图 19-45　设置文字

⓬ 同以上步骤，在表格 3 的第 3 列单元格中插入图像 images/iro.gif，在第 4 列单元格中输入文字【添加收藏】，如图 19-46 所示。

图 19-46　输入文字

⓭ 将鼠标指针置于表格 1 的第 2 行单元格中，选择【插入】|【图像】命令，插入图像 images/index_06.jpg，如图 19-47 所示。

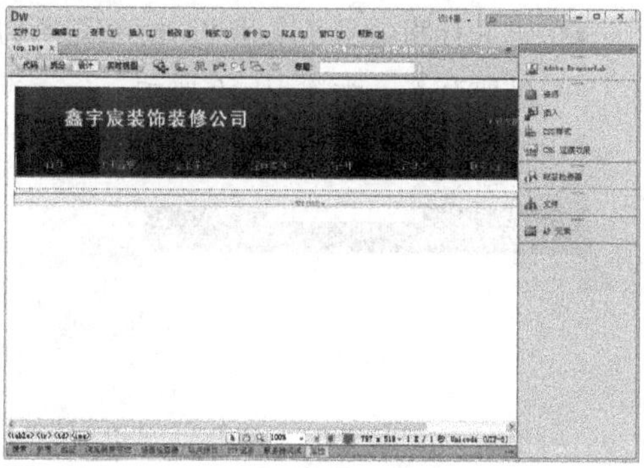

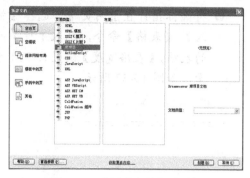

图 19-50　【新建文档】对话框

❷ 单击【创建】按钮，创建一个空白网页，如图 19-51 所示。

图 19-51　创建一个空白网页

❸ 选择【文件】|【另存为】命令，弹出【另存为】对话框。在【文件名】文本框中输入 dibu.lbi，【保存类型】下拉列表中选择【 Lirbrary Files（ *.lbi ）】，如图 19-52 所示。

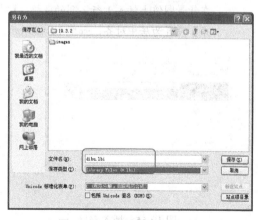

图 19-52　【另存为】对话框

⓮ 将鼠标指针置于表格 1 的第 3 行单元格中，选择【插入】|【图像】命令，插入图像 images/1.jpg，如图 19-48 所示。

图 19-47　插入图像

图 19-48　插入图像

⓯ 选择【文件】|【保存】命令，保存顶部库文件，效果如图 19-34 所示。

19.3.2　制作底部库文件

创建底部库文件的效果如图 19-49 所示。具体操作步骤如下。

图 19-49　底部库项目

最终文件	CH19/19.3.2/dibu. lbi

❶ 选择【文件】|【新建】命令，弹出【新建文档】对话框。在对话框中选择【空白页】选项卡，在【页面类型】列表框中选择【库项目】选项，如图 19-50 所示。

❹ 将鼠标指针置于网页中，选择【插入】|【表格】命令，插入 1 行 1 列的表格，【表格宽度】设置为 928 像素，如图 19-53 所示。

图 19-53　插入表格 1

❺ 将鼠标指针置于表格的单元格中，打开代码视图，在代码中输入背景图像代码 background=images/index_49.jpg，【高】设置为 85，如图 19-54 所示。

图 19-54　输入背景图像代码

❻ 返回设计视图，可以看到插入背景图像，在背景图像上插入 1 行 1 列的表格，【对齐】设置为居中对齐，如图 19-55 所示。

图 19-55　插入表格

❼ 将鼠标指针置于表格中，输入文字【版权所有】，如图 19-56 所示。

图 19-56　输入文字

❽ 将鼠标指针置于文字的右边，选择【插入】|【HTML】|【特殊字符】|【版权】命令，插入版权，并输入相应的文字内容，如图 19-57 所示。

❾ 选择【文件】|【保存】命令，保存底部库文件，效果如图 19-49 所示。

图 19-57　插入版权

19.3.3　新建模板并插入顶部库

新建模板并插入顶部库的效果如图 19-58 所示。具体操作步骤如下。

图 19-58　新建模板并插入顶部库

最终文件	CH19/19.3.3/moban.dwt

❶ 选择【文件】|【新建】命令，弹出【新建文档】对话框。在对话框中选择【空模板】选项卡，在【页面类型】列表框中选择【HTML 模板】选项，如图 19-59 所示。

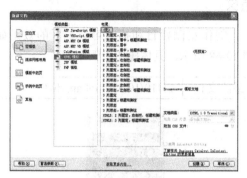

图 19-59 【新建文档】对话框

❷ 单击【创建】按钮，创建一个空白模板网页，如图 19-60 所示。

图 19-60 创建一个空白网页

❸ 选择【文件】|【另存为】命令，弹出 Dreamweaver 提示对话框，如图 19-61 所示。

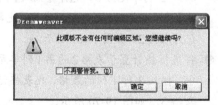

图 19-61 Dreamweaver 提示对话框

❹ 单击【确定】按钮，弹出【另存模板】对话框，在对话框中的【另存为】文本框中输入"moban"，如图 19-62 所示。

图 19-62 【另存模板】对话框

❺ 单击【保存】按钮，即可保存模板文件。

❻ 将鼠标指针置于页面中，选择【修改】|【页面属性】命令，弹出【页面属性】对话框，在对话框中将【上边距】、【下边距】、【左边距】和【右边距】分别设置为"0"，如图 19-63 所示。

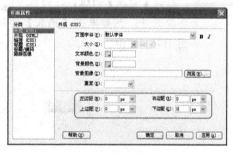

图 19-63 【页面属性】对话框

❼ 单击【确定】按钮，修改页面属性，将鼠标指针置于页面中，选择【插入】|【表格】命令，弹出【表格】对话框，在对话框中将【行数】设置为"3"，【列】设置为"1"，【表格宽度】设置为"928""像素"，如图 19-64 所示。

图 19-64 【表格】对话框

❽ 单击【确定】按钮，插入表格，此

表格记为表格 1，如图 19-65 所示。

图 19-65　插入表格 1

❾ 将鼠标指针置于表格 1 的第 1 行单元格中，打开【资源】面板，在面板中选中头部库文件，然后单击【插入】按钮，如图 19-66 所示。

图 19-66　资源面板

❿ 插入到文档窗口中，如图 19-67 所示。

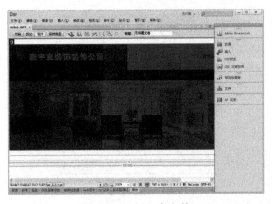

图 19-67　插入库文件

⓫ 选择【文件】|【保存】命令，完成新建模板并插入顶部库的制作，效果如图 19-58 所示。

19.3.4　制作左侧栏目和插入可编辑区

制作左侧栏目和插入可编辑区的效果如图 19-68 所示，具体操作步骤如下。

最终文件	CH19/19.3.4/moban.dwt

图 19-68　制作左侧栏目和插入可编辑区

❶ 接 19.3.3 节案例，将鼠标指针置于表格 1 的第 2 行单元格中，选择【插入】|【表格】命令，插入 1 行 3 列的表格，此表格记为表格 2，如图 19-69 所示。

❷ 将鼠标指针置于表格 2 的第 1 列单元格中，插入 3 行 1 列的表格，此表格记为表格 3，如图 19-70 所示。

❸ 将鼠标指针置于表格 3 的第 1 行单元格中，选择【插入】|【表格】命令，插入 3 行 1 列的表格，此表格记为表格 4，如图 19-71 所示。

图 19-69 插入表格 2

图 19-70 插入表格 3

图 19-71 插入表格 4

❹ 将鼠标指针置于表格4的第1行单元格中，打开代码视图，在代码中输入背景图像代码 background=../images/ index_12.jpg，将【高】设置为 46，如图 19-72 所示。

❺ 返回设计视图，可以看到插入的背景图像，并在背景图像上插入1行1列的表格，此表格记为表格5，如图 19-73 所示。

图 19-72 输入代码

图 19-73 插入表格 5

❻ 在表格 5 的单元格中输入相应的文字【公司动态】，字体颜色设置为 #ffffff，如图 19-74 所示。

图 19-74 输入文字

❼ 将鼠标指针置于表格4的第2行单元格中，打开代码视图，在代码中输入背景图像代码 background=../images/ index_19.jpg，如图 19-75 所示。

图 19-75　输入背景图像代码

❽ 返回设计视图，可以看到插入的背景图像，将鼠标指针置于背景图像上，插入 1 行 1 列的表格，此表格记为表格 6，如图 19-76 所示。

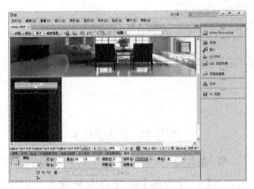

图 19-76　插入表格 6

❾ 将鼠标指针置于表格 6 的单元格中，输入相应的文字，字体颜色设置为 #f4d081，如图 19-77 所示。

图 19-77　输入文字

❿ 将鼠标指针置于表格 4 的第 3 行单元格中，插入图像../images/index_21.jpg，如图

19-78 所示。

图 19-78　插入图像

⓫ 将鼠标指针置于表格 3 的第 2 行单元格中，插入 2 行 1 列的表格 7，如图 19-79 所示。

图 19-79　插入表格 7

⓬ 将鼠标指针置于表格 7 的第 1 行单元格中，选择【插入】|【图像】命令，插入图像../images/index_22.jpg，如图 19-80 所示。

图 19-80　插入图像

⓭ 将鼠标指针置于表格 7 的 第 2 行单元格中，选择【插入】|【表格】命令，插入 1 行 3 列的表格，此表格记为表格 8，如图 19-81 所示。

图 19-81　插入表格 8

⓮ 将鼠标指针置于表格 8 的 第 1 列单元格中，选择【插入】|【图像】命令，插入图像../images/index_24.jpg，如图 19-82 所示。

图 19-82　插入图像

⓯ 将鼠标指针置于表格 8 的 第 2 列单元格中，打开代码视图，在代码中输入背景图像代码，如图 19-83 所示。

图 19-83　输入背景图像代码

⓰ 返回设计视图可以看到插入的背景图像，将鼠标指针置于背景图像上，选择【插入】|【图像】命令，插入图像../images/anli.jpg，如图 19-84 所示。

图 19-84　插入图像

⓱ 将鼠标指针置于表格 8 的 第 3 列单元格中，选择【插入】|【图像】命令，插入图像../images/index_26.jpg，如图 19-85 所示。

图 19-85　插入图像

⓲ 将鼠标指针置于表格 3 的第 3 行单元格中，选择【插入】|【表格】命令，插入 3 行 1 列的表格，此表格记为表格 9，如图 19-86 所示。

图 19-86　插入表格 9

⑲ 将鼠标指针置于表格9的第1行单元格中，选择【插入】|【图像】命令，插入图像 ../images/index_34.jpg，如图19-87 所示。

图 19-87　插入图像

⑳ 将鼠标指针置于表格9的第2行单元格中，打开代码视图，在代码中输入背景图像代码 background=../images/index_19.jpg，如图 19-88 所示。

图 19-88　输入背景图像代码

㉑ 返回设计视图可以看到插入的背景图像，将鼠标指针置于背景图像上，选择【插入】|【表格】命令，插入表格，此表格记为表格10，如图 19-89 所示。

图 19-89　插入表格 10

㉒ 将鼠标指针置于表格 10 的单元格中，输入相应的文字，如图 19-90 所示。

图 19-90　输入文字

㉓ 将鼠标指针置于表格9的第3行单元格中，选择【插入】|【图像】命令，插入图像 ../images/index_21.jpg，如图 19-91 所示。

图 19-91　插入图像

㉔ 将鼠标指针置于表格2的第2列的单元格中，选择【插入】|【模板对象】|【可编辑区域】命令，弹出【新建可编辑区域】对话框，如图 19-92 所示。

图 19-92　【新建可编辑区域】对话框

㉕ 单击【确定】按钮，插入可编辑区，如图 19-93 所示。

图 19-93　插入可编辑区

㉖ 选择【文件】|【保存】命令，完成左侧栏目和插入可编辑区的制作，效果如图 19-68 所示。

19.3.5　制作右侧栏目内容

制作左侧栏目内容的效果如图 19-94 所示，具体操作步骤如下。

图 19-94　制作左侧栏目的效果

最终文件	CH19/19.3.5/moban. dwt

❶ 接 19.3.4 节案例，打开模板文件，将鼠标指针置于表格 2 的第 3 列单元格中，将单元格的背景颜色设置为#340e5，如图 19-95 所示。

❷ 选择【插入】|【表格】命令，插入 2

行 1 列的表格，此表格记为表格 11，如图 19-96 所示。

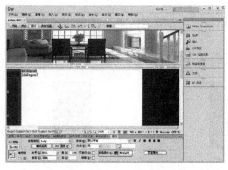

图 19-95　设置单元格颜色

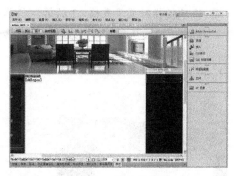

图 19-96　插入表格 11

❸ 将鼠标指针置于表格 11 的第 1 行单元格中，选择【插入】|【表格】命令，插入 2 行 1 列的表格，此表格记为表格 12，如图 19-97 所示。

图 19-97　插入表格 12

❹ 将鼠标指针置于表格 12 的第 1 行单元格中，选择【插入】|【图像】命令，插入

图像../images/index_14.jpg，如图 19-98 所示。

图 19-98　插入图像

❺ 将鼠标指针置于表格 12 的第 2 行单元格中，插入 9 行 1 列的表格，此表格记为表格 13，如图 19-99 所示。

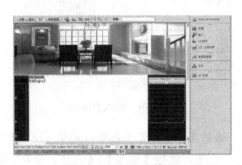

图 19-99　插入表格 13

❻ 在表格 13 的单元格中，分别输入相应的文字，大小设置为 12，颜色设置为 #f4d081，如图 19-100 所示。

图 19-100　输入文字

❼ 将鼠标指针置于表格 11 的第 2 行单元格中，插入 6 行 1 列的表格，此表格记为表格 14，如图 19-101 所示。

图 19-101　插入表格 14

❽ 在表格 14 的单元格中分别插入相应的图像，如图 19-102 所示。

图 19-102　插入图像

❾ 保存模板文件，完成右侧栏目内容的制作，效果如图 19-94 所示。

19.3.6　插入底部库文件

底部库文件的效果如图 19-103 所示，具体操作步骤如下。

图 19-103　制作底部库文件的效果

最终文件	CH19/ Templates/ moban.dwt

❶ 接 19.3.5 节案例，打开模板文件，将鼠标指针置于表格 1 的第 3 行单元格中，打开【资源】面板，在资源面板中选择底部库文件，单击【插入】按钮，如图 19-104 所示。

图 19-104 资源面板

图 19-105 插入库文件

❷ 将底部库文件插入到文档窗口中,如图 19-105 所示。

❸ 保存库文件,完成底部库文件的制作,效果如图 19-103 所示。

19.4 利用模板制作主页

当需要制作大量布局基本一致的网页时,使用模板是最好的方法。下面利用上节创建的模板制作如图 19-106 所示的网页,具体操作步骤如下。

图 19-106 利用模板制作主页

原始文件	CH19/19.4/Templates/moban.dwt
最终文件	CH19/19.4/index1.htm

❶ 选择【文件】|【新建】命令,弹出【新建文档】对话框,在对话框中选择"模板中的页"选项,在【站点】列表框中选择"19.4"选项,在【站点"19.4"的模板】列表框中选择"moban",如图 19-107 所示。

图 19-107 【新建文档】对话框

❷ 单击【创建】按钮,利用模板创建网页,如图 19-108 所示。

图 19-108 利用模板创建网页

❸ 选择【文件】|【保存】命令,弹出【另存为】对话框,在对话框中选择文件保存的位置,在【文件名】文本框中输入"index1.htm",如图 19-109 所示。

❹ 单击【保存】按钮,保存文档,将鼠标指针置于可编辑区域中,选择【插入】|【表格】命令,插入 3 行 1 列的表格,此表格记为表格 1,如图 19-110 所示。

图 19-109 【另存为】对话框

图 19-110 插入表格 1

❺ 将鼠标指针置于表格 1 的第 1 行单元格中,选择【插入】|【表格】命令,插入 3 行 1 列的表格,此表格记为表格 2,如图 19-111 所示。

图 19-111 插入表格 2

❻ 将鼠标指针置于表格 2 的第 1 行单元格中,选择【插入】|【图像】命令,插入图像 images/index_13.jpg,如图 19-112 所示。

图 19-112　插入图像

❼ 将鼠标指针置于表格 2 的第 2 行单元格中，打开代码视图，在代码中输入背景图像代码 background=images/index_36.jpg，如图 19-113 所示。

图 19-113　输入背景图像代码

❽ 返回设计视图，将鼠标指针置于背景图像上，插入 4 行 3 列的表格，此表格记为表格 3，如图 19-114 所示。

图 19-114　插入表格 3

❾ 将鼠标指针置于表格 3 的第 1 行第 1 列单

元格中，插入图像 images/201052805019229.jpg，如图 19-115 所示。

图 19-115　插入图像

❿ 将鼠标指针置于表格 3 的第 2 行第 1 列单元格中，输入相应的文字"鑫宸装饰一"，如图 19-116 所示。

图 19-116　输入文字

⓫ 同步骤 9 和步骤 10 在表格 3 的其他单元格中插入图像并输入相应的文字，如图 19-117 所示。

图 19-117　输入内容

⑫ 将鼠标指针置于表格 2 的第 3 行单元格中，选择【插入】|【图像】命令，插入图像 images/index_23.jpg，如图 19-118 所示。

图 19-118　插入图像

⑬ 将鼠标指针置于表格 1 的第 2 行单元格中，选择【插入】|【图像】命令，插入 3 行 1 列的表格，此表格记为表格 4，如图 19-119 所示。

图 19-119　插入表格 4

⑭ 将鼠标指针置于表格 4 的第 1 行单元格中，选择【插入】|【图像】命令，插入图像 images/index_27.jpg，如图 19-120 所示。

图 19-120　插入图像

⑮ 将鼠标指针置于表格 4 的第 2 行单元格中，打开代码视图，在代码中输入背景图像代码 background=images/index_36.jpg，如图 19-121 所示。

图 19-121　输入代码

⑯ 将鼠标指针置于背景图像上，插入 1 行 1 列的表格 5，如图 19-122 所示。

图 19-122　插入表格 5

⑰ 将鼠标指针置于表格 5 的单元格中，输入相应的文字，如图 19-123 所示。

图 19-123　输入文字

⓲ 将鼠标指针置于表格 4 的第 3 行单元格中，插入图像 images/index_23.jpg，如图 19-124 所示。

图 19-124 插入图像

⓳ 将鼠标指针置于表格 1 的第 3 行单元格中，插入 3 行 1 列的表格，此表格记为表格 6，如图 19-125 所示。

图 19-125 插入表格 6

⓴ 将鼠标指针置于表格 6 的第 1 行单元格中，选择【插入】|【图像】命令，插入图像 images/index_38.jpg，如图 19-126 所示。

图 19-126 插入图像

㉑ 将鼠标指针置于表格 6 的第 2 行单元格中，打开代码视图，在代码中输入背景 图像代码 background=images/ index_36.jpg，如图 19-127 所示。

图 19-127 输入背景图像代码

㉒ 将鼠标指针置于背景图像上，插入 1 行 2 列的表格 7，如图 19-128 所示。

图 19-128 插入表格 7

㉓ 在表格 7 的单元格中分别输入相应的文字，如图 19-129 所示。

图 19-129 输入文字

㉔ 将鼠标指针置于表格 6 的第 3 行单元格中，选择【插入】|【图像】命令，插入图像 images/index_44.jpg，如图 19-130 所示。

㉕ 保存文档，按 F12 键在浏览器中预览效果如图 19-106 所示。

图 19-130　插入图像

19.5　制作网页特效

主页制作完成后，可以添加一些特效，使网页看起来更加漂亮。下面就来讲述给主页添加特效的方法。

19.5.1　给主页添加弹出信息

当浏览者单击一个按钮，或者执行了某一个动作后，立刻在网页中弹出一个消息框。给主页添加的弹出消息框的效果如图 19-131 所示。具体操作步骤如下。

原始文件	CH19/19.5.1/index.htm
最终文件	CH19/19.5.1/index1.htm

图 19-131　给主页添加弹出信息

❶ 打开原始文件，如图 19-132 所示。

图 19-132　打开原始文件

❷ 选中 <body> 标签，选择菜单中的【窗口】|【行为】命令，打开【行为】面板。在面板中单击【添加行为】按钮，在弹出的菜单中选择【弹出信息】命令，如图 19-133 所示。

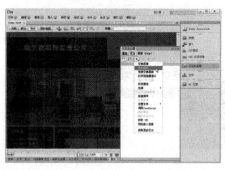

图 19-133　选择【弹出信息】命令

❸ 选择命令后，弹出【弹出信息】对话框，如图 19-134 所示。

图 19-134　【弹出信息】对话框

❹ 在对话框的【消息】文本框中输入"欢迎光临本站~"，然后单击【确定】按钮，添加行为，将事件设置为 onLoad，如图 19-135 所示。

图 19-135　添加行为

❺ 保存文档，按 F12 键在浏览器中浏览效果，如图 19-131 所示。

19.5.2　给主页添加显示状态栏特效

【设置状态栏文本】动作在浏览器窗口底部左侧的状态栏中显示消息，如可以使用此动作在状态栏中说明链接目标而不是显示与其关联的 URL。设置状态栏文本效果如图 19-136 所示。具体操作步骤如下。

图 19-136　给主页添加显示状态特效

原始文件	CH19/19.5.2/index.htm
最终文件	CH19/19.5.2/index1.htm

❶ 打开原始文件，选择【窗口】|【行为】命令，打开【行为】面板。在面板中单击【添加行为】按钮，在弹出的菜单中选择【设置文本】|【设置状态栏文本】命令，如图 19-137 所示。

图 19-137　打开原始文件

❷ 弹出【设置状态栏文本】对话框。在对话框的【消息】文本框中输入"欢迎光临我们的网站"，如图 19-138 所示。

图 19-138　【设置状态栏文本】对话框

❸ 单击【确定】按钮，添加行为，如图 19-139 所示。

图 19-139　添加行为

❹ 保存文档，按 F12 键在浏览器中预览，效果如图 19-136 所示。设置状态栏文本动作将在浏览器窗口左下角的状态栏中显示消息。

19.6 网站的推广

网站推广就是以互联网为主要手段进行的，为达到一定营销目的的推广活动。网站推广的目的在于让尽可能多的潜在用户了解并访问网站，通过网站获得有关产品和服务等信息，为最终形成购买决策提供支持。网络推广对于网站所起到的效果也是不可预估的。

网站的推广有很多种方式，下面讲述一些主要的方法。

19.6.1 登录搜索引擎

经权威机构调查，全世界大部分的互联网用户采用搜索引擎来查找信息，而通过其他推广形式访问网站的，只占很少 部分。这就意味着现在互联网上最为经济、实用和高效的网站推广形式就是搜索引擎登录。目前比较有名的搜索引擎主要有百度（http://www.baidu.com）和雅虎

（http://www.yahoo.com.cn）等。图 19-140 所示为百度搜索引擎登录。

网站页面的搜索引擎优化是一种免费让网站排名靠前的方法，可以使网站在搜索引擎上获得较好的排位，让更多的潜在客户能够很快地找到，从而求得网络营销效果的最大化。

图 19-140　百度搜索引擎登录

19.6.2 登录导航网站

现在国内有大量的网址导航类站点，如http://www.hao123.com/和 http://www.265.com/等。在这些网址导航类做上链接，也能带来大

量的流量，不过现在想登录上想 hao123 这种流量特别大的站点并不是件容易事。图 19-141 所示的是使用网址导航站点推广网站。

图 19-141　使用网址导航站点推广网站

友情链接的推广要注意以下 3 点：第一是要广，大规模和其他网站交换链接才可能使自己站点曝光率大增；第二是要和流量高、知名度大的网站进行交换；第三是要把自己的网站链接放在对方的显著位置。

19.6.3　博客推广

博客在发布自己的生活经历、工作经历和某些热门话题的评论等信息的同时，还可附带宣传网站信息等。特别是作者是在某领域有一定影响力的人物，所发布的文章更容易引起关注，吸引大量潜在顾客浏览，通过个人博客文章内容为读者提供了解企业的机会。用博客来推广企业网站首要条件是拥有具有良好的写作能力。图 19-142 所示的是通过博客推广网站。

现在做博客的网站很多，虽不可能把所有的博客都利用起来，但也需要多注册几个博客进行推广。没时间的可以少选几个，但是新浪和百度的是不能少的。新浪博客浏览量最大，许多明星都在上面开博，人气很高。

百度是全球最大的中文搜索引擎，大部分人上网者都习惯用百度搜索东西。

图 19-142　通过博客推广网站

博客内容不要只写关于自己的事，多写点时事、娱乐、热点评论，这样会很受欢迎。利用博客推广自己的网站要巧妙，尽量别生硬的做广告，最好是软文广告。博客的题目要尽量吸惹人，内容要和你的网站内容尽量相一致。博文题目是可以写夸大点的，更加热门的枢纽词。博文的内容必须吸惹人，可以留下悬念，让想看的朋友去点击你的网站。

如何在博文里奇妙地放入广告？这个是必须要有的技能。不能把文章写好后，结尾留个你的网址，这样人家看完文章后，就没有必要再打开你的网站。所以，可以留一半，另外一半就放你的网站上，让想看的朋友会点击进入你的网站来阅读。当然了，超文本链接广告也是很不错的。可以有效应用超文本链接导入你的网站，那么网友在看的时候，也有可能点击进入你的网站的。

最后博客内容要写的精彩，大家看了一次以后也许下次还会来。写好博客以后，有空多去别人博客转转，只要你点进去，你的头像就会在他博客里显示，出于对陌生拜访者的好奇，大部分的博主都会来你博客看看。

19.6.4　聊天工具推广网站

现在网络上比较常用的几种即时聊天工具有腾讯 QQ、MSN、阿里旺旺、百度 HI 和新浪 UC 等，这 5 种的客户群是网络中份额比较大的，特别是 QQ，下面介绍 QQ 的推广方法。

1．个性签名法

QQ 的个性签名是一个展示自己的风格的地方，在和别人交流时，对方看到签名，如果在签名档里写下关于网站或者是代表网站主题的话语，那么就可能会引导对方来打开网站。这里提醒注意两点；一是签名的书写，而是签名的更新。如图 19-143 所示为利用 QQ 个性签名推广网站。

图 19-143　利用 QQ 个性签名推广网站

2．空间心语

QQ 空间是个博客平台，在这里可以写下网站相关信息。它的一个好处是，系统会自动地将空间的内容展示给所有好友，如果你语言有足够的吸引力，那么想不让好友知道你的网站都难。利用 QQ 空间提高流量，去别人的空间不断的留言，使访客都来到你的空间。

3．QQ 群

QQ 群就是一个主体性很强的群体，大部分的群成员都有共同的爱好或者是有共同关注的群体。例如，加一些和你的网站主题相关的群，在和大家的交流中体现网站的网络特点，可以说是与推与娱。

4．QQ 空间游戏

用 QQ 的读者肯定都知道现在很火爆的偷菜、农场、好友买卖和车位游戏吧。在玩的时候将网站的主题融入其中，让好友无形中来到网站。

其实细节有很多，只要平时关注下就能发现很多好的方法。其他的一些及时聊天工具和 QQ 是类似的，只要稍微的关注下就能发现。

19.6.5　互换友情链接

友情链接可以给网站带来稳定的流量，这也是一种常见的推广方式。这些链接可以是文字形式的，也可以是 88 像素×31 像素 Logo 形式的，还可以是 468 像素×60 像素 Banner 形式的，当然还可以是图文并茂或各种不规则形式的，如图 19-144 所示的友情链接网页中既有文字形式的，又有图片形式的链接。

图 19-144　友情链接

寻找一些与网站内容互补的站点并向对方要求互换链接。最理想的链接对象是那些与你的网站流量相当的网站。流量太大的网站管理员由于要应付太多要求互换链接的请求，容易忽略，小一些的网站也可考虑。互换链接页面要放在网站比较不显眼的地方，以免将网站访问者很快引向其他站点。找到可以互换链接的网站之后，发一封个性化的 E-mail 给对方网站管理员，如果对方没有回复，再打电话试试。

19.6.6　软文推广

软文就是把广告很含蓄地表达在一些新闻或一些其他类型的文章里，从表面上看不出这是广告，但是却潜移默化的感染读者，让读者接受广告，这就是软文。

通过软文可以把自己的一些需要宣传或广告的事件主动暴露给报纸、杂志和网站等媒体，以达到做广告的效果和提高知名度的目的。软文在当前已成为一种非常实用的宣传方法，常能取得做硬性广告达不到的效果。

软文在网络上有 3 种获取流量的方式：第一种，在软文里直接添加网址。第二种，在软文里提到一款能够刺激消费欲望的产品或服务名称。第三种，在软文里提到一个能够引发别人搜索的人名。

在网站策划推广中，一篇软文不但能起到很好的广告效果，还能避免被管理员删除，甚至被网友不断地转载，起到更好地推广效果。

写好一篇软文，要抓住以下几点。

🔘 写软文首先要选切入点，即如何把需要宣传的产品、服务或品牌等信息完美的嵌入文章内容，好的切入点能让整篇软文看起来浑然天成，把软性广告做到极致。

🔘 标题要生动、传神。一篇文章要吸引人，关键是标题要出彩，要让人产生浓厚的阅读兴趣。否则，即使内容再好，也不会有很多人看。

🔘 导语要精彩。一篇软文能否吸引住读者，标题和导语要起 60% 以上的作用，有时甚至是起决定性的作用。

🔘 利用读者的好奇心。一旦抓住了读者的好奇心，不用怕软文没人看。"脑白金"的《人类可以长生不老？》之所以能在市场启动中担当了这么重要的角色，主要就是其标题大大利用了人们的好奇心。

🔘 主题要鲜明。一篇好软文，读后一定要给人留下深刻的印象，而不是一头雾水。

🔘 多引述权威语言。大多数人都有这样一个心理，就是容易被权威机构和知名人士的观点说服。但对于自卖自夸的人，常常会很反感，当然也就不会接受他的观点。因此，写作软文要多引用第三方权威观点和语言，不要"王婆卖瓜，自卖自夸"。

🔘 网址必须要在文中以举例的形式出现。

19.6.7　BBS 论坛宣传

在论坛上经常看到很多用户在签名处都留下了他们的网站地址，这也是网站推广的一种方法。将有关的网站推广信息，发布在其他潜在用户可能访问的网站论坛上。利用用户在这些网站获取信息的机会，实现网站推广的目的。

论坛里暗藏着许多潜在客户，所以千万不要忽略了这里的作用。记得把自己的头像和签名档设置好，并且做得好看些。再配合上好的帖子，无论是首帖，还是回帖，别人都能注意到。分享生意经、生活里的苦辣酸甜、读书及听音乐的乐趣等。定期更换签名，把网站的最新政策和商品及时通知给别人。图19-145 所示的是在 BBS 论坛推广网站。

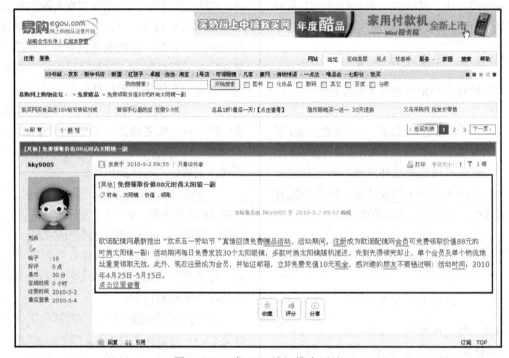

图 19-145　在 BBS 论坛推广网站

19.6.8　电子邮件推广

使用电子邮件进行网上营销是目前很流行的一种网络营销方式，它成本低廉、效率高、范围广并且速度快。而且接触互联网的人也都是思维非常活跃的人，平均素质很高，并且具有很强的购买力和商业意识。越来越多的调查也表明，电子邮件营销是网络营销最常用也是最实用的方法。图19-146 所示的是电子邮件推广网站。

邮件群发营销是最早的营销模式之一，在百度中输入邮件营销或邮件群发，能得到很多结果，说明邮件群发是一种强有力的网络营销手段。邮件群发可以在短时间内把产品信息投放到海量的客户邮件地址内。

1．怎样填写群发邮件主题及内容

群发邮件时，一定要注意邮件主题和邮件内容，很多邮件服务器为过滤垃圾邮件设置了垃圾字词过滤，如果邮件主题和邮件内容中包含有大量、宣传、赚钱等字词，服务器将会过滤掉该邮件，致使邮件不能发送。因此在书写邮件主题和内容时应尽量避开有垃圾字词嫌疑的文字和词语，才能顺利群发邮件。另外标题尽量不要太商业化，内容也不宜过多，如果一看就是邮件广告，效果就不会太好，而内容过多就会使阅读者不耐烦甚至根本不看。

图 19-146　电子邮件推广网站

2．html 格式的邮件

大多数邮件群发软件都支持此发送形式，有的软件是将网页格式的邮件源代码复制粘贴到邮件内容处，然后选择发送模式为 html 即可。有的软件则是直接指定该邮件的路径，然后直接导入群发软件里再发送。方法要根据实际情况而定，无法确定时可以先用自己的信箱地址导入做试验。

3．如何选择使用 DNS 及 SMTP 服务器地址

在使用软件群发邮件时，必须正确输入可用的主机 DNS 名称。由于各 DNS 主机或 SMTP 服务器性能不一，发送速度也有差异，群发前可多试几个 DNS，选择速度快的 DNS 将大大加快群发速度。

19.7　课后练习

1．填空题

（1）_____的目的在于让尽可能多的潜在用户了解并访问网站，通过网站获得有关产品和服务等信息，为最终形成购买决策提供支持。

（2）_____历来是网站建设的重要一环，不仅因为"第一印象"至关重要，而且_____直接关系到网站二级页面及三级页面的风格和框架布局的协调统一等问题，是整个网站建设的"龙头工程"。

参考答案：

（1）网站推广

（2）设计首页、设计首页

2．操作题

制作如下图所示的企业网站，如图 19-147 和图 19-148 所示。

原始文件	CH19/操作题/index.htm
最终文件	CH19/操作题/index2.htm

图 19-147　原始文件

图 19-148　企业网站

19.8　本章总结

　　制作一个完整的企业网站，首先考虑的是网站的主要功能栏目、色彩搭配、风格及其创意。在设计综合性网站时，为了减少工作时间，提高工作效率，应尽量避免一些重复性的劳动，特别是要掌握在本章中介绍的模板的创建与应用。读者熟读本章内容，充分掌握企业网站的特点与制作。

第 20 章
网店设计和制作

　　网上开店以成本低、启动资金少、交易快捷的优势得到许多创业者的青睐，许多用户通过在网上开店并销售商品获得了丰厚的回报，也吸引了更多人加入到网上开店的队伍中来。网店的装修设计往往是买家看到店铺的"第一印象"，专业、美观的店铺页面，能为你的商品加分，还能增加网购信任，甚至让买家一进店里就有购物的冲动。本章将讲述如何设计个性店招、处理商品图片、设计网店效果图，从而大幅提高网店的销售。

学习目标

- 掌握设计个性店铺入
- 掌握设计网店导航栏的方法
- 掌握处理和优化商品图片的方法
- 掌握处理网店图片的方法
- 掌握设计网店 Banner 的方法
- 掌握输出优化网店图像的方法

20.1　网店设计概述

　　现在，网上的店铺数不胜数。在众多店铺中，有的店铺是让人眼前一亮；有的店铺却是让人看过即忘，毫无印象；有的店铺买家重复购买，回头率极高；而有的店铺买家买了一次之后一去不返。这是为什么呢？除了店铺经营方面的原因外，还有一个非常重要的原因就是网店的设计装修。

20.1.1　确定网店的风格

　　网店风格是指网店界面给买家的直观感受，买家在此过程中所感受到的店主品味、艺术气氛和人的心境等。在网店设计过程中，应该让网店的风格最大限度地符合大众的审美观念，赢得顾客的第一好评。

　　设计店铺首先要确定店铺的主题，以此来定位商品特色和店铺风格。然后，要根据店铺商品特色进行素材的搜集、图片的处理，以及店标、店铺页面的整体设计，这样就可以完成整个店铺设计了。

20.1.2　网店审美的通用原则

　　网店页面设计既是一项技术性工作，又是一项艺术性很强的工作。因此，设计者在设计网店时除了考虑网店本身的特点外，还要遵循一定的艺术规律，从而设计出色彩鲜明、风格独特的网店。网店设计遵循以下 3 个审美原则。

1. 特色鲜明

　　一个网店的用色必须要有自己独特的风

格，这样才能显得风格鲜明，给浏览者留下深刻的印象。

2. 搭配合理

网店页面设计虽然属于平面设计的范畴，但它又与其他平面设计不同，它在遵从艺术规律的同时，还考虑人的心理特点。色彩搭配一定要合理，给人一种和谐、愉快的感觉，避免采用纯度很高的单一色彩，这样容易造成视觉疲劳。

3. 讲究艺术性

网店设计也是一种艺术活动，因此它必须遵循艺术规律。在考虑到网店本身特点的同时，按照内容决定形式的原则，大胆进行艺术创新，

设计出既符合网店要求，又有一定艺术特色的网店。

20.1.3　店铺的风格的选择

许多网店为了突出个性和特色，在风格选择上，完全按照店主个人的喜好来选择，有的甚至将店铺设计成五颜六色的涂鸦风格。店铺的主色调对网店的影响非常大，在兼顾店主个人喜好的同时，目标顾客的喜好更是必须要考虑的。否则，设计出来的网页虽然令店主非常满意，却未必会有好的效果。因此，店铺的风格选择其实是一件非常复杂的事情，切不可随心而定。

20.2　人气商品页面分析

设计网店页面时应当站在顾客的立场上考虑问题，一切设计围绕着顾客展开，一切设计都是为了提供更大的便利。例如，设计时要把顾客挑选的商品显示出来，注意商品图片与商品实物的差异性等，一句话就是设计时处处为顾客着想。

20.2.1　营造购物的氛围

即使销售的商品不是高端商品，也应当在页面氛围的塑造上多花心思，尽可能地把商品本身的特点充分体现出来。设计时要充分展现商品的氛围，让顾客感受到舒适、温暖的气氛，这是设计的关键所在。要让顾客看到商品页面时就产生购买的欲望。

对于节假日而言，最重要的是要营造节日气氛，一定要让温馨直达消费者心里。网店整体设计时要突出节日氛围。网店的Logo、导航、促销区，甚至商品描述模板都有必要加入节日元素。例如，中国传统的礼花、鞭炮和灯笼等素材可以突出春节的氛围；月亮和月饼和玉兔等素材可以突出中秋节的氛围。图20-1所示的页面设计突出了节日的气氛。

图 20-1　清仓促销

这个页面通过各种渠道让消费者了解到店铺正在促销，给整个网店营造一个火热的促销氛围。可以在促销区和左侧导航条上加上"促销"字样，把具体的优惠措施也加上最好不过了。

主打促销商品图片要加上节日元素。促销

期间主推的几款商品不仅要在促销区呈现，商品图片的处理也需下点工夫。如果是主打春节促销的主题可以加上灯笼和鞭炮等元素；如果是主打中秋促销主题，可以加上月饼、嫦娥和玉兔等素材，让消费者一目了然。

20.2.2　商品展示尽可能详细

即使是同一件商品，随着颜色和尺寸的不同，人们的感觉也常会有很大差异。对于顾客想要了解的内容，不要一概而过，而是应认真、详细和如实地介绍给顾客。只有这样，顾客才能毫不犹豫地购买。如图 20-2 所示的商品展示中，使用了多幅图片详细的展示了商品的不同部位。

细节体现品质

细致的做工使包包显得精致严密的车线，持久耐用

高档浅金色五金，时尚大方！不掉色！

手上提上的扣链设计，使包包整体更有质感！

图 20-2　多幅商品细节图

很多新手卖家都不注重细节图的拍摄，甚至在页面上就没有细节图，这样是很难取得买家的信任的。所以，为了店铺的生意，细节图的拍摄一定不能少。服装类商品需要拍摄的细节部分有吊牌、拉链、线缝、内标、Logo、领口袖口及衣边等，衣服的特别之处都要拍摄细节图，细节图越多，买家看得越清楚，当然对你的宝贝产生好感及购买欲望也就越大。

20.2.3　注意吸引眼球的要素

在网店的主页或宣传页中，需要使用各种手段吸引顾客的视线。但是商品页面的设计应该换一种视角，如果在页面中添加眼花缭乱的效果，使用过重或过多的色彩，或随意放置不相关的图，那么本应突出的商品就会被模糊。因此，在设计时需要考虑是否一定要使用效果、色彩和图标等要素，如果需要，则要考虑应该加入多少。

如图 20-3 所示的网店页面使用了银灰色系，非常适合作为背景，使商品得到最充分的展示。字体也是只使用粗体和宋体两种，没有花哨的字体，这种设计不仅使得页面显得整洁，就连商品也变得雅致起来。

20.2.4　以买家的语气描述，从买家的视角设计

在确定了商品所针对的客户群后，就要迎合买家的眼光。在设计中要使用买家认同的语气，买家喜好的颜色、买家喜欢的模特和买家追求的商品等，与买家的距离越近，就越能吸引越来越多的顾客。

如图 20-4 所示的童装网店的页面。童装销售的主要目标是小孩，所以设计时以可爱的卡通风格为主。

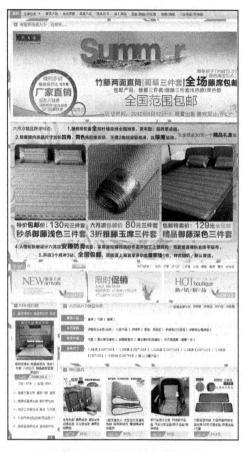

图 20-3　网店页面设计整洁

图 20-4　从买家角度设计页面

20.3　热销商品页面设计理念

　　皇冠级卖家在网上交易中发挥着巨大的力量，从他们的商品主页中，可以找到许多持久运营的秘笈。下面将介绍热销商品的页面设计有哪些特点。

20.3.1　页面要生动有趣

　　与短页面相比，长页面虽然可以显示更多的商品，但是长页面容易使人感到厌倦，所以，商品页面的设计必须使顾客在购物过程中保持新鲜感。从结构上要展示商品与搭配商品的各种照片，不断与顾客交流。应该使用顾客喜欢的展示方式展示顾客想看的图片。

　　如图 20-5 所示的页面中页面虽然比较长，包括了上百张商品图片，但是顾客在浏览页面的过程中却没有感到一点厌倦。生动的照片、亲切的文字和自由的版式设计，营造出轻松愉快的氛围。

20.3.2　搭配商品设计

　　大家都会有这样的购物经历：购买了一件商品，还需要找到和这件商品搭配的附属商品，如买了相机还想配个镜头，买个衣服还想买个搭配的裤子。然后，去逐个搜索，既浪费时间，又不能省钱。现在，购买搭配套餐组合商品，能帮助买家一次解决问题，省事、省时、省钱。

如图 20-6 所示的页面虽然是销售商品，但是陈列了相关的其他商品。

图 20-5 页面生动有趣

图 20-6 搭配其他商品

搭配套餐就是卖家把几个相关的商品搭配组合成套餐，例如，护肤品组合、服装搭配购和数码套餐等，买家购物时可以灵活选着套餐中的任意几个商品购买，套餐的总价低于原商品一口价的总和。

页面中应该陈列商家销售的其他商品，使顾客在该页面停留更长的时间。即使顾客对当前所浏览的商品不满意，在看到同一商家销售的其他商品后，也许就会产生购买的欲望。另外，即使已经决定购买现在所浏览的商品，在浏览其他搭配商品的同时，也会产生再购买一两种商品的打算。

20.3.3 真人模特实拍

在淘宝网上我们经常看到很多服装类卖家用真人模特进行拍摄，这种拍摄的方式能够更好地展示商品的线条和样式，甚至是商品的质感，还能通过图片让顾客了解到商品的实际尺寸大小。挑选模特的时候要注意尽量选择适合衣服气质的模特，不能随便找来一个人穿上所有上架的宝贝，那样难免会影响部分服装的整体效果。

在表现商品尺寸时，虽然标明准确的数值也很重要，但最好同时展示更为直观的商品照片。所以在服装网店页面中，在标明模特身材与商品尺寸的同时，也要展示模特穿上商品后的照片。如图 20-7 所示的商品搭配模特，买家可以了解商品的实际效果。

图 20-7 模特与商品搭配

20.3.4　商品信息介绍准确详细

在网上做买卖，最重要的是，如何把自己的商品信息准确地传递给买家。图片传递给买家的只是商品的形状和颜色的信息，对于性能、材料、产地和售后服务等，必须通过文字方面的描述来说明。

在网上购物，影响买家是否购买的一个重要因素就是商品描述，很多卖家也会花费大量的心思在商品描述上，但也有些卖家经过一段时间就会发现，花费大量的时间在上面，但是效果并不好，用户的转化率还是不高，原因在什么地方呢？主要还是商品描述信息不详细。

如图 20-8 所示的页面中有详细的商品介绍信息。

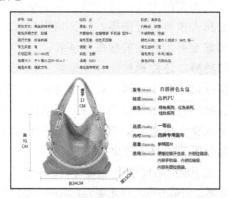

图 20-8　页面中有详细的商品介绍信息

在填写商品描述信息时注意以下几个方面。

● 向供货商索要详细的商品信息。商品图片不能反映的信息包括材料、产地、售后服务、生产厂家和商品的性能等。相对于同类产品有优势和特色的信息一定要详细地描述出来，这本身也是产品的卖点。

● 商品描述一定要精美，能够全面概括商品的内容和相关属性，最好能够介绍一些使用方法和注意事项，更加贴心地为买家考虑。

● 为了直观性，商品描述应该使用"文字+图像+表格"三种形式结合来描述，这样买家看起来会更加直观，增加了购买的可能性。

● 参考同行网店。可以去皇冠店看看，看看他们的商品描述是怎么写的。特别要重视同行中做得好的网店。

● 在商品描述中也可以添加相关推荐商品，如本店热销商品或特价商品等，让买家更多地接触店铺的商品，增加商品的宣传力度。

● 在商品描述中注意服务意识和规避纠纷，一些平时买家都很关心的问题、有关商品问题的介绍和解释等都要有。

20.3.5　分享购买者的经验

淘宝网会员在使用支付宝服务成功完成每一笔交易后，双方均有权对对方交易的情况进行评价，这个评价也被称为信用评价。良好的信用评价和口碑，是成交与否的重要因素。已经购买了商品的顾客的评论，可以对正在犹豫是否购买商品的顾客起到决定性作用。因为商家提供的商品信息宣传性太强，而顾客留下的评论却比较真实。如图 20-9 所示的页面中添加了以往的客户评价图片，在给予顾客对商品的信任上，没有任何信息比得上买家使用后的评价很重要。

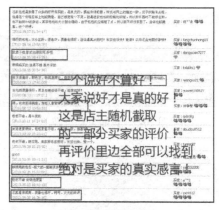

图 20-9　页面中添加了以往的客户评价图片

20.3.6　展示相关证书证明

如果是功能性商品，需要展示能够证明自己技术实力的资料。提供能够证明不是虚假广告的文件，或者如实展示人们所关心的商品制作过程，都是提供可信度的方法。如果电视和报纸等新闻媒体曾有所报道，那么收集这些资料展示给顾客也是一种很好方法。如图 20-10 所示的页面中展示了商品的相关证书和证明资料。

图 20-10　展示商品的相关证书和证明资料

20.3.7　文字注意可读性

文字虽用于传达信息，但同时也可以用作设计要素，与图片同时使用的文字既能吸引顾客的注意，同时也会使得页面更加生动亲切。文字的根本用途是传达信息，若要准确快捷地传达信息，就需要很强的可读性。提高文字可读性的方法很简单，文字越大则越醒目。标题或重要文字需要使用大字号，使其醒目。文字颜色要使用醒目的颜色，以提高可读性。如果内容较多，则需要留出足够的空白以分段。如图 20-11 所示的页面中使用了文字图片，提高了可读性。

图 20-11　页面中使用的文字图片

20.4　店铺设计必须注意的问题

1．要有一个清晰的思路

店铺的特色是什么？主营什么？目标客户是哪些？首先要有一个明确的思路，这是最关键的，就是俗话说的要有一个"大框架"。

2．寻找合适的装修时机

例如，店庆日、新产品推广，或者店主有时间配合等。店铺设计装修可不是交给别人了事，自己做"甩手掌柜"，这是绝对不行的。就像传统的室内装修一样，主人是要费心的，全部交给装修公司的结果一般不会达到自己预期的效果，因为毕竟只有店主自己最了解自己的网店。

3．风格与形式的统一

店铺设计除了色彩要协调外，整体风格也要整体统一，在选择分类栏、店铺公告、音乐和计数器等元素的时候要有整体考虑，风格不搭是大忌。

4．双方的沟通非常重要

大多数店铺设计是经过双方沟通来完成的。有的店主是通过即时聊天工具来与设计师沟通的，大家不见面，大部分仅凭简短的文字来交流，所以带来了理解上的不同，造成将来矛盾。解决的办法当然是双方做好沟通。

5．店主要用最容易让人理解的语言表明自己的想法

尽量用具体的词来说明自己的思路和希望达到的效果，越具体越好，如颜色、风格和形式等。千万别用抽象的词来形容，如"漂亮"、"看着舒服"等，这些让人摸不着边际的话。设计本身就是"仁者见仁，智者见智"的事情，没有唯一的评判标准。

6．做好文字和图片的前期准备

店铺公告、店名、店标和签名等文字性的资料和商品图片要事先准备好。这样不但可以提高设计的效率，也可以避免返工，能够达到双赢的效果。

7．突出主次，切忌花里胡哨

店铺设计得漂亮，确实能更多地吸引买家的眼球，但要清楚一点，店铺的装饰别抢了商品的风头，毕竟是为了卖产品而不是秀店铺，弄得太多太乱反而影响商品效果。

20.5　设计个性店标

店标是店铺最重要的标志之一，一个好的店标可以给顾客留下深刻的印象，让买家更容易记得店铺。

20.5.1　店标设计的原则

店标是传达信息的一个重要手段。店标设计不仅仅是一般的图案设计，最重要的是要体现店铺的精神和商品的特征，甚至店主的经营理念等。一个好的店标设计，除了给人传达明确的信息外，还表现出深刻的精神内涵和艺术感染力，给人以静谧、柔和、饱满及和谐的感觉。

要做到这一点，在设计店标时需要遵循一定的设计原则和要求。

1．富于个性，新颖独特

店标并非一个图案那么简单，它代表一个品牌，也代表一种艺术。所以店标的制作可以说是一种艺术创作，需要设计者从生活中、从店铺规划中捕捉创作的灵感。

店标是用来表达店铺的独特性质的，要让买家认清店铺的独特品质、风格和情感。因此，店标在设计上除了要讲究艺术性外，还需要讲究个性化，让店标与众不同、别出心裁。

设计个性独特店标的根本性原则就是要设计出可视性高的视觉形象，要善于使用夸张、重复、节奏、抽象和寓意的手法，使设计出来的店标达到易于识别、便于记忆的功效。店主在设计店标前，需要做好材料搜集和材料提炼的准备工作。图 20-12 所示的是一些个性的店标设计作品。

2．简练明确，信息表达

店标是一种直接表达的视觉语言，要求产生瞬间效应，因此店标设计要求简练、明确和醒目。图案切忌复杂，也不宜过于含蓄，要做

到近看精致巧妙，远看清晰醒目，从各个角度和方向上看都有较好的识别性。

图 20-12 具有个性的店标

另外，店标不仅仅是起视觉的作用，还表达了一定的含义，传达了明确的信息，给买家留下美好的、独特的印象。

3. 符合美学原理

店标设计要符合人们的审美观点，买家在观察一个店标的同时，也是一种审美的过程。在审美过程中，买家把视觉所感受的图形，用社会所公认的相对客观的标准进行评价、分析和比较，引起美感冲动。这种美的冲动会传入大脑而留下记忆。因此，店标设计就要形象并具有简练清晰的视觉效果和视觉冲击力。

店标的造型要素有点、线、面和体 4 类，设计者要借助这 4 种要素，通过掌握不同造型形式的相关规则，使所构成的图案具有独立于各种具体事物结构的美。

20.5.2 店标制作的基本方法

店标的设计复杂在于这是一项高度艺术化的创造活动，没有艺术素养和良好的设计技术的人无法制作出原创个性化并具有高价值的店标。店标按照其状态可以分为动态店标和静态店标。

1. 制作静态店标

一般来说，静态店标由文字、图像构成。其中有些店标用纯文字表示，有些店标用图像表示，也有一些店铺的设计既包含文字又包含图像。

如果自己有商品标志的卖家，可以将商标用数码相机拍下，然后用 Fireworks 或 Photoshop 软件处理，或通过扫描仪将商标扫描下来，再通过图像处理软件来编辑。

若是有绘画基础的卖家，可以利用自己的绘画技能，先在纸稿上画好草图，然后用数码相机或使用扫描仪扫描的方法将图像输入计算机，再使用图像处理软件进行绘制和填充颜色。

2. 制作动态店标

对于网店而言，动态店标就是将多个图像和文字效果构成 GIF 动画。制作这种动态店标，可以使用 GIF 制作工具完成，例如，easy GIF Animator、Fireworks 和 Ulead GIF Animator 等软件都可以制作 GIF 动态图像。

设计前准备好背景图片及商品图片，然后考虑要添加什么文字，如店铺名称或主打商品等，接着使用软件制作即可。图 20-13 所示的是使用 Fireworks CS6 制作的 GIF 格式的店标。

图 20-13 使用 Fireworks CS6 制作 GIF 格式的店标

20.5.3 设计店标

下面使用 Fireworks CS6 制作一个静态的网店店标，效果如图 20-14 所示。具体操作步骤如下。

图 20-14 设计店标

最终文件	CH20/logo1.png

❶ 启动 Fireworks CS6，选择【文件】|【新建】命令，弹出【新建】对话框，新

建一个空白文档，如图 20-15 所示。

图 20-15　新建空白文档

❷ 选择工具箱中的【矩形】工具，在【属性】面板中将填充颜色设置为绿色 #00FF00，笔触颜色设置为#00FF00，在舞台中绘制一个矩形，如图 20-16 所示。

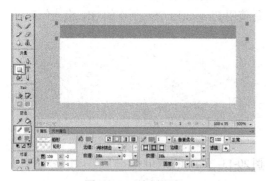

图 20-16　绘制矩形

❸ 使用同样的方法绘制另外一个绿色矩形，如图 20-17 所示。

图 20-17　绘制矩形

❹ 设置填充颜色为#400000，笔触颜色设为 #400000，绘制矩形如图 20-18 所示。

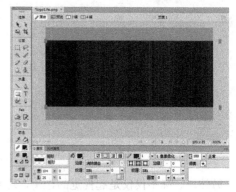

图 20-18　绘制黑色矩形

❺ 按 F8 键将绘制的矩形转换为元件，如图 20-19 所示。

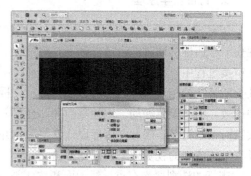

图 20-19　转换为元件

❻ 选择【文本工具】，在属性面板中设置 12pt 像素，字体为隶书，字体颜色选择黄色，如图 20-20 所示。

图 20-20　输入文字

❼ 选中文字，在属性面板中单击【滤镜】

后的"+"，在弹出菜单中选择【阴影和
光晕】|【光晕】命令，如图20-21所示。

❽ 在光晕中设置相关参数，如图 20-22
所示。

图 20-21　选择光晕滤镜

图 20-22　设置光晕参数

20.6　设计网店导航栏

　　导航栏是由超链接按钮组成的，单击后就会直接进入相关页面。如同书的目录一样，导航栏对整个网店的内容进行分类和引导，通常存在于网店的每个页面中，是网站的方向标。设计网店导航栏的效果如图20-23所示。具体操作步骤如下。

图 20-23　网店导航栏

最终文件	CH20/dh.png

❶ 启动 Fireworks CS6，选择【文件】|【新
建】命令，弹出【新建】对话框，在对话
框中设置画布的宽度为 150 像素，高度为
460 像素，设置画布颜色为自定义颜色
#C1C7A5，如图 20-24 所示。

❷ 单击【确定】按钮，新建一个空白带背景
颜色的文档，如图 20-25 所示。

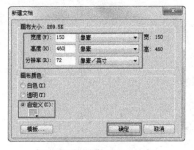

图 20-24　设置文档

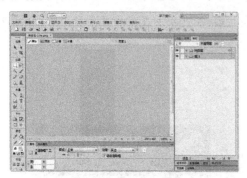

图 20-25　新建文档

❸ 选择工具箱中的【矩形】工具，在【属性】面板中将填充颜色设置为 #342B22，笔触颜色设置为#FF8000，圆度设置为 93，在舞台中绘制一个矩形，如图 20-26 所示。

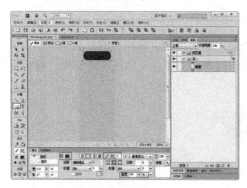

图 20-26　绘制圆角矩形

❹ 单击【属性】面板中滤镜右边的按钮，在弹出的列表中选择【阴影和光晕】|【投影】命令，在弹出的对话框中设置相关参数，如图 20-27 所示。

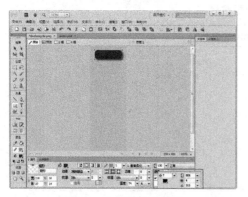

图 20-27　设置投影效果

❺ 选择工具箱中的【文本】工具，在属性面板中设置文本的相关参数，在舞台中输入"彩妆"文字，如图 20-28 所示。

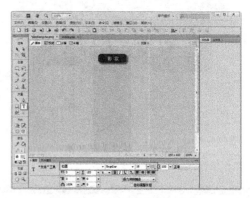

图 20-28　输入"彩妆"文字

❻ 选择工具箱中的【矩形】工具，在【属性】面板中将填充颜色设置为 #E5FF99，笔触颜色设置为#FFB973，笔触大小设置为 1，在舞台中绘制一个矩形，如图 20-29 所示。

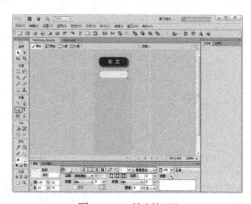

图 20-29　绘制矩形

❼ 选择工具箱中的【文本】工具，在属性面板中设置文本的相关参数，在舞台中输入"眼部彩妆"文字，效果如图 20-30 所示。

❽ 用同样的方法，在舞台中绘制矩形，然后输入相应的文本，制作其余的导航，效果如图 20-31 所示。

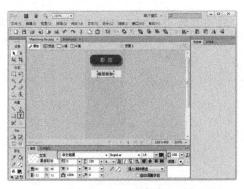

图 20-30　输入"眼部彩妆"文字

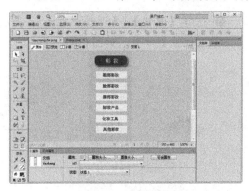

图 20-31　制作其余导航

20.7　处理和优化商品图片

顾客在购买的那一刻是感性的。网络的特殊性使得卖家要更能把握对顾客的视觉冲击,一张好图胜过千言。在网上开店少不了商品图片,一张漂亮的图片可以让店铺的宝贝脱颖而出,可以为店铺带来人气,可以让买家心情愉悦,还可以让买家怦然心动。

20.7.1　处理网店图片

网上商店精美的产品图片可使人产生愉悦的快感,增加产品销售成交率。下面通过实例讲解如何处理网店图片,效果如图 20-32 所示。具体操作步骤如下。

原始文件	CH20/20.7.11/chanpin.jpg
最终文件	CH20/20.7.11/chanpin.png

图 20-32　网店图片处理效果

❶ 启动 Fireworks CS6,打开图片文件 chanpin.jpg,如图 20-33 所示。

图 20-33　打开图片

❷ 选择【修改】|【画布】|【图像大小】命令,弹出【图像大小】对话框,在【像素尺寸】中输入相应的尺寸,单击【确定】按钮,如图 20-34 所示。

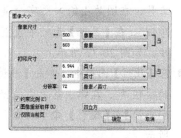

图 20-34　【图像大小】对话框

❸ 选择【滤镜】|【调整颜色】|【亮度/对比度】命令，如图 20-35 所示。

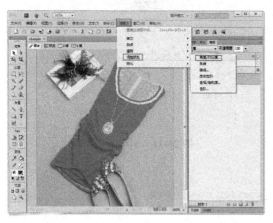

图 20-35　选择【亮度/对比度】命令

❹ 弹出【亮度/对比度】对话框，在该对话框中设置参数，将图像调亮，如图 20-36 所示。

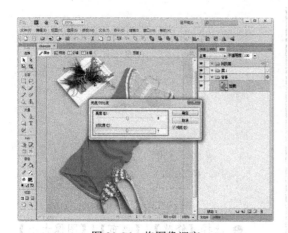

图 20-36　将图像调亮

❺ 为商品照片添加水印，就可以防止别人盗用了。选择工具箱中的【文本】工具，在图片上输入文字"美女时尚店铺"，在【属性】面板中设置文本属性，如图 20-37 所示。

❻ 在【属性】面板中，单击【滤镜】右侧的按钮 ➕ ，在弹出菜单中选择【阴影和光晕】|【投影】命令，如图 20-38 所示。

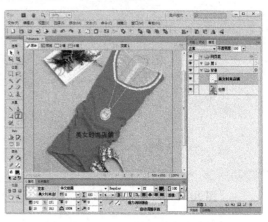

图 20-37　输入文字并设置文字属性

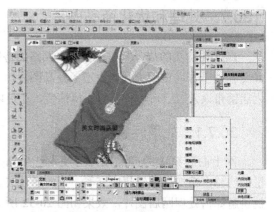

图 20-38　选择【投影】命令

❼ 在弹出对话框中设置投影的样式，【距离】设置为 7，【颜色】设置为黑色，【角度】设置为 315，如图 20-39 所示。

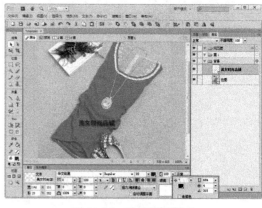

图 20-39　设置投影样式

20.7.2 不同文件格式

在 Windows 下，Fireworks 可供选择的导出文件格式共有 6 种。

● JPEG/JPG：由 Joint Photographic Experts Group（联合图像专家组）专门为照片或增强色图像开发的文件格式。JPEG/JPG 支持数百万种颜色（24 位）。它最适合于扫描的照片、使用纹理的图像、具有渐变颜色过渡的图像和任何需要 256 种以上颜色的图像。

● GIF：即图形交换格式，是一种很流行的网页图形格式。GIF 中最多包含 256 种颜色。GIF 还可以包含一块透明区域和多个动画帧。在导出为 GIF 格式时，包含纯色区域的图像的压缩质量最好。GIF 通常适合于卡通、徽标或包含透明区域的图形和动画。

● PNG：即可移植网络图形，是一种通用的网页图形格式。但是，并非所有的网页浏览器都能查看 PNG 图形。PNG 最多可以支持 32 位的颜色，可以包含透明度或 Alpha 通道，并且可以是连续的。PNG 是 Fireworks 文件格式，但是，PNG 文件不包含应用程序特定的附加信息，导出的 PNG 文件或在其他应用程序中创建的 PNG 文件中不存储这些信息。

● WBMP：即无线位图，是一种为移动计算设备创建的图形格式。此格式用在无线应用协议（WAP）网页上。WAP 是 1 位格式，因此只有黑与白两种颜色可见。

● TIFF：即标签图像文件格式，是一种用于存储位图图像的图像格式。TIFF 常用于印刷出版，许多多媒体应用程序也接受导入的 TIFF 图形。

● BMP：即 Microsoft Windows 图像文件格式，是一种常见的文件格式，用于显示位图图像。主要用在 Windows 操作系统上，许多应用程序都可以导入 BMP 图像。

20.7.3 JPG 文件的优化

网页图像设计的最终目标就是希望获得尽可能高的清晰度与尽可能小的尺寸，从而使图像下载的速度达到最快，为此必须在最大限度地保持图像品质的同时，选择压缩质量最高的文件格式，即对图像进行优化，从而寻找颜色、压缩和品质的最佳组合。优化 JPG 格式的图像可保证图像的尺寸不会影响在网络上浏览的速度，并使图像的效果保持在一个比较高的水平。

原始文件	CH20.7.3/youhua.jpg
最终文件	CH20.7.3/youhua.png

❶ 打开一幅 JPG 格式的图像文件 youhua.jpg，如图 20-40 所示。

图 20-40　打开图像文件

❷ 选择【窗口】|【优化】命令，打开【优化】面板，如图 20-41 所示。

图 20-41　【优化】面板

❸ 在保存类型下拉列表中选择 Fireworks 预先设置的图片压缩方式，如选择【JPEG-较小文件】选项，如图 20-42 所示。

图 20-42　选择【JPEG-较小文件】选项

❹ 【优化】面板中即可显示【JPEG-较小文件】选项的详细设置，如图 20-43 所示。

❺ 在这个设置中可以看到，图片的压缩【品质】设置为 60，【平滑】设置为 2，可以拖动【品质】下拉列表中的滑块来改变图片的压缩品质，数字越大，则图片失真越小。图 20-44 所示的是将【品质】设置为 60 的效果。

图 20-43　选择【JPEG-较小文件】压缩方式

❻ 设置【平滑】下拉列表中的值，以缩小 JPEG 文件大小。【平滑】可对硬边进行模糊处理，较高的数值在导出 JPEG 文件时将产生较小的模糊，通常生成的文件较小。将【平滑】设置为 3 左右，不仅可以减小图像的大小，还可保持适当的品质。

❼ 如果对图像文件的文件尺寸要求较高，例如，要求图片大小小于 50KB，

那么可单击【优化】面板右上角的按钮 ，在弹出的菜单中选择【优化到指定大小】命令，如图 20-45 所示。

图 20-44　【品质】为 60 的效果

图 20-45　选择【优化到指定大小】命令

❽ 选择命令后，弹出【优化到指定大小】对话框，在对话框中的【目标大小】文本框中输入需要的文件大小，单击【确定】按钮，如图 20-46 所示。

图 20-46　【优化到指定大小】对话框

20.8　设计网店 Banner

　　网店 Banner 的作用是让卖家将一些促销信息或公告信息发布在这个区域上。就像商场的促销一样，如果处理得好，就可以最大限度地吸引买家的目光，让买家一目了然地知道店铺在搞什么活动，有哪些特别推荐或优惠促销的商品。设计网店 Banner 的效果如图 20-47 所示。具体操作步骤如下。

原始文件	CH20/20.8/banner-1～banner-3.jpeg
最终文件	CH20/banner.png

图 20-47　设计网店 Banner

❶ 打开一图像文件 banner-1.jpeg，如图 20-48 所示。

图 20-48　打开 banner-1 图像文件

❷ 选择【修改】|【画布】|【图像大小】命令，弹出【图像大小】对话框，在对话框中设置宽为 900 像素，高为 320 像素，如图 20-49 所示。

❸ 单击【确定】按钮，设置后的图像大小如图 20-50 所示。

❹ 使用同样的方法打开 banner-2，banner-3，banner-4 图像，并调整图像

的宽为 900 像素，高为 320 像素，如图 20-51 所示。

图 20-49　设置图像大小

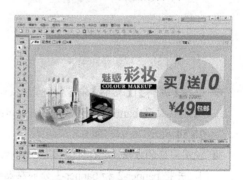

图 20-50　设置后的图像大小

图 20-51　打开并调整其他图像

❺ 在打开的 banner-4 文件中，选择【选择】|【全选】命令，然后选择【编辑】|【复制】命令，如图 20-52 所示。

图 20-52　选择【复制】命令

❻ 切换到 banner-1 文档，打开【状态】面板，新建状态 2，如图 20-53 所示。

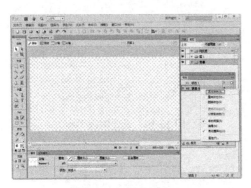

图 20-53　新建状态 2

❼ 选择【编辑】|【粘贴】命令，将 banner-4 图像粘贴到 banner-1 的状态 2 中，如图 20-54 所示。

❽ 使用同样的方法，分别新建状态 3 和状态 4，并将 banner-2 和 banner-3 分别粘贴到相应的位置，如图 20-55 所示。

图 20-54　选择【粘贴】命令

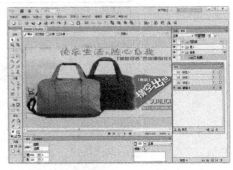

图 20-55　新建其他状态

❾ 单击状态 1，设置状态 1 的状态延迟为 50，如图 20-56 所示。

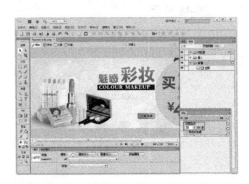

图 20-56　设置状态 1 的状态延迟为 50

❿ 使用同样的方法，设置其他状态的延迟都为 50，如图 20-57 所示。

图 20-57　设置其他状态延迟为 50

⓫ 选择【文件】|【图像预览】命令，如
图 20-58 所示。

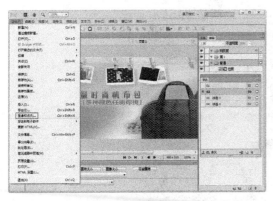

图 20-58 选择【文件】|【图像预览】命令

⓬ 弹出【图像预览】对话框，在对话框
中【格式】选择 GIF 动画，如图 20-59
所示。

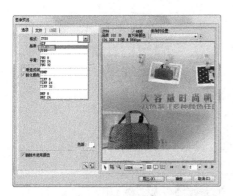

图 20-59 选择 GIF 动画

⓭ 单击【导出】按钮，弹出【导出】对
话框，在对话框中设置文件名称和导
出格式，如图 20-60 所示。

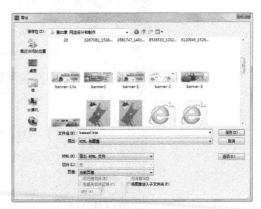

图 20-60 设置导出名称和格式

⓮ 单击【保存】按钮，即可导出 html 文件，
在 IE 浏览器中打开如图 20-61 所示。

图 20-61 用 IE 打开文件

20.9 输出优化网店图像

前面主要讲述了使用 Fireworks 制作网店中的相应素材，下面通过实例讲述如何输出优化网
店图像，本例的效果如图 20-62 所示。具体操作步骤如下。

原始文件	CH20/20.9/index.psd
最终文件	CH20/20.9/index.htm

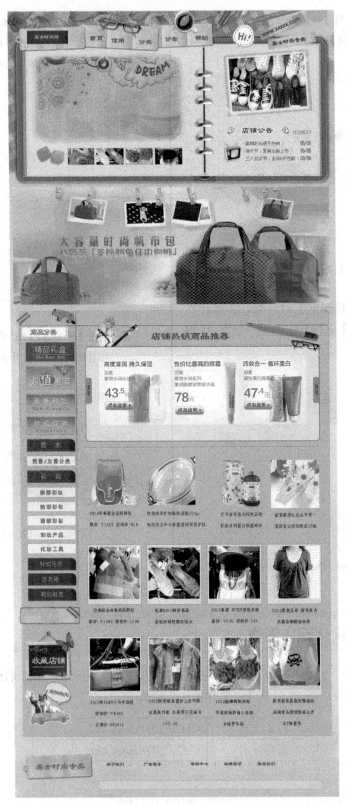

图 20-62　输出优化网店图像

❶ 打开制作好的网店首页图像文件 index.png，如图 20-63 所示。

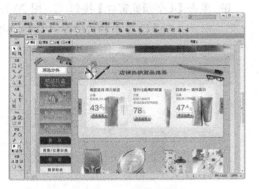

图 20-63　打开图像文件

❷ 选择【窗口】|【优化】命令，打开【优化】面板，在面板中的【导出文件格式】下拉列表中选择【JPEG-较高品质】命令，如图 20-64 所示。

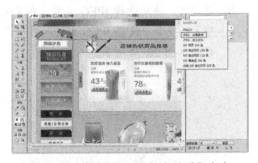

图 20-64　选择【JPEG-较高品质】命令

❸ 在工具箱中选择【切片】工具，如图 20-65 所示。

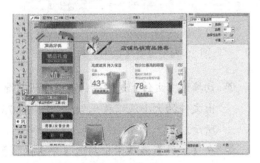

图 20-65　选择【切片】工具

❹ 选择工具后，将鼠标指针移动到图像上，按住鼠标左键拖动，绘制切片，效果如图 20-66 所示。

图 20-66　绘制切片

❺ 选中相应的切片，在【属性】面板中设置链接和替换的文本，如图 20-67 所示。

图 20-67　【属性】面板

❻ 按照步骤 5 的方法，为其他的切片设置链接和替换的文本。选择【文件】|【导出向导】命令，弹出【导出向导】对话框，如图 20-68 所示。

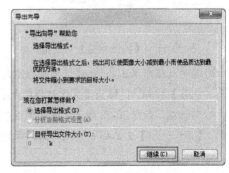

图 20-68　【导出向导】对话框

❼ 如果不需要特定的文件大小，就单击【继续】按钮，在弹出的对话框中选择

目标，如图 20-69 所示。

图 20-69　选择目标

❽ 单击【继续】按钮，弹出【分析结果】对话框，显示了 Fireworks 分析结果，如图 20-70 所示。

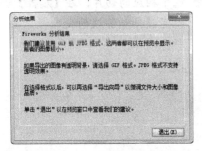

图 20-70　【分析结果】对话框

❾ 单击【退出】按钮，弹出【图像预览】对话框，如图 20-71 所示。

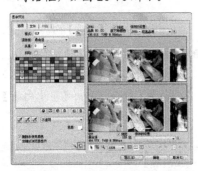

图 20-71　【图像预览】对话框

❿ 在对话框中单击底部的【优化到指定大小向导】按钮，弹出【优化到指定大小】对话框，如图 20-72 所示。在对话框中的【目标大小】文本框中输入需要的目标文件大小数值。

图 20-72　【优化到指定大小】对话框

⓫ 单击【确定】按钮，系统会根据设置的文件大小自动优化图像的各项参数。

⓬ 单击【4 个预览窗口】按钮，图 20-73 所示分别是设置 4 种文件导出类型，比较各自的效果、文件大小和载入时间。

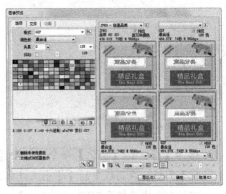

图 20-73　4 个预览窗口

⓭ 经比较，决定选择 JPEG 设置，在【选项】选项卡中设置 JPEG 文件的各项参数，如图 20-74 所示。

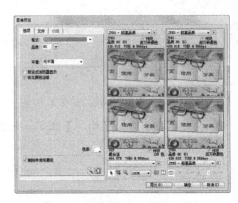

图 20-74　设置【选项】选项卡

⓮ 切换到【文件】选项卡，在其中设置导出文件的大小及缩放比例，如图 20-75 所示。

⓯ 在【文件】选项卡中勾选【导出区域】复选框，在预览区选取希望导出的图像区域，或在【导出区域】选项组的各文本框中输入导出区域的坐标数值，如图 20-76 所示。

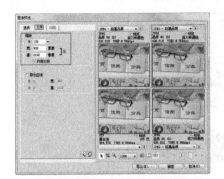

图 20-75　设置【文件】选项卡

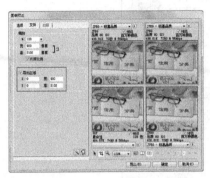

图 20-76　选取导出的区域

⓰ 单击【导出】按钮，在弹出的【导出】对话框中选择文件保存的位置，在【文件名】文本框中输入 index，【导出】下拉列表中选择【HTML 和图像】选项，如图 20-77 所示。单击【保存】按钮，输出优化网页图像最终效果。

图 20-77　【导出】对话框

20.10　课后练习

1．填空题

（1）_____是店铺最重要的标志之一，一个好的_____可以给顾客留下深刻的印象，让买家更容易记得店铺。

（2）现在，网上的店铺数不胜数。在众多店铺中，有的店铺是让人眼前一亮；有的店铺却是让人看过即忘，毫无印象，有的店铺买家重复购买，回头率极高；而有的店铺买家买了一次之后一去不返。这是为什么呢？除了店铺经营方面的原因外，还有一个非常重要的原因就是_____。

参考答案：

（1）店标、店标

（2）网店的设计装修

2．操作题

（1）网店审美有哪些原则？

（2）人气商品页面有哪些特点？

（3）将如图 20-78 所示的网店首页切割。

原始文件	CH20/操作题/操作题.jpg
最终文件	CH20/操作题/wd.htm

图 20-78　网店首页

20.11　本章总结

　　据中国电子商务研究中心最新数据显示：中国网民规模达到 4.57 亿人，其中网络购物用户增长了 48.6%，网络购物成增长最快的应用。2010 年我国电子商务交易额达 4.5 万亿元，同比增长 22%；其中，网上零售市场交易规模达 5131 亿元，同比增长 97.3%。如此诱人的市场让不少人决定网上开店。

　　权威统计数据表明，虽然网上店铺很多，但是有相当一部分的销售量非常少，少到几天甚至半个月才能卖出一件商品。这一切一般都源于店铺的装修设计等不到位。对于网络店铺来说，装修是店铺兴旺的制胜法宝。商品的任何信息买家都只能通过网店页面来获得，所以更要在美观上下一些功夫。一般来说，经过装修设计的网络店铺特别能吸引网友的目光。

第五部分
附录篇